计算机应用基础模块化教程

宁 可 徐 扬 郑笑嫣 主编

U0340442

电子工业出版社
Publishing House of Electronics Industry
北京·BEIJING

内 容 简 介

本书主要针对不同的学习要求，将内容划分为计算机基础知识、电子文档制作 Word 2010、电子报表制作 Excel 2010、演示文稿制作 PowerPoint 2010、网页制作、系统安装与维护、计算机网络安全、网络互联与配置等，在实际学习中，可以根据实际需要选取不同的内容自由组合，针对性强。

未经许可，不得以任何方式复制或抄袭本书之部分或全部内容。

版权所有，侵权必究。

图书在版编目（CIP）数据

计算机应用基础模块化教程 / 宁可，徐扬，郑笑嫣主编. —北京：电子工业出版社，2017.1
ISBN 978-7-121-30745-4

Ⅰ. ①计… Ⅱ. ①宁… ②徐… ③郑… Ⅲ. ①电子计算机—高等学校—教材 Ⅳ. ①TP3

中国版本图书馆 CIP 数据核字（2016）第 316812 号

策划编辑：贺志洪
责任编辑：贺志洪
特约编辑：杨 丽 薛 阳
印　　刷：三河市兴达印务有限公司
装　　订：三河市兴达印务有限公司
出版发行：电子工业出版社
　　　　　北京市海淀区万寿路 173 信箱　邮编　100036
开　　本：787×1092　1/16　　印张：22.25　　字数：569.6 千字
版　　次：2017 年 1 月第 1 版
印　　次：2017 年 1 月第 1 次印刷
定　　价：58.00 元

凡所购买电子工业出版社图书有缺损问题，请向购买书店调换。若书店售缺，请与本社发行部联系，联系及邮购电话：（010）88254888。

质量投诉请发邮件至 zlts@phei.com.cn，盗版侵权举报请发邮件至 dbqq@phei.com.cn。

服务热线：（010）88254609 或 hzh@phei.com.cn。

前　言

本书作为计算机基础教材，内容包括计算机基础知识、电子文档制作 Word 2010、电子报表制作 Excel 2010、演示文稿制作 PowerPoint 2010、网页制作、系统安装与维护、计算机网络安全、网络互联与配置等。

全书共分 8 章，针对不同知识和技能需求，将内容划分为相应的模块，在教学中根据需要进行选取，也可将计算机基础知识、电子文档制作 Word 2010、电子报表制作 Excel 2010、演示文稿制作 PowerPoint 2010 等处理文字、表格、演示文稿等，可有效提高读者今后学习与工作效率的部分作为必学内容，而将网页制作、系统安装与维护、计算机网络安全、网络互联与配置等日常知识及技能作为提高部分可为选学内容。为加强实际应用能力的训练，本教材采用项目化任务驱动教学模式，强调"做中学，学中做"的教学特色，通过任务提出、任务要求、任务分析、任务实施和实战训练等环节突出了对基本技能和实际操作能力的培养，在内容的编排上图文并茂、易学易懂。在实际学习中，可以根据实际需要选取不同的内容进行自由组合。

本书的编写人员均为长期从事计算机应用基础教学一线的教师，主编为宁可、徐扬、郑笑嫣，副主编为单存波、陈千、徐兵兵，其中第 1、7 章由宁可编写，第 2 章由徐扬编写，第 3 章由郑笑嫣编写，第 4 章由单存波编写，第 5 章由陈千编写，第 6 章由徐兵兵编写，第 8 章由刘葵编写。以上教师均为浙江纺织服装职业技术学院的专业教师，具有丰富的教学经验。

本书配套课后实训素材、电子教案等资源，可到华信教育资源网（ www.hxedu. com.cn）免费下载使用。

编　者
2016 年 10 月

目　录

第1章　计算机基础知识

本章主要介绍计算机的一些基础知识。通过本章的学习可以了解计算机的发展、特点及用途；计算机中数据的表示与运算；计算机的主要组成部件及各部件的主要功能及计算机安全和病毒防治等。

1.1　计算机概述

1.1.1　信息与信息技术

随着计算机和通信技术的发展，人类对信息和数据的处理已进入到自动化、网络化和社会化阶段，信息与材料、能源一样成为一种社会的基本生产资料，本节将主要介绍信息、数据与信息技术的相关概念。

1. 数据与信息概念

从广义上讲，数据是可以记录、通信和能识别的符号，它通过有意义的组合来表达现实世界中某种实体（具体对象、事件、状态或活动）的特征，表示数据的符号多种多样，它可以是简单的文字，也可以是声音、图像、视频等，数据的载体可以是多种多样的，如纸张、磁带、磁盘等。

对于信息而言，目前对它的定义有很多，但没有一个是公认的定义，不同的研究领域对信息的理解和定义是不同的，有代表性的关于信息的定义如下：

（1）信息就是在观察或研究过程中获得的数据、新闻和知识。

（2）信息是可以通信的数据和知识。

（3）信息是对数据加工后的结果。

（4）信息是帮助人们做出正确决策的知识。

数据与信息虽然是两个不同的概念，但是信息与数据又是相互密切联系、不可分割的，数据是信息的载体和表示，信息是数据在特定场合下的具体含义。

在信息系统中，信息可定义为："**信息是经过某种加工处理后的数据，它通常具有某种特定的意义。**"即只有当数据具有了特定的意义它才能算得上是信息，才能并对人们的决策有潜在的价值或影响。

2. 信息的分类与特征

信息是一种十分复杂的研究对象，为了有效地描述信息，往往对信息进行分类，根据不同的研究目的和要求，信息有多种不同的分类方法，例如：

① 根据信息的来源，可将信息分为外部信息和内部信息。

② 按照信息的用途，可以分为经营决策信息、管理决策信息和业务信息等。

③ 按信息的表示方式，可以分为数字信息、文字信息、图像信息和语言信息等。

④ 按携带信息的信号形式，可分为连续信息和离散信息。

此外信息的分类还可以有多种方法，如定量信息和定性信息、文字信息和数字信息、确切信息和模糊信息、自然信息和社会信息、原始信息和派生信息、重要信息和次要信息以及格式化信息和非格式化信息等。

一般说来，信息具有如下基本特征：

① 真伪性。信息只有以事实为依据，对真实信息的处理才有可能产生正确的结果。

② 层次性。针对不同的使用对象，信息具有不同的等级，它反映了信息的安全层次和安全级别。

③ 时效性。信息的时效性是指信息的新旧程度，随着时间的推移信息会失去原有的价值。

④ 滞后性。信息是数据加工的结果，因此信息必然落后于数据，加工处理数据需要时间。

⑤ 扩散性。信息可以通过各种渠道无限扩散，信息本身不会因为得知的人数增加而减少。

⑥ 分享性。信息可以分享，这和物质不同，并且信息分享也可能会使信息的所有者（属主）蒙受损失。

⑦ 增值性。合理地使用信息，或对信息的再次加工，可以使信息增值。

3. 信息技术的发展与应用

信息学是关于信息的本质和传输规律的学科，是研究信息的收集、识别、提取、变换、存储、传递、处理、检索、检测、分析和利用的一门科学。

信息技术可以理解为与信息处理有关的一切技术，利用信息技术可以使人们更方便地获取信息、存储信息、再生信息、利用信息，同时更好地为社会服务。其中，在信息技术中，以微电子技术为基础的"计算机"、"通信"和"控制"的三大技术，是信息技术中最基本，也是最主要的部分。

信息处理技术经过原始、手工和机电发展阶段后，在电子计算机技术、现代通信技术、控制技术发展的带动下，信息处理技术步入到现代高速发展阶段，使得人类在信息处理方面更加快捷、方便和有效。

信息技术在教育、通信、医疗、商业、气象、军事、工业生产等部门也得到广泛应用，涉及的应用领域基本涵盖了人们生活的各个方面。例如：

① 在教育方面的应用，如多媒体教学、教学资源库、远程教育等。

② 在商业方面的应用，如商场 POS 系统、电子商务等。

③ 在医疗方面的应用，如电子病历、远程医疗等。

④ 在军事方面的应用，利用虚拟现实技术可以实现训练模拟、军事指挥等。

⑤ 在通信服务方面的应用，如手机的通话、短信的收发、网络视频等。

⑥ 在工业生产方面的应用，如计算机辅助设计、计算机辅助工程、计算机辅助制造等。

现代信息技术也带动了空间开发、新能源开发、生物工程等一批尖端技术的发展，某些信息技术甚至可用在多个领域，如"无线传感器网络"可运用在军事侦察、环境监测、医疗监护、空间探索、城市交通管理、仓储管理等，"嵌入式系统"可广泛应用于消费类电子产品、工业机器人、航空航天、医疗设备、汽车设计等多个方面，如平时使用的数码相机、DVD 播放器、数字机顶盒、网络路由器、汽车导航系统等都是嵌入式系统的应用实例，可以说信息技术在各个领域被广泛应用并对其发展产生了巨大的推动作用。

1.1.2　计算机发展与分类

1. 计算机的概念

计算机是一种能够高速而自动地按照程序完成信息处理的电子设备。计算机不仅可以进行数值计算，也可以进行逻辑计算，同时还具有存储记忆功能，其主要特点如下：

① 运算速度快。运算速度是指计算机每秒能执行多少条基本指令，常用单位是 MIPS（即每秒执行百万条指令）。运算速度是计算机的一个重要性能指标。随着计算机技术的进步，运算速度在不断地提高，已从第一代时的每秒几万次发展到每秒几十万亿次，甚至几百万亿次。

② 精度高。利用计算机可以获得较高的有效位。例如，利用计算机计算圆周率，目前可以算到小数点后上亿位。

③ 具有逻辑计算能力。计算机的运算器除了完成基本的算术运算外，还具有很强的逻辑判断能力，这使得计算机具有智能的功能。计算机可以根据判断结果，自动决定下一步执行的命令，通过程序和它的逻辑判断能力，可以应用于自动管理、自动控制、对抗、决策、推理等领域。

④ 存储能力强。计算机的存储器能够存储大量的信息，随着科学的发展，计算机主存储器和辅助存储器的容量越来越大，它们可以存储各种不同的程序和数据，如它可以长久地存储大量文字、图形、图像、声音等信息资料。

⑤ 通用性强。计算机的应用十分广泛，只要将需要解决的问题编写成程序，计算机就自动执行这些程序，实现各种不同的目的，这体现了它具有很强的通用性，可广泛地应用于各个领域。

⑥ 网络与通信功能。计算机与通信技术相结合，成千上万台计算机可以连成网，超越了地理界限，实现网上软件资源、硬件资源和信息资源的共享。

2. 计算机的发展历史

美籍匈牙利数学家冯·诺依曼认为计算机应具备计算器、逻辑控制器、存储器、输入和输出 5 个部分，并于 1946 年在美国宾夕法尼亚大学设计出世界上第一台具有存储功能的计算机"电子数字积分计算机"（Electronic Numerical And Calculator，ENIAC，中文名：埃尼阿克），这台计算器使用了 17840 支电子管，大小为 80 英尺×8 英尺，重达 28 吨，功耗为 170kW，其运算速度为每秒 5000 次的加法运算，造价约为 487000 美元，如图 1-1 所示。诺依曼由此奠定了现代计算机的理论基础，其所阐述的存储程序和程序控制的设计思想仍为当前通用计算机采用的设计思想，采用这种设计思想的计算机统称为"冯氏计算机"。

图 1-1　第一台具有存储功能的计算机 ENIAC

根据计算机采用的电子元件的不同，计算机的发展分为 4 个时期。

（1）第一代计算机（1946～1958 年）

第一代计算机的主要特征是采用电子管元件，又称电子管计算机。主存储器先采用汞延迟线，后采用磁鼓磁芯，外存储器使用磁带；软件方面采用机器语言和汇编语言编写程序。这个时期计算机的特点是，体积庞大、运算速度低（一般每秒几千次到几万次）、成本高、可靠性差、内存容量小等。这个时期的计算机主要用于军事和科学研究方面的工作。

（2）第二代计算机（1959～1964 年）

第二代计算机的主要特征是采用晶体管，又称为晶体管计算机。主存储器采用磁芯，外存储器使用磁带和磁盘；软件方面采用汇编语言代替了机器语言，后期出现了操作系统和一系列高级程序设计语言，如 FORTRAN、COBOL、ALGOL 等。计算机的运行速度已提高到每秒几十万次，计算机体积已大大减小，可靠性和内存容量也有较大的提高，这个时期计算机的使用方式由手工操作变为自动作业管理，计算机的应用也扩展到数据处理等方面。

（3）第三代计算机（1965～1970 年）

第三代计算机的主要特征是采用中小规模的集成电路。使用半导体存储器代替了磁芯存储器，外存储器使用磁盘；在软件方面方面，操作系统得到完善，高级语言种类也进一步增多，出现了并行处理、多处理机、虚拟存储系统以及面向用户的应用软件。计算机的运行速度提高到每秒几十万次到几百万次，可靠性和存储容量进一步提高，外部设备种类繁多，计算机和通信密切结合起来，计算机被广泛地应用到科学计算、数据处理、事务管理、工业控制等领域。

（4）第四代（1971 年以后）

第三代计算机的主要特征是采用大规模和超大规模集成电路计算机。存储器采用半导体存储器，外存储器采用大容量的软、硬磁盘，并开始引入光存储器；在软件方面，出现图形界面为特征的主流操作系统，数据库管理系统、通信软件及面向对象的程序设计语言大力发展起来。计算机的运行速度可达到每秒上千万次到百亿次。这个时期的计算机具有微型化、耗电极少、高可靠性的特点，计算机的存储容量有了很大提高，功能更加完备，计算机应用领域从科学计算、事务管理、过程控制逐步走向家庭，计算机的发展也进入了以计算机网络为特征的时代。

3. 计算机的发展趋势

计算机技术是世界上发展最快的科学技术之一，从整体趋势来看，计算机正朝着巨型化、微型化、智能化、网络化等方向发展，在现在和未来的人们生活中，计算机已成为工作、学习和生活中必不可少的工具。从产品技术发展趋势来看，未来的计算机也是微电子技术、光学技术、超导技术、生物技术和量子技术等技术相互结合的产物，并随着各项技术的发展，新型计算机也不断地在研发和突破中，如光子计算机、生物计算机、量子计算机、超导计算机、神经网络计算机等。

由于计算机应用的不断深入，对巨型机、大型机的需求也稳步增长，计算机的巨型化不是指计算机的体积大，而是指计算机具有更高的运算速度、更大的存储容量以及功能更完善的系统，巨型机的应用范围也日渐广泛，它在天文、航天、气象、地质、军事工业、电子和人工智能等几十个学科领域发挥着巨大的作用。

微型化是指利用微电子技术和超大规模集成电路技术，把计算机的体积进一步缩小、性能不断跃升，而价格进一步降低，计算机的微型化已成为计算机发展的重要方向之一，目前的平板电脑、掌上电脑的出现也是计算机微型化的一个标志。

智能化是指计算机具有人的智能，使计算机可以模拟人的感觉和思维过程的能力，能够像人一样进行图像识别、定理证明、研究学习等，它是新一代计算机要实现的目标之一。

网络化是指通过计算机和通信技术相结合，将众多的计算机相互连接，形成了一个规模庞大、功能多样的网络系统，实现计算资源、存储资源、数据资源、信息资源、知识资源、专家资源的全面共享，让用户享受可灵活控制的、智能的、协作式的信息服务。

4. 计算机分类

从不同的角度来看，计算机的类型有多种不同的分类方法，一般是按计算机是否专用、处理的信号类型和计算机的性能来考虑的。

（1）按计算机是否专用

计算机分为专用计算机和通用计算机，专用计算机是针对某一特定用途而设计的，一般具有固定的存储程序，如在气象、军事、能源、航天等特定领域上使用的大部分计算机均是专用计算机，专用计算机针对某类问题能显示出最有效、最快速和最经济的特性，但它的适应性较差，不适于其他方面的应用。通用计算机是指为了解决多种问题而设计的具有多种用途的计算机，通用计算机适应性很强，应用面很广。

（2）按处理的信号类型

计算机分为数字计算机和模拟计算机。数字计算机是指其运算处理的数据都是用离散数字量表示的，模拟计算机是指其运算处理的数据是用连续模拟量表示的。

（3）按计算机的性能

根据计算机的性能，计算机又可以分为巨型计算机、大中型计算机、小型计算机、工作站、微型计算机等几种，下面就这几种计算机做一些简单的介绍。

① 巨型计算机。巨型计算机也称超级计算机，一般是指计算机中功能最强、运算速度最快（每秒数万亿次以上）、存储容量最大的，具有并行处理能力的一类计算机。这种计算机在结构上多采用复杂的集群系统，更注重浮点运算的性能，而且价格昂贵。此类计算机是国家科技发展水平和综合国力的重要标志，主要用于科学研究，在气象、军事、能源、航天、探矿等领域承担大规模、高速度的计算任务。

② 大中型计算机。大中型计算机在性能上仅次于巨型机，但它仍具有速度快、存储量大、通用性强的特点，一般它的运算速度为每秒数亿次。这类计算机主要用于科学计算、海量数据处理或用作网络服务器，广泛应用于大型的企业网络中心、银行、石油勘探、气象部门等。

③ 小型计算机。小型计算机是相对于大型计算机而言，小型计算机的软件、硬件系统规模比较小，但成本较低、易于维护和使用等。小型计算机一般用于工业生产自动化控制和事务处理等。

④ 工作站。工作站介于小型计算机和微型计算机之间，具有较强的数据处理能力和图形、图像处理与显示能力，其外形虽然类似于微型计算机，但性能要比微型计算机高，也有人称它为"高档微机"。工作站主要面向专业应用领域，如工程设计、动画制作、科学研究、软件开发、金融管理、信息服务、模拟仿真等专业领域。

⑤ 微型计算机。简称微机，又称为个人计算机（Personal Computer，PC），是随着大规模集成电路的发展而发展起来的，它是以微处理器为核心，并配有内外存储器、输入输出设备及相应的软件系统。特点是体积小、价格便宜、使用方便。微型计算机又分为以下几类：

◇ 台式微型计算机。台式微型计算机是固定摆放在桌子上的计算机，一般需要放置在电脑桌或者专门的工作台上，它由主机、显示器、键盘、鼠标等组成，如图1-2所示。

◇ 笔记本电脑。笔记本电脑是一种便携式计算机，又称为移动计算机，与台式微型计算机相比较，它体积小、携带方便、又具有台式机的功能，如图1-3所示。

图1-2　台式微型计算机

图1-3　笔记本电脑

◇ 掌上电脑。掌上电脑又称个人数字助理，也是一种便携式计算机，在体积、功能和硬件配备方面都比笔记本电脑简单，它拥有独立的嵌入式操作系统和内嵌式应用程序，具有手写识别功能，并可以连接Internet，如图1-4所示。

◇ 平板电脑，是一款外形简单，无键盘、无翻盖，功能与构成组件与笔记本电脑基本相同的计算机，它支持触笔在屏幕上书写、手写输入和语音输入，如图1-5所示。

图 1-4　掌上电脑　　　　　　　　　　　　　　　　　图 1-5　平板电脑

◇ 嵌入式计算机。嵌入式计算机是嵌入于其他电子设备中的计算机，它一般由嵌入式微处理器、外围硬件设备、嵌入式操作系统以及用户的应用程序四个部分组成。它主要应用于自动控制领域及日常的电器设备中，如计算器、电视机顶盒、手机、数字电视、多媒体播放器、微波炉、数字相机、电梯、空调、自动售货机、工业自动化仪表与医疗仪器等。

1.1.3　计算机的应用领域

计算机的应用十分广泛，已涉及人们生产与生活的各个领域，也正在改变传统的工作、学习和生活方式，计算机主要应用在科学计算、数据采集和处理、信息传输和处理、实时控制、计算机辅助教学、计算机辅助设计、人工智能与机器人等方面。

1. 科学计算

用计算机进行数值计算，速度快，精度高，所以为解决科学和工程中的数学计算问题，利用计算机进行大量数据的处理和计算，可大大缩短计算周期，节省人力和物力，如天气预报、航天技术、地震预测、工程设计等。

2. 信息处理

信息处理主要是对信息资源进行收集、分类、排序、存储、加工、检索和传输等，信息处理是目前计算机应用中最广泛的。如图书资料管理、情报检索、办公自动化系统、管理信息系统、决策支持系统等，这些应用系统主要以数据库为基础，对相应数据进行处理。

3. 过程检测与控制

过程检测与控制是指利用计算机对工业生产过程中产生的信号进行实时采集、检测、处理，并按预定的方法迅速地对被控制对象进行控制或调节。利用计算机对过程进行控制，不仅提高了控制的自动化水平，而且大大提高了控制的及时性和准确性，因此计算机被广泛应用在科学技术、军事、工业和农业等各个领域的控制过程中。

4. 计算机辅助设计

计算机辅助系统包括计算机辅助设计（CAD）、计算机辅助教学（CAI）、计算机辅助制造（CAM）、计算机辅助测试（CAT）等。

（1）计算机辅助设计（CAD），是指利用计算机帮助设计人员进行各类工程设计工作。目前 CAD 技术已应用于飞机设计、船舶设计、建筑设计、机械设计、大规模集成电路设计等。

（2）计算机辅助教学（CAI），是指利用计算机来辅助完成教学任务或模拟某个实验过程，在激发学生学习兴趣的同时，使学生轻松掌握所学知识，提高教学质量。

（3）计算机辅助制造（CAM），是指利用计算机进行生产设备的管理、控制与操作，从而提高产品质量、降低生产成本、缩短生产周期，并且还大大改善了制造人员的工作条件。

（4）计算机辅助测试（CAT），指在对测试规模大、内部结构复杂、测试工作量大或精度要求高，而依靠人工测试是很难完成的测试任务中，利用计算机作为辅助测试工具来完成测试工作，以实现测试过程的高速度、高精度和低费用的要求。

5．计算机网络应用

计算机网络是计算机技术与通信技术相结合，将地理上分散的、具有独立功能的计算机系统和通信设备按不同的形式连接起来，以功能完善的网络软件及协议，实现资源共享和信息传递的系统。随着计算机网络技术的发展，大大地促进和发展了地区间、国际间的通信和数据的传输处理，这些应用包括电子商务、电子政务和网络教育等。

6．多媒体技术应用

多媒体技术是指通过计算机对文字、数据、图形、图像、动画、声音等多种媒体信息进行综合处理和管理，使用户可以通过多种感官与计算机进行实时信息交互的技术。多媒体计算机技术在教学、影视、电子图书、远程医疗、视频会议中都得到了极大的推广。

7．人工智能

人工智能是指使用计算机模拟人的某些智能，使计算机能像人一样具有识别文字、图像、语音以及推理和学习等能力，是一门研究解释和模拟人类智能、行为及其规律的学科。人工智能是计算机应用的一个新的领域，目前在知识工程、医疗诊断、语言翻译、专家系统、智能机器人等方面，已有了显著的成效。

1.2 计算机中数据的表示与运算

在计算机中采用二进制数的原因在于，用 0 和 1 表示电子元器件的"通"、"断"两种状态较易实现，且运算简单便于表示逻辑。因此，需要计算机处理的各种信息，如数值、文字、图像、视音频等，要进入计算机处理，必须将这些信息转换成二进制数的表示形式，才能被计算机识别、理解和处理，同样经计算机处理后的信息要从 0 和 1 的二进制编码形式转换成各种人们习惯上认识的信息，才能有效地被利用。

1.2.1 数制基本概念

1．数制的基本概念

（1）数制

数制也称计数制，是用一组固定的数字字符和一套统一的规则来表示数目的方法就称为数制。我们日常生活中习惯使用的十进制数就是用 0、1、2、3、4、5、6、7、8、9 这 10 个数字字符来表示数目的，其规则就是**逢十进一**。

在计算机科学中经常要使用二进制数、八进制数、十进制数和十六进制数这 4 种数制，而计算机内部的所有数据均以二进制数方式存储和处理。

（2）数码

在一种数制中，用来计数的符号称为数符或数码，如十进制的数码有 0～9，二进制的数码有 0、1。

（3）基数

在一种数制中，只能用一组固定的数字字符来表示数目的大小，该数制中所使用数字符号的数目称为该数制的基数，例如十进制数制用 10 个数字来表示数目，其基数就是 10，二进制数用 2 个数字来表示数目，其基数就是 2。

（4）位权

在数制中，数码在不同的位置上有不同的值，确定数位上实际值所乘因子，简称为权。

如十进制数 234，第一个 2 表示 $2\times10^2=200$，第二个 3 表示 $3\times10^1=30$，第三个 4 表示 $4\times10^0=4$，这里的 10^2、10^1、10^0 就表示十进制百位、十位、个位上的权，各位上的权值是对应进位计数制基数的相关幂次，即十进制数 234 的百位上 2 的位权是 100，十位上 3 的位权是 10，各位上 4 的位权是 1。

2．常用计数制

在计算机领域，常用的计数制有二进制数、八进制数、十进制数和十六进制数。其中十进制数是我们所熟知和日常使用的计数制；而二进制数是计算机内部的计数制；至于八进制数和十六进制数则主要用于十进制数与二进制数之间的过渡转换之用。

（1）二进制数

二进制数的数码有两个（0、1），基数为 2，位权为 2 的整数次幂，计数规则为"**逢二进一，借一当二**"。书写二进制数时，可在数后加字母 B，或将数用小括号括起，在右下标 2，例如：10110.01B 或 $(10110.01)_2$，任何二进制数都可以按权展开表达，例如：

$$(10110.01)_2=1\times2^4+0\times2^3+1\times2^2+1\times2^1+0\times2^0+0\times2^{-1}+1\times2^{-2}$$

（2）八进制

八进制数的数码有 8 个（0、1、2、3、4、5、6、7），基数为 8，位权为 8 的整数次幂，计数规则为"**逢八进一，借一当八**"。书写表示八进制数时，可在数后加字母 O，或将数用小括号括起，在右下标 8，例如：

123.45O 或 $(123.45)_8$，任何八进制数都可以按权展开表达，例如：

$$(123.45)_8=1\times8^2+2\times8^1+3\times8^0+4\times8^{-1}+5\times8^{-2}$$

（3）十进制数

十进制数的数码有 10 个（0、1、2、3、4、5、6、7、8、9），基数为 10，位权为 10 的整数次幂，计数规则为"**逢十进一，借一当十**"。书写表示十进制数时，可在数后加字母 D，或将数用小括号括起，在右下标 10，例如：123.45D 或 $(123.45)_{10}$，任何十进制数都可以按权展开表达，例如：

$$(123.45)_{10}=1\times10^2+2\times10^1+3\times10^0+4\times10^{-1}+5\times10^{-2}$$

（4）十六进制

十六进制数的数码有 16 个（0、1、2、3、4、5、6、7、8、9、A、B、C、D、E、F），其中 A、B、C、D、E、F 分别代表数值 10、11、12、13、14、15，基数为 16，位权为 16 的整数次幂，计数规则为"**逢十六进一，借一当十六**"。书写表示十进制数时，可在数后加字母 H，或将数用小括号括起，在右下标 16，例如：123.45H 或 $(123.45)_{16}$，任何十六进制数都可以按权展开表达，例如：

$$(123.45)_{16}=1\times16^2+2\times16^1+3\times16^0+4\times16^{-1}+5\times16^{-2}$$

1.2.2 数制之间的转换

由于计数方式的不同，同一个数在不同的数制中的表示方式不同，通过转换算法可以实现不同进制数之间的换算。

1．二进制、八进制、十六进制数转换为十进制数

将一个二进制、八进制、十六进制数转换成十进制数，只需将其按位权展开表达式，然后计算出该表达式的值，即为十进制数的值。例如将二进制数 $(10110.01)_2$，八进制数 $(123.45)_8$，十六进制数 $(123.45)_{16}$ 转换成十进制数分别为：

$$(10110.01)_2=1\times2^4+0\times2^3+1\times2^2+1\times2^1+0\times2^0+0\times2^{-1}+1\times2^{-2}$$
$$=16+4+1+0.25=21.25D$$
$$(123.45)_8=1\times8^2+2\times8^1+3\times8^0+4\times8^{-1}+5\times8^{-2}$$
$$=64+16+0.5+0.078125=80.578125D$$
$$(123.45)_{16}=1\times16^2+2\times16^1+3\times16^0+4\times16^{-1}+5\times16^{-2}$$
$$=256+32+0.25+0.01953125=288.26953125D$$

2．十进制数转换为二进制、八进制、十六进制数

将一个十进制数转换成二进制数、八进制数或十六进制数时，整数部分和小数部分需要分别转换，并且整数部分与小数部分转换的方法不同，最后用小数点将转换的两部分连接起来。

整数部分的转换方法为除以基数（2、8、16）取余法。将十进制数的整数部分除以对应基数取余数，所得的商再除以基数取余数，一直到商为 0 止，最后得到的余数是转换后的最高位，即余数从后到前排列就是转换后的结果。

小数部分采用乘以基数（2、8、16）取整法。将十进制数小数部分乘以对应基数取结果的整数部分，最先取得的整数为转换后的小数最高位，再将去掉整数部分剩下的小数部分乘以基数取结果的整数部分，一直到小数部分为 0 或者达到所要求的精度为止。

例如，将十进制数 37.625D 转换成二进制数 $(100101.101)_2$ 的方法如图 1-6 及图 1-7 所示，需要分别对整数和小数部分计算，将得到的两部分结果合并为一个最终结果。

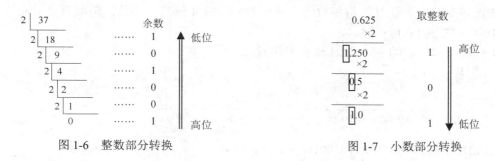

图 1-6 整数部分转换　　　　　　　　　　　　图 1-7 小数部分转换

3. 二进制、八进制、十六进制数间的转换

八进制基数 8 是二进制基数 2 的 3 次幂、十六进制基数 16 是二进制基数 2 的 4 次幂，3 位二进制数可以表示 0～7 这 8 个数码，4 位二进制数可以表示 0～9、A～F 这 16 个数码，所以 3 位二进制数可以用 1 位八进制数表示，4 位二进制数可以用 1 位十六进制数表示，二进制、八进制和十六进制间的对应关系如表 1-1 所示。

表 1-1　二进制、八进制、十六进制数间的对应关系

二进制	八进制	二进制	十六进制	二进制	十六进制
000	0	0000	0	1000	8
001	1	0001	1	1001	9
010	2	0010	2	1010	A
011	3	0011	3	1011	B
100	4	0100	4	1100	C
101	5	0101	5	1101	D
110	6	0110	6	1110	E
111	7	0111	7	1111	F

（1）二进制数与八进制数转换

二进制数转换成八进制数的方法是，从小数点开始，往左和往右分别 3 位一组分组，两端不足 3 位以 0 补足 3 位（左边补在前面，右边补在后面），将每组二进制数码转换成 1 位八进制数即可。将八进制数转换成二进制数的方法是，将每位八进制数码写成 3 位二进制数，整数部分最左边的 0 和小数部分最右边的 0 可不写。

例如：将 11101.0101B 转换成相应的八进制数。

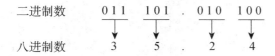

得到：11101.0101B=35.24O

（2）二进制数与十六进制数转换

将二进制数转换成十六进制数的方法是，从小数点开始，往左和往右分别 4 位一组分组，两端不足 4 位以 0 补足 4 位，将每组二进制数码转换成 1 位十六进制数即可。十六进制

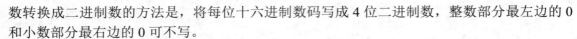

数转换成二进制数的方法是，将每位十六进制数码写成 4 位二进制数，整数部分最左边的 0 和小数部分最右边的 0 可不写。

例如：将十六进制的 36A.D2H 转换成相应的二进制数。

十六进制数　　3　　　6　　　A　　.　　D　　　2

二进制数　　0011　0110　　1010　.　1101　0010

得到：36A.D2H =1101101010.1101001B

由于八进制数、十六进制数与二进制数之间存在的这种快速互换关系，使得八进制数和十六进制数常常作为二进制数的精简过渡表示形式。同时八进制数、十六进制数与十进制数之间的转换，也常常借助二进制数作为中介进行快速换算。

1.2.3　二进制数的算术运算

在计算机中，对二进制数作基本的算术运算包括加、减、乘、除。其中，二进制数的加法和减法运算规则是"**逢二进一，借一当二**"，算术运算非常简单。

1．二进制数的加法运算

二进制数的加法运算规则如下：

0+0=0，0+1=1，1+0=1，1+1=0（向高位进位 1）。

例：计算 $(10101)_2 + (1001)_2$ 的值。

$$
\begin{array}{r}
10101 \\
+\ \ \ 1001 \\
\hline
11110
\end{array}
$$

得到：$(10101)_2 + (1001)_2 = (11110)_2$

两个二进制数相加，每位上由本位的被加数、加数和来自低位的进位（**有进位为1，无则为0**）3 个数相加。

2．二进制数的减法运算

二进制数的加法运算规则如下：

0−0=0，1−0=1，1−1=0，0−1=1（（向高位借位 1）

例：计算 $(10101)_2 - (1001)_2$ 的值。

$$
\begin{array}{r}
10101 \\
-\ \ \ 1001 \\
\hline
1100
\end{array}
$$

得到：$(10101)_2 - (1001)_2 = (1100)_2$

两个二进制数相减，每位上由本位的被减数、来自高位的借位（**借 1 当 2，无借位则为0**）和减数参与减法运算。

3．二进制数的乘法运算

二进制数的乘法运算规则如下：

$0 \times 0=0,\ 0 \times 1=0,\ 1 \times 0=0,\ 1 \times 1=1$

例：计算 $(110)_2 \times (101)_2$ 的值。

```
        1 1 0
    ×   1 1 0
        1 1 0
      0 0 0
    1 1 0
    1 1 1 1 0
```

得到 $(110)_2 \times (101)_2 = (11110)_2$

二进制数乘法可以转换为加法和移位运算，每左移一位相当于乘以 2，左移 n 位相当于乘以 2^n，计算机实际的乘法运算就是采用这种方法实现的。

4．二进制数的除法运算

二进制数的除法运算规则如下：

$0 \div 1=0,\ 1 \div 1=1$

例：计算 $(11110)_2 \times (101)_2$ 的值。

```
              1 1 0
    1 0 1 √ 1 1 1 1 0
            1 0 1
              1 0 1
              1 0 1
                  0
```

除法运算是乘法运算的逆运算，二进制数除法可以转换为减法和移位运算，每右移一位相当于除以 2，右移 n 位相当于除以 2^n。

1.2.4　二进制数的逻辑运算

在计算机中，除了对二进制数作基本的算术运算外，还有用于实现计算机自动判断逻辑功能的逻辑运算，如：与、或、非运算，并在计算机中用 1 和 0 表示相应的逻辑量，用于表达"真"与"假"、"对"与"错"、"是"与"非"等具有逻辑性质的信息，逻辑量间的运算称为逻辑运算，结果仍为逻辑量。

基本的逻辑运算有"与"运算、"或"运算和"非"运算三种，其他逻辑运算可由这三种运算进行组合来表示，如常用的"异或"运算等，逻辑运算的优先级依次为"非"、"与"和"或"；改变优先级的方法是使用括号"（）"，括号内的逻辑式优先执行。

1．逻辑"或"运算

逻辑"或"运算也称为逻辑加，其运算符号常用 OR、∪、∨或+表示。设 A 和 B 为两个逻辑变量，当且仅当 A 和 B 的取值都为"假"时，A"或"B 的值为"假"；否则 A "或"B 的值为"真"，其逻辑规则如表 1-2 所示。

<table>
<tr><th colspan="3">表 1-2 "或"运算规则</th></tr>
<tr><th>A</th><th>B</th><th>A+B</th></tr>
<tr><td>0</td><td>0</td><td>0</td></tr>
<tr><td>0</td><td>1</td><td>1</td></tr>
<tr><td>1</td><td>0</td><td>1</td></tr>
<tr><td>1</td><td>1</td><td>1</td></tr>
</table>

<table>
<tr><th colspan="3">表 1-3 "与"运算规则</th></tr>
<tr><th>A</th><th>B</th><th>A·B</th></tr>
<tr><td>0</td><td>0</td><td>0</td></tr>
<tr><td>0</td><td>1</td><td>0</td></tr>
<tr><td>1</td><td>0</td><td>0</td></tr>
<tr><td>1</td><td>1</td><td>1</td></tr>
</table>

2．逻辑"与"运算

逻辑"与"运算也称为逻辑乘，其运算符号常用 AND、∩、∧或●表示。设 A 和 B 为两个逻辑变量，当且仅当 A 和 B 的取值都为"真"时，A"与"B 的值为"真"；否则 A"与"B 的值为"假"，其逻辑规则如表 1-3 所示。

3．逻辑"非"运算

逻辑"非"运算也称为求反运算，常用 $\overline{A}$ 表示对变量 A 的值求反。其运算规则为：$\overline{1}=0,\ \overline{0}=1$。

<table>
<tr><th colspan="3">表 1-4 "异或"运算规则</th></tr>
<tr><th>A</th><th>B</th><th>A⊕B</th></tr>
<tr><td>0</td><td>0</td><td>0</td></tr>
<tr><td>0</td><td>1</td><td>1</td></tr>
<tr><td>1</td><td>0</td><td>1</td></tr>
<tr><td>1</td><td>1</td><td>0</td></tr>
</table>

4．逻辑"异或"运算

"异或"运算又称为半加运算，其运算符号常用 XOR 或 ⊕ 表示。设 A 和 B 为两个逻辑变量，当且仅当 A 和 B 的值不同时，A"异或"B 为真，其逻辑规则如表 1-4 所示。

其中，A"异或"B 的运算可有前三种基本运算表示，即 $A \oplus B = \overline{A} \cdot B + A \cdot \overline{B}$。

1.2.5 数值在计算机中的表示

计算机中所有的数值都是以二进制数的形式存在的，这种用 0、1 表示的形式称为机器数，机器数对应的实际数值称为数的真值，例如以一个字节为存储单位（8 位二进制位数）表示数值，则真值数为-01010110，那么机器数为 11010110；真值数为+01010110，机器数为 01010110。但现实中数值的表现形式不仅有整数形式，还有小数、正负数、指数等形式，因此在计算机中，不但要考虑如何表示一个数的值，还要考虑正负符号、小数点和指数幂次的表示方式。

在计算机中，机器数有无符号数和带符号数之分，若有符号则用正、负号用 0、1 表示，小数点不占用数位，小数点的表示总是隐含在某一位置上（称为定点数）或可以任意浮动（称为浮点数）。为了便于运算，机器数可采用原码、反码和补码等不同的编码方法。

1．整数的表示

对于带符号位的整数，一般用存放整数的最高数位表示数的符号，正数为 0，负数为 1，整数的表示形式有原码、反码和补码三种。正整数的原码、反码、补码相同，最高位为符号位，值为 0，其他位是数值位，其余位数存放整数的二进制形式。负整数的三种编码表示方式则不相同，下面分别介绍。

（1）原码的表示

数值 X 的原码记为 $[X]_{原码}$，设机器字长为 n（即采用 n 个二进制位表示数据），则最高位是符号位，0 表示正号，1 表示负号；其余的 $n-1$ 位表示数值的绝对值。若以一个字节表示数值，则整数的原码表示示例如下。

$[+0]_{原码}=00000000$　　　$[-0]_{原码}=10000000$

$[+1]_{原码}=00000001$　　　$[-1]_{原码}=10000001$

$[+127]_{原码}=01111111$　　　$[-127]_{原码}=11111111$

$[+32]_{原码}=00100000$　　　$[-32]_{原码}=10100000$

其中，在原码表示中，数值零的表示有两种形式：$[+0]_{原码}=00000000$ 和 $[-0]_{原码}=10000000$。

（2）反码的表示

数值 X 的反码记为 $[X]_{反码}$，设机器字长为 n，则最高位是符号位，0 表示正号，1 表示负号，正数的反码与原码相同，负数的反码则其符号位是 1，其数值部分取绝对值并按位求反。若以一个字节表示数值，则整数的反码表示示例如下。

$[+0]_{反码}=00000000$　　　$[-0]_{反码}=11111111$

$[+1]_{反码}=00000001$　　　$[-1]_{反码}=11111110$

$[+127]_{反码}=01111111$　　　$[-127]_{反码}=10000000$

$[+32]_{反码}=00100000$　　　$[-32]_{反码}=11011111$

其中，在反码表示中，数值零的表示有两种形式：$[+0]_{反码}=00000000$ 和 $[-0]_{反码}=11111111$。

（3）补码的表示

数值 X 的补码记为 $[X]_{补码}$，设机器字长为 n，则最高位为符号位，0 表示正号，1 表示负号，正数的补码与其原码和反码相同，负数的补码则等于其反码的末尾加 1。若以一个字节表示数值，则整数的补码表示示例如下。

$[+0]_{补码}=00000000$　　　$[-0]_{补码}=00000000$

$[+1]_{补码}=00000001$　　　$[-1]_{补码}=11111111$

$[+127]_{补码}=01111111$　　　$[-127]_{补码}=10000001$

$[+32]_{补码}=00100000$　　　$[-32]_{补码}=11100000$

其中，在补码表示中，数值零的表示只有唯一的形式：$[+0]_{补码}=00000000$ 和 $[-0]_{补码}=00000000$。

2. 定点数和浮点数的表示

（1）定点数的表示

所谓定点数就是小数点的位置固定不变的数，在计算机中小数点不占用数位，小数点的位置是约定的，通常有两种约定方式，一种是定点整数（纯整数），小数点在最低有效数值位之后；另一种是定点小数（纯小数），小数点在最高有效数值位之前。定点整数和定点小数的表示格式如图 1-8 及图 1-9 所示。

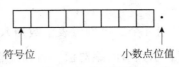

图 1-8　定点整数表示　　　　　　　　　　图 1-9　定点小数表示

定点数表示法简单直观，但是表示的数值范围受表示数据的字长限制，运算时容易产生溢出。若机器字长为 n 位，各种码制表示下的带符号数的范围如表 1-5 所示。

表 1-5　机器字长为 n 时各种码制表示的带符号数的范围

码制	定点整数	定点小数
原码	$-(2^{n-1}-1)\sim+(2^{n-1}-1)$	$-(1-2^{-(n-1)})\sim+(1-2^{-(n-1)})$
反码	$-(2^{n-1}-1)\sim+(2^{n-1}-1)$	$-(1-2^{-(n-1)})\sim+(1-2^{-(n-1)})$
补码	$-2^{n-1}\sim+(2^{n-1}-1)$	$-1\sim+(1-2^{-(n-1)})$

（2）浮点数的表示

由于定点数所能表示的数值范围比较小，运算中很容易因结果超出范围而溢出，例如当机器字长为 8 位时，定点数的补码可表示 $2^{8-1}=128$ 个数，定点数的原码和反码可表示 $2^{8-1}-1=127$ 个数，因此需引入浮点数以表示更大范围的数值。

浮点数是小数点的位置可以变动的数，类似于十进制数中的科学计数法。在计算机中通常把浮点数分成阶码和尾数两部分来表示。一个二进制数 N 可以表示为更一般的形式：

$$N=2^{E}\times F$$

其中，E 称为阶码，F 叫做尾数。用阶码和尾数表示的数叫做浮点数，这种表示数的方法称为浮点表示法，所谓浮点法就是为了充分利用尾数来表示更多的有效数字，需对尾数进行规格化处理，即保证尾数的小数点后第一位不为 0，实际数值通过阶码进行调整。

在浮点表示法中，阶码通常为带符号的纯整数，尾数为带符号的纯小数。浮点数的表示格式为：

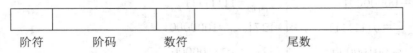

阶符　　　　阶码　　　　数符　　　　　　尾数

阶符表示指数的符号位、阶码表示幂次、数符表示尾数的符号位、尾数表示规格化后的小数值。阶码只能是一个带符号的整数，本身的小数点约定在最右边；尾数是用纯小数表示数的有效部分，本身的小数点约定在数符和尾数之间。在浮点数表示中，阶符和数符各占一位，用来表示阶码和尾数的正负号，阶码的位数决定数值的范围，尾数的位数决定数值的精度。

例如，二进制数 -1001010100.100101 可以写成 $-0.1001010100100101\times 2^{1010}$，以 32 位表示一个浮点数为例，若规定阶码 8 位，尾数 24 位表示，则这个数在机器中的格式为：

0	0001010	1	100101010010010100000000

浮点数表示数的范围大，精度高，但运算规则比定点数复杂。由于阶码和尾数均可以采用不同的编码（原码、补码）表示，并且小数点位置可以有不同的规定，所以不同计算机中浮点数的表示方法可以不同。

1.2.6　信息在计算机中的表示

计算机内部只能处理二进制信息，所以信息处理技术的基础是信息的数字化，即任何形式的信息，包括十进制数值、文字符号、声音、图像、视频等，要进入计算机处理，就必须将这些信息转换成 0 和 1 的二进制编码，其中数值、文字和英文字母等都被认为是字符，任何字符进入计算机时，都必须转换成二进制表示形式，称为字符编码。

1. BCD 编码

BCD 编码（Binary-Coded Decimal）亦称二进码十进数或二-十进制代码。该编码方式是采用 4 位二进制数来表示 1 位十进制数中的 0～9 这 10 个数码，因为 $2^4=16$，而十进制数只有 0～9 十个不同的数符，故有多种 BCD 编码。BCD 码可分为有权码和无权码两类，有权 BCD 码有 8421 码、2421 码、5421 码，其中 8421 码是最常用的，无权 BCD 码有余 3 码、格雷码等。

应用最多的有权码是 8421 码，即 4 个二进制位的权从高到低分别为 8、4、2 和 1，十进制数与 8421BCD 码的对应关系如表 1-6 所示。

表 1-6　十进制数与 8421BCD 码的对应关系

十进制数	8421BCD 码	十进制数	8421BCD 码
0	0000	5	0101
1	0001	6	0110
2	0010	7	0111
3	0011	8	1000
4	0100	9	1001

2. ASCII 编码

ASCII 码（American Standard Code for information Interchange）是美国标准信息交换码的简称，该编码已被国际标准化组织 ISO 采纳，成为一种国际通用的信息交换用标准代码。ASCII 码使用指定的 7 位或 8 位二进制数组合来表示 128 或 256 种可能的字符，其中采用 7 位二进制数组合进行编码的称为标准 ASCII 码或基础 ASCII 码，它可表示所有的大写和小写字母，数字 0 到 9、标点符号以及在美式英语中使用的特殊控制字符。而采用 8 位二进制数组合进行编码的称为扩展 ASCII 码，该编码允许将每个字符的第 8 位用于确定附加的 128 个特殊符号字符、外来语字母和图形符号等。

使用 7 位二进制位对字符进行编码时，低 4 位组 $d_3\ d_2\ d_1\ d_0$ 用做行编码，高 3 位组 d_6 $d_5\ d_4$ 用做列编码其格式为：

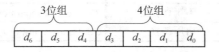

3位组　　　　4位组
| d_6 | d_5 | d_4 | d_3 | d_2 | d_1 | d_0 |

根据 ASCⅡ码的构成格式，可以很方便地从对应的代码表中查出每一个字符的编码。基本的 ASCII 字符代码表如表 1-7 所示。

表 1-7　7 位 ASCII 代码表

$D_3D_2D_1 D_0$ \ $D_6D_5D_4$	000	001	010	011	100	101	110	111
0000	NUL	DLE	SP	0	@	P	、	p
0001	SOH	DC1	!	1	A	Q	a	q
0010	STX	DC2	"	2	B	R	b	r
0011	ETX	DC3	#	3	C	S	c	s
0100	EOT	DC4	$	4	D	T	d	t
0101	ENQ	NAK	%	5	E	U	e	u
0110	ACK	SYN	&	6	F	V	f	v
0111	BEL	ETB	,	7	G	W	g	w
1000	BS	CAN	(	8	H	X	h	x
1001	HT	EM	)	9	I	Y	i	y
1010	LF	SUB	*	:	J	Z	j	z
1011	YT	ESC	+	;	K	[	k	{
1100	FF	FS	,	<	L	\	l		
1101	CR	GS	−	=	M	]	m	}
1110	SO	RS	.	>	N	^	n	~
1111	SI	US	/	?	O	_	o	DEL

其中，有关 ASCII 代码表中缩写的解释，如表 1-8 所示。

表 1-8　ASCII 代码表中缩写解释

缩写	解释	缩写	解释
NUL（null）	空字符	DLE（data link escape）	数据链路转义
SOH（start of headline）	标题开始	DC1（device control 1）	设备控制 1
STX（start of text）	正文开始	DC2（device control 2）	设备控制 2
ETX（end of text）	正文结束	DC3（device control 3）	设备控制 3
EOT（end of transmission）	传输结束	DC4（device control 4）	设备控制 4
ENQ（enquiry）	请求	NAK（negative acknowledge）	拒绝接收
ACK（acknowledge）	收到通知	SYN（synchronous idle）	同步空闲
BEL（bell）	响铃	ETB（end of trans. block）	传输块结束
BS（backspace）	退格	CAN（cancel）	取消
HT（horizontal tab）	水平制表符	EM（end of medium）	介质中断
LF（NL line feed，new line）	换行键	SUB（substitute）	替补
VT（vertical tab）	垂直制表符	ESC（escape）	换码（溢出）
FF（NP form feed，new page）	换页键	FS（file separator）	文件分割符
CR（carriage return）	回车键	GS（group separator）	分组符
SO（shift out）	不用切换	RS（record separator）	记录分离符
SI（shift in）	启用切换	US（unit separator）	单元分隔符

3. 汉字编码

汉字处理包括汉字的编码输入、存储和输出等环节，计算机对汉字要进行处理首先要将汉字字符代码化。由于西文是拼音文字，基本符号比较少，编码比较容易，而汉字种类繁多，编码相对比拼音文字困难得多，而且在一个汉字处理系统中，其输入、处理、存储和输出过程中对汉字代码的要求也不尽相同，所以采用的编码也不尽相同，汉字信息处理系统在处理汉字和词语时，关键的问题是要进行一系列汉字代码的转换。

（1）输入码

中文的字数繁多，字形复杂，字音多变，常用汉字就有 7000 个左右。在计算机系统中使用汉字，首先考虑的问题就是通过使用西文标准键盘进行汉字的输入，因此必须为汉字设计相应的编码方法。汉字编码方法主要分为三类：数字编码、拼音码和字形码。

① 数字编码。数字编码就是用数字串代表一个汉字的输入，常用的是国标区位码。国标区位码是国家标准局公布的 6763 个常用汉字，按照使用频度分成两级，其中一级汉字3755 个，按拼音字母顺序排列；二级汉字 3008 个，按偏旁部首排列。汉字分成 94 个区，每个区 94 位，将区号和位号连在一起构成了区位码，例如："中"的区位码为 5448（3630H）。

直接向计算机输入区位码而得到汉字的方法叫做区位输入法，使用区位码方法输入汉字时，必须先在表中查找汉字并找出对应的代码才能输入。数字编码输入的优点是无重码，而且输入码和内部编码的转换比较方便，但是每个编码都是等长的数字串，代码难以记忆。

② 拼音码。拼音码是以汉语读音为基础的输入方法。由于汉字同音字太多，输入重码率很高，因此按拼音输入后还须进行同音字选择，输入速度较慢。

③ 字形编码。字形编码是以汉字的形状确定的编码。可根据汉字笔画用字母或数字进行编码，按笔画书写的顺序依次输入以表示一个汉字，常用的字形编码有五笔字形和表形码等，其中五笔字形编码是目前最有影响的汉字编码方法之一。

（2）内部码

汉字内部码又称汉字机内码或汉字内码，是汉字在设备或信息处理系统内部最基本的表达形式，是计算机内部汉字的存储、加工处理和传输使用的统一代码。在西文计算机中，没有交换码和内码之分而汉字数量多，用一个字节无法区分，汉字内部码采用国家标准局GB2312—1980 中规定的汉字国标码，用两个字节存放一个汉字的内码，且为了和西文符号区别，在两个字节的最高位分别置"1"。内码通常用于汉字在字库中的序号或存储位置。

（3）字形码

汉字字形码是表示汉字字形的字模数据，通常用点阵、矢量函数等方式表示，用点阵表示字形时，汉字字形码指的就是这个汉字字形点阵的代码。字形码也称字模码，是用点阵表示的汉字字形码，它是汉字的输出方式，根据输出汉字的要求不同，点阵的多少也不同。简易型汉字为 16×16 点阵，高精度型汉字为 24×24 点阵、32×32 点阵、48×48 点阵等。

全部汉字字形码的集合叫汉字字库。汉字库可分为软字库和硬字库。软字库以文件的形式存放在硬盘上，硬字库则将字库固化在一个单独的存储芯片中，再和其他必要的器件组成接口卡，插接在计算机上，通常称为汉卡。

4. 多媒体信息编码

声音、图像等多媒体信息都是一些幅度、亮度等连续变化的模拟量，要让计算机处理这些信息，必须先进行数字化处理，即通过采样和量化，将这些信息转换成计算机可以接收的数字信息。对于声音、图像等多媒体信息的编码方式有很多种，例如对声音信息编码方式，常见的有 PCM 脉冲编码调制等，图像及视频编码技术主要有 JPEG、MPEG 等。

1.3 计算机系统组成与应用

计算机系统由硬件系统和软件系统两部分组成，硬件系统是指构成计算机的物理设备，即由机械、光、电、磁器件构成的具有计算、控制、存储、输入和输出功能的实体部件，软件系统是指在计算机中运行的相关程序、规程及文档的集合，软件系统由系统软件和应用软件组成，计算机系统的组成如图 1-10 所示。

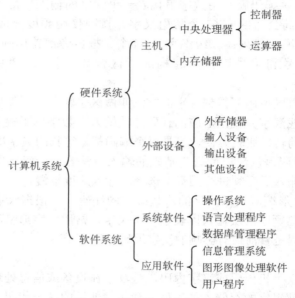

图 1-10　计算机系统的组成

1.3.1 计算机基本工作原理

虽然当前计算机在外形和性能上发生了巨大的变化，但现在仍然沿用冯·诺依曼提出的通用计算机基本原理，即计算机由 5 个基本部分组成：运算器、控制器、存储器、输入设备和输出设备；计算机采用二进制数形式表示计算机的指令和数据；将程序和数据存放在存储器中，由计算机自动地执行程序。

按照冯·诺依曼通用计算机的结构，计算机硬件系统由运算器、控制器、存储器、输入设备和输出设备 5 个基本功能部件组成，整个工作过程可简单地用图 1-11 表示。

计算机的工作过程就是执行程序的过程，计算机中所有部件均在控制器的控制下相互协作完成工作。首先在操作系统的统一控制下，程序和数据通过系统的输入设备送入内存储器，控制器从内存储器中逐条读取程序中的指令，并按照每条指令的要求执行所规定的数据操作；当程序被执行完毕后，控制器向输出设备发出输出命令，加工处理后的数据在控制器的控制之下经输出设备输出。

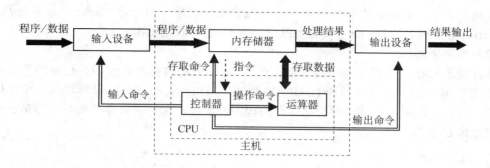

图 1-11　计算机工作过程

1.3.2　计算机硬件系统

计算机硬件系统由运算器、控制器、存储器、输入设备和输出设备五大部分组成，其中中央处理器（也称 CPU，由运算器和控制器组成）是计算机的核心，它是整个计算机系统的运算和控制中心，中央处理器和内存储器共同构成计算机的主机，除了主机之外的设备统称为外部设备（又称外围设备，简称外设）。

1. 运算器

运算器由算术逻辑单元、累加器、状态寄存器和通用寄存器等组成。运算器是执行算术运算和逻辑运算的部件，主要完成加、减、乘、除等算术运算，与、或、非、异或等逻辑运算及移位和比较等操作，运算器是在控制器的控制下实现运算功能的，运算结果在控制器控制下送到内存储器中。

2. 控制器

控制器主要由指令寄存器、译码器、程序计数器和操作控制器等组成，控制器是计算机的“神经中枢”，它负责从内存中取出指令并进行指令译码，然后根据该指令功能向有关部件发出控制命令，执行该指令，保证各部件协调一致地工作。

3. 存储器

存储器是计算机中有记忆功能的器件，用于存放程序、参与运算的数据及运算结果。存储器按用途可分为内存储器和外存储器。

（1）内存储器

内存储器也称主存储器（简称主存），是用来存放当前运行程序的指令和数据的，它与 CPU 相连接，可以直接和 CPU 交换数据，存取速度快，工作效率高。内存储器又可分为随机存储器（简称 RAM）和只读存储器（简称 ROM）两种。RAM 表示其内存允许随时写入或读出，其缺点是切断电源后，信息不能保留，具有易失性，ROM 中存储的内容只能读出不能写出，断电后其内容仍然保持不变，一般用来存放专用的或固定的程序和数据。

由于 CPU 的速度比内存速度快，为了提高 CPU 读写程序和数据的速度，避免 CPU 在读写内存数据时出现的等待现象，当前的计算机在内存和 CPU 之间增加了容量较小速度较快的高速缓冲存储器（Cache，简称快存），在 Cache 中保存着内存中最频繁使用的指令与数据，当 CPU 在读写数据时，首先访问 Cache，如果数据在 Cache 中，就从 Cache 中读取，否则再去访问内存，Cache 的增加可提高计算机的工作效率，但一般 Cache 的容量是几百 KB 至几 MB，容量过大的 Cache 会降低 CPU 在 Cache 中查找的效率。

（2）外存储器

外存储器又称辅助存储器（简称辅存或外存），它是内存的扩充，外存中的数据不能被 CPU 直接访问，必须通过内存和 CPU 交换数据，与内存比较则外存储容量大，价格低，存储速度较慢，一般用来存放需要长期保存的程序和数据。常见的外存有磁盘、磁带、光盘、移动硬盘和 U 盘等。

4．输入设备

输入设备是指向计算机输入数据、程序及各种信息的部件。计算机系统中最常用的输入设备有键盘、鼠标，此外还有数字相机、扫描仪、条码读取器、摄像头、数字化仪、磁卡、IC 卡、传感器以及各种语音输入设备等。

5．输出设备

输出设备是将计算机的处理结果以人们或其他机器所能识别的形式输出，在计算机系统中，最常用的输出设备是显示器和打印机（针式打印机、喷墨打印机和激光打印机等）。此外还有绘图仪、投影仪、刻录机以及各种语音输出设备等。

1.3.3　计算机软件系统

计算机系统由硬件系统和软件系统组成，系统间存在着层次性，而且每个系统中也包含各自的子系统，最低一层是硬件系统，是整个系统运行的物理基础，运行在硬件系统上的程序是机器语言程序，由硬件系统直接进行解释运行。机器语言之上是操作系统，操作系统控制所有计算机运行的程序并管理整个计算机的资源，它向下连接和管理整个计算机硬件系统，向上为用户开发其他系统程序和应用程序提供支持，用户可在各类系统软件和应用软件的支撑下执行各种软件程序，计算机系统的层次结构如图 1-12 所示。

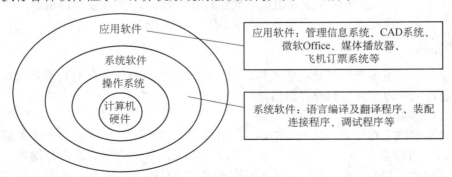

图 1-12　计算机系统的层次结构

在计算机系统中，计算机硬件系统是整个系统运行的物理平台，无软件系统的支持计算机无法工作，计算机是在软硬件系统的协同下运行，二者缺一不可，计算机软件系统是计算机系统中的软件组成部分，它提供了用户与计算机硬件之间交互的接口，是控制和操作计算机工作的核心，是计算机的"灵魂"。

通常根据软件的用途将软件分成系统软件和应用软件两类，这两类软件均是用程序语言编写的。

1. 程序、软件的定义

计算机程序是指一组指挥计算机每一步动作的指令，通常用某种程序设计语言编写，运行于某种目标计算机体系结构上。一般地，程序设计语言的定义都涉及语法、语义、语用 3 个方面，语法是指由程序语言基本符号组成程序中的各个语法成分（包括程序）的一组规则，包括由基本符号构成的符号（单词）书写规则和语法规则，语义是程序语言中按语法规则构成的各个语法成分的含义，语用表示了构成语言的各个记号和使用者的关系，涉及符号的来源、使用和影响。

计算机程序设计语言通常分为三类，即机器语言、汇编语言和高级语言。

（1）机器语言

计算机的硬件结构赋予计算机设备具有一定的操作功能，通常把计算机完成规定操作的命令称为指令，一条指令通常由操作码和地址码组成，计算机在运行过程需要的数据称为操作数，计算机所能执行的全部指令的集合称为该计算机的指令系统。由于各公司设计生产的计算机不同，其指令的数量与功能、指令格式、寻址方式、数据格式都有差别，因此不同的计算机有不同的指令系统。

机器语言就是用二进制代码表示的计算机能直接识别和执行的一种机器指令码集，用机器语言编写的程序全是由 0 和 1 的组成的指令代码，由于不同的计算机有不同的指令系统，因此用机器语言编写程序时，需要编程人员熟记所用计算机的全部指令代码和代码的含义，编写程序时耗时长，编出的程序难理解、不容易记忆和易出错，但机器语言能够被硬件直接执行，因此运行速度快、效率高。

例如，一条表示加法的机器语言：0000010000000001 该指令是将寄存器 AX 内容加 1，结果仍保存在 AX 中。

（2）汇编语言

随着计算机硬件结构越来越复杂，其指令系统也变得庞大和复杂起来，为了减轻程序设计人员在编制程序工作中的编写难度，增强程序的可读性，出现了一种符号化的机器语言，即用助记符代替机器指令的操作码，用地址符号或标号代替指令或操作数的地址，例如 SUB 通常用于表示减法，而 ADD 则经常用于表示加法，这种符号化的程序设计语言就是汇编语言，使用汇编语言编写的程序，机器不能直接识别，必须经过翻译转变成机器语言由计算机识别和执行。这种将汇编语言编写的源程序翻译成机器语言的工具被称为汇编程序。

例如：以上的将寄存器 AX 内容加 1，结果仍保存在 AX 中例子，用汇编语言表示则为 ADDAX，01。

虽然汇编语言采用符号替代 0、1 指令，比机器语言易懂，但汇编语言仍然难于学习和使用。汇编语言仍然和机器语言一样，都是一种面向机器的语言，并且不同类型的计算机具有不同的汇编语言。汇编语言和机器语言统称为"低级语言"。低级语言相对高级语言有如下弊端：难确保程序的正确性、高效性；可靠性差，开发周期长；可读性差，不便于交流与合作；严重依赖于具体的计算机，可移植性和重用性差等。

（3）高级语言

高级语言是同人类的自然语言和数学表达方式相当接近的程序设计语言，高级语言与具体的机器指令系统无关，其可读性更好、容易学习，通用性强。随着第一种高级程序设计语言 FORTRAN 的出现，经过几十年的发展，目前流行的高级程序语言有上百种。常见的面向过程的语言有 Basic、Pascal、FORTRAN 和 C 语言等；面向对象的语言有 C++和 Java 等；面向对象与可视化语言有 Visual Basic、Delphi 和 Visual C++等；非过程化的语言有 SQL 等。

高级语言和汇编语言一样不能被计算机直接识别和执行，必须经过转换成机器语言的形式才能使计算机能够运行。担任这一转换任务的程序称为"语言处理程序"，语言处理程序除了要完成语言间的转换，还要进行语法、语义等方面的检查，语言处理程序有编译程序和解释程序两种。

① 编译程序。编译程序处理方式是一次性将整个源程序翻译成目标程序，目标程序再经过链接后产生"可执行程序"，然后由计算机运行。

② 解释程序。解释程序处理方式是将源程序中的指令逐条翻译成机器语言，逐条执行。

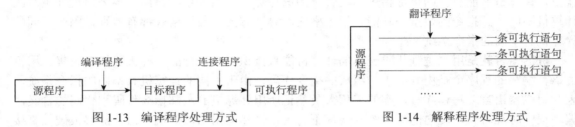

图 1-13　编译程序处理方式　　　　图 1-14　解释程序处理方式

编译程序和解释程序都是将高级语言转换成机器语言，但两种语言处理程序不同，如图 1-13 所示：在编译方式下，机器运行的是经过编译及连接后的与源程序等价的可执行程序，运行的程序与原来的源程序无关；而在解释方式下，源程序不需要事先编译，只在运行程序时由解释程序逐句将源程序转换成机器语言，转换一条语句执行一条，如图 1-14 所示。相比较而言，采用编译方式的语言一次将程序运行完毕，运行效率高，但是由于编译时只针对特定的硬件平台编译，因此当需要程序跨平台运行时还需要重新编译，程序的可移植性较差；采用解释方式的语言逐条翻译，逐条执行，因此运行效率较低，但可以在目标机上自动翻译，因此可移植性高，典型的编译型高级语言有 C 和 Pascal 等，解释型高级语言有 Basic 和 Java 等。

2．系统软件

系统软件是指那些能够直接控制和协调计算机硬件、维护和管理计算机的软件，它不仅支持应用软件的运行，也为用户开发应用系统提供一个平台，用户可以使用但不能随意修改。常见的系统软件有操作系统、语言处理程序、诊断程序、数据库管理系统等，其中操作系统是系统软件的核心。

（1）操作系统

操作系统是对计算机系统中所有硬件与软件资源进行统一管理、调度及分配的核心软件，其他软件均建立在操作系统的基础上，并在操作系统的统一管理和支持下运行。操作系统的两个重要的作用是：

● 对计算机资源进行管理，提高计算机系统的效率。计算机系统的硬件资源包括中央处理机、存储器和输入输出设备等物理设备，计算机系统的软件资源是以文件形式保存在存储器上的程序和数据等信息，而操作系统是含有对系统软、硬件资源实施管理的一组程序组成，它通过对 CPU 管理、存储管理、设备管理和文件管理，对各种资源进行合理的分配，并控制程序的执行流程，最大限度地发挥计算机系统的工作效率。

● 改善人机界面，向用户提供友好的工作环境。操作系统不仅是用户和计算机的接口，同时也是计算机硬件和其他软件的接口。对于安装了操作系统的计算机，用户面对的是操作便利的人机界面和为软件开发提供必要服务的程序接口，而不是难懂的机器指令，和一系列复杂的对计算机硬件进行操作的按钮或按键。

操作系统一般分为批处理操作系统、分时操作系统、实时操作系统、网络操作系统、分布式操作系统、微机操作系统和嵌入式操作系统。

① 批处理操作系统。批处理是指用户将一批作业提交给操作系统后就不再干预，由操作系统控制它们自动运行。这种采用批量处理作业技术的操作系统称为批处理操作系统；批处理操作系统不具有交互性，它是为了提高 CPU 的利用率而提出的一种操作系统。

② 分时操作系统。利用分时技术的一种联机的多用户交互式操作系统，每个用户可以通过自己的终端向系统发出各种操作控制命令，完成作业的运行。分时是指把处理机的运行时间分成很短的时间片，按时间片轮流把处理机分配给各联机作业使用。UNIX 系统就是典型的多用户多任务的分时操作系统。

③ 实时操作系统。实时是指计算机在被控对象允许的时间范围内，对于外来信息做出响应。因此，为了提高系统的响应时间，实时系统需在指定或者确定的时间内，对随机发生的内外部事件及时做出响应并进行处理。实时系统对交互能力要求不高，但要求可靠性有保障。实时系统可分为实时控制系统和实时信息处理系统。实时控制系统主要用于生产过程的自动控制，实验数据自动采集，武器的自动控制等。实时信息处理系统主要用于实时信息处理，如飞机订票系统、情报检索系统等领域。

实时系统与分时系统除了应用的环境不同，主要区分如下所述。

● 系统的设计目标和交互性强弱性要求不同。分时系统是多用户的通用系统，交互能力强；而实时系统大都是专用系统且交互能力差。

● 响应时间的响应程度不同。分时系统是以人能接收的等待时间为系统的设计依据，而实时系统是以被测物体所能接受的延迟为系统设计依据，因此实时系统对响应时间的程度强，而分时系统对响应时间程度弱。

④ 网络操作系统。网络操作系统是为联网的计算机提供网络通信和网络服务功能的操作系统，网络操作系统使得计算机能方便而有效地共享网络资源，这些网络资源是指网络中的各类软硬件资源，如共享硬盘、打印机及文件传输和计算机间的互操作等。

⑤ 分布式操作系统。分布式操作系统是由多个分散的计算机经互联网络连接而成的计算机系统。分布式操作系统是指对分布式计算机系统上相互独立的、无主次之分的计算机系统资源进行有效管理的操作系统，分布式操作系统可直接对系统中各类资源进行动态分配和调度、使系统中若干台计算机相互协作完成共同的任务，有效地控制和协调任务的并行执行。

分布式操作系统是网络操作系统的更高级形式，与网络操作系统相比较，分布式操作系统具有更高的透明性、可靠性和高性能等。例如，分布式操作系统能很好地隐藏系统内部的实现细节，对象的物理位置、操作的并发控制、系统故障等处理过程对用户而言都是透明的。

⑥ 微机操作系统。微机操作系统是为个人计算机上配置的操作系统。常见的微机操作系统有：16 位单用户、单任务操作系统 MS-DOS；Microsoft 公司开发的一系列 32 位 Windows 98 / NT / 2000 / XP，以及 32 位和 64 位两种版本的 Windows Vista / Windows 7 / Windows 8 等图形用户界面的多任务、多线程的操作系统；SCO 公司开发的 SCO UNIX 多用户、多任务操作系统；开放源码的支持多用户、多任务、多线程和多 CPU 的 Linux 操作系统等。

⑦ 嵌入式操作系统。嵌入式操作系统运行在嵌入式智能芯片环境中，对整个智能芯片以及它所操作、控制的各种部件装置等资源进行统一协调、处理、指挥和控制的系统软件。嵌入式操作系统具有微型化、可定制、实时性、可靠性和易移植性等特点。目前在嵌入式领域广泛使用的操作系统有嵌入式 Linux、Windows Embedded、VxWorks 等，以及应用在智能手机和平板电脑的 Android、iOS 等。

（2）语言处理程序

计算机执行的是二进制的机器语言，用汇编语言或高级程序设计语言编写的源程序需要翻译成二进制的机器语言才能被计算机执行，承担语言翻译任务的程序称为"语言处理程序"，语言处理程序包括汇编程序、编译程序和解释程序。其中，用汇编语言编写的源程序翻译成由机器语言表示的目标程序的过程由汇编程序完成；编译型高级程序设计语言编写的源程序翻译成与之等价的用机器语言表示的目标程序的过程由编译程序完成；解释型高级程序设计语言编写的源程序逐句进行解释并执行的由解释程序完成。

（3）数据库管理系统

数据库是指长期存储在计算机中有结构的、大量的、共享的数据集合，数据库中的数据并不是简单地堆放在一起，而是按一定的数据模型组织、描述和存储的。

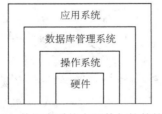

图 1-15　数据库系统中硬件与软件的关系

数据库系统由支持系统的计算机硬件设备、数据库及相关的计算机软件系统、开发管理数据库系统的人员三部分组成，其中数据库系统中的软件主要包括操作系统、数据库管理系统、应用开发工具软件和应用系统（根据用户的需要所开发的应用程序）组成，数据库系统中硬件与软件的关系如图 1-15 所示。

数据库管理系统（简称 DBMS），是数据库系统的核心，是为数据库的建立、使用和维护而配置的位于操作系统与用户之间的一层数据管理软件，负责对数据库进行统一的管理和控制。用户发出的或应用程序发出的各种操作数据库中数据的命令，都要通过数据库管理系统来执行，一般来说，DBMS 的功能主要包括如下几方面：

● 数据定义。数据定义包括定义构成数据库结构的模式、存储模式和外模式，定义各个外模式与模式之间的映射，定义模式与存储模式之间的映射。通过它，用户可以定义数据库中数据对象、数据库的存储位置等。

● 数据操纵。数据操纵包括对数据库数据的检索、插入、修改和删除等基本操作。

● 数据库运行管理。对数据库的运行进行管理是 DBMS 运行时的核心部分，包括对数据库进行并发控制、安全性检查、完整性约束条件的检查和执行、数据库的内部维护（如索引、数据字典的自动维护）等。所有访问数据库的操作都要在这些控制程序的统一管理下进行，以保证数据的安全性、完整性、一致性以及多用户对数据库的并发使用。

　　DBMS 提供数据定义语言 DDL（Data Definition Language）与数据操作语言 DML（Data Manipulation Language），供用户定义数据库的模式结构与权限约束，实现对数据的追加、删除等操作。常见的数据库管理系统有 DB2、ORACLE、MySQL、Access 和 MS SQL Server 等。

　　3．应用软件

　　应用软件是指用各种程序设计语言编制的为解决特定实际问题而编写的程序或一组程序的集合，应用软件又可分为通用应用软件和特殊应用软件。通用应用软件是指为解决带有通用性问题而精心研制的程序，例如：适用于多个领域的标准函数库、子程序库、或多个领域均可适用的软件等，特殊应用软件是指为解决特定问题而开发的软件，该类软件专业性较强、适用于的某个特定的领域。

　　① 通用应用软件。这类应用软件有较好的通用性，可广泛应用于不同行业和部门，如办公软件：Microsoft 的 Office 和金山公司的 WPS 等；文字输入软件：智能 ABC、微软拼音和搜狗拼音等；网页浏览软件：微软 IE，google 浏览器等。

　　其中，Microsoft 的 Office 系列办公软件不仅提供字处理软件 Word，还提供了表处理软件 Excel，在 Word 软件中可以将文字、图像、图形、表格、图表等混排于一个文档中，Excel 常被用于数据处理，它可对由行和列构成的二维表格中的数据进行运算和统计分析，并能制作出图文并茂的工作表格。

　　② 特殊应用软件。这类应用软件主要面向某些特定的应用，如辅助设计与制造软件：计算机辅助设计（CAD）、计算机辅助制造（CAM）、计算机辅助测试（CAT）、计算机集成制造（CIMS）等系统；图形与图像处理软件：AutoCAD、3DMAX、CorelDraw、Adobe PhotoShop 等；信息管理软件：工资管理软件、人事管理软件、仓库管理软件、计划管理软件等。

 习题

　　1．判断题

　　（1）世界上第一台公认的电子计算机是 ENAIC，它约有 30 吨重。（　　　）

　　（2）与科学计算（或称数值计算）相比，数据处理的特点是数据输入输出量大，而计算相对简单。（　　　）

　　（3）多媒体的实质是将不同形式存在的媒体信息（文本、图形、图像、动画和声音）数字化，然后用计算机对它们进行组织、加工并提供给用户使用。（　　　）

　　（4）AVI 是指音频、视频交互文件格式。（　　　）

　　（5）实现汉字字型表示的方法，一般可分为点阵式与矢量式两大类。（　　　）

　　（6）标准 ASCII 码是 8 位码，正好占一个字节。（　　　）

　　（7）根据传递信息的种类不同，系统总线可分为地址总线、控制总线和数据总线。（　　　）

　　（8）主频（或称时钟频率）是影响微机运算速度的重要因素之一。主频越高，运算速度越快。（　　　）

（9）外存上的信息可直接进入 CPU 处理。（　　　）

（10）高速缓存存储器（Cache）用于 CPU 与主存储器之间进行数据交换的缓冲。其特点是速度快，但容量小。（　　　）

（11）计算机硬件的某些功能可以由软件来完成，软件的某些功能也可以用硬件来实现。（　　　）

（12）用计算机机器语言编写的程序可以由计算机直接执行，用高级语言编写的程序必须经过编译或解释才能执行。（　　　）

（13）通过编译连接后形成的可执行程序，其运行速度比解释执行的程序速度要快。（　　　）

（14）汇编语言和机器语言都属于低级语言，因为用它们编写的程序可以被计算机直接识别执行。（　　　）

（15）操作系统是合理地组织计算机工作流程、有效地管理系统资源、方便用户使用的程序集合。（　　　）

（16）操作系统都是多用户单任务系统。（　　　）

（17）用计算机机器语言编写的程序可以由计算机直接执行，用高级语言编写的程序必须经过编译（或解释）才能执行。（　　　）

2．单选题

（1）通常我们所说的 32 位机，指的是这种计算机的 CPU＿＿＿＿＿＿＿＿。
  A．是由于 2 个运算器组成的   B．能够同时处理 32 位二进制数据
  C．包含有 32 个寄存器   D．一共有 32 个运算器和控制器

（2）下列有关信息的描述正确的是＿＿＿＿＿＿＿＿。
  A．只有以书本的形式才能长期保存信息
  B．数字信号比模拟信号易受干扰而导致失真
  C．计算机以数字化的方式对各种信息进行处理
  D．信息的数字化技术已初步被模拟化技术所取代

（3）下列有关信息的描述不正确的是＿＿＿＿＿＿＿＿。
  A．模拟信号能够直接被计算机处理
  B．声音、文字、图像都是信息的载体
  C．调制解调器能将模拟信号转化为数字信号
  D．计算机以数字化的方式对各种信息进行处理

（4）决定个人计算机性能的主要是＿＿＿＿＿＿＿＿。
  A．计算机的价格 B．计算机的内存 C．计算机的 CPU D．计算机的电源

（5）由于微型计算机在工业自动化控制方面的广泛应用，它可以＿＿＿＿＿＿＿＿。
  A．节省劳动力，减轻劳动强度，提高生产效率
  B．节省原料，减少能源消耗，降低生产成本
  C．代替危险性较大的工作岗位上人工操作
  D．以上都对

（6）巨型计算机指的是＿＿＿＿＿＿＿＿。
  A．重量大   B．体积大   C．功能强   D．耗电量大

（7）目前多媒体计算机中对动态图像数据压缩常采用_____。

    A．JPEG   B．GIF   C．MPEG   D．BMP

（8）在计算机领域，媒体分为_____这几类。

    A．感觉媒体、表示媒体、表现媒体、存储媒体和传输媒体

    B．动画媒体、语言媒体和声音媒体

    C．硬件媒体和软件媒体

    D．信息媒体、文字媒体和图像媒体

（9）多媒体信息不包括_____。

    A．文本、图形   B．音频、视频   C．图像、动画   D．光盘、声卡

（10）多媒体技术发展的基础是_____。

    A．数据库与操作系统的结合

    B．通信技术、数字化技术和计算机技术的结合

    C．CPU 的发展

    D．通信技术的发展

（11）二进制数 10111101110 转换成八进制数是_____。

    A．2743   B．5732   C．6572   D．2756

（12）已知英文小写字母 a 的 ASCII 码为十六进制数 61H，则英文小写字母 d 的 ASCII 码为_____。

    A．34H   B．54H   C．64H   D．24H

（13）我国的国家标准 GB2312 用_____位二进制数来表示一个汉字。

    A．8   B．16   C．4   D．7

（14）按对应的 ASCII 码比较，下列正确的是_____。

    A．"A"比"B" 大   B．"f"比"Q"大

    C．空格比逗号大   D．"H"比"R"大

（15）在 32×32 点阵的汉字字库中，存储一个汉字的字模信息需要_____个字节。

    A．256   B．1024   C．64   D．128

（16）一个字节包含_____个二进制位。

    A．8   B．16   C．32   D．64

（17）在计算机中采用二进制，是因为_____。

    A．这样可以降低硬件成本   B．两个状态的系统具有稳定性

    C．二进制的运算法则简单   D．上述三个原因

（18）一个计算机系统的硬件一般是由_____这几部分构成的。

    A．CPU、键盘、鼠标和显示器

    B．运算器、控制器、存储器、输入设备和输出设备

    C．主机、显示器、打印机和电源

    D．主机、显示器和键盘

（19）计算机的 CPU 是指_____。

    A．内存储器和控制器   B．控制器和运算器

    C．内存储器和运算器   D．内存储器、控制器和运算器

（20）CPU 中的运算器的主要功能是_____。

    A．负责读取并分析指令　　　　　　B．算术运算和逻辑运算

    C．指挥和控制计算机的运行　　　　D．存放运算结果

（21）在下列设备中，存取速度最慢的是_____。

    A．硬盘　　　　　B．寄存器　　　　C．Cache　　　　D．内存

（22）下列四条叙述中，正确的一条是_____。

    A．U盘、硬盘和光盘都是外存储器

    B．计算机的外存储器比内存储器存取速度快

    C．计算机系统中的任何存储器在断电的情况下，所存信息都不会丢失

    D．绘图仪、鼠标、显示器和光笔都是输入设备

（23）数码照相机是一种_____。

    A．输出设备　　　B．输入设备　　　C．存储设备　　　D．以上都错

（24）我们通常所说的"裸机"指的是_____。

    A．只安装有操作系统的计算机　　　B．不带输入输出设备的计算机

    C．未安装任何软件的计算机　　　　D．计算机主机暴露在外

（25）高级语言编译程序按分类来看是属于_____。

    A．操作系统　　　B．系统软件　　　C．应用软件　　　D．数据库管理软件

（26）计算机语言的发展经历了_____。

    A．高级语言、汇编语言和机器语言

    B．高级语言、机器语言和汇编语言

    C．机器语言、高级语言和汇编语言

    D．机器语言、汇编语言和高级语言

（27）由二进制代码表示的机器指令能被计算机_____。

    A．直接执行　　　B．解释后执行　　　C．汇编后执行　　　D．编译后执行

第2章 电子文档制作 Word 2010

Word 2010 是 Office 2010 办公套装软件中的一个重要成员，是 Microsoft 公司推出的一款优秀的文字处理软件。它能够满足用户的各种文档处理要求，例如，输入、编辑文本，设置文档格式，在文档中插入与编辑图片、艺术字和图形，制作表格等，从而帮助用户制作出具有专业水准的文档。下面就来认识一下 Word 2010，并掌握它的一些基本操作。

2.1 知识要点

本章主要介绍 Word 基本编辑操作、字体格式化、文本编辑、表格操作、图文混排等实用操作，内容主要包括 Word 的基本操作，段落格式化，页面格式化，查找和替换，表格的编辑，数据的排序，最后通过应用实例灵活有效地使用 Word 2010 处理工作中遇到的问题。

2.1.1 开始文件

成功启动 Word 2010 后，屏幕上默认出现"开始"选项卡中的界面，如图 2-1 所示。Word 2010 的用户界面相对 Word 2003 而言，确实发生了巨大的变化。

全新的、注重实效的用户界面条理分明、井然有序。Word 2010 摒弃了以往通过菜单栏下拉的方式，主要功能在功能区中集中体现；Word 2010 也无须用户自己选择工具栏，主要的工具以选项卡功能组的形式出现，其余的工具在用户需要时自动出现，操作更智能化；Word 2010 为多个格式选项提供了实时预览功能，用户在操作时将根据鼠标移动显示操作结果，更为直观、便于操作。

此外，Word 2010 还设置了快速访问工具栏，允许用户进行个性化设置；设置了微型工具栏，让用户几乎不移动鼠标就可以进行格式操作。以下对 Word 2010 在"开始"选项卡中设置的部分新功能进行简要介绍。

1. 功能区

Word 2010 中的功能区旨在帮助用户快速找到完成某一任务所需的命令。为了便于浏览，功能区包含多个围绕特定方案或对象进行处理的选项卡。每个选项卡里的空间进一步分成多个组。功能区比菜单和工具栏承载了更为丰富的内容，每个组又包括按钮、图片库和对话框等内容。部分组的右下角设有对话框启动器，单击后可显示包括完整功能的对话框或任务窗格。

有一类选项卡称为上下文选项卡，它们只在需要执行相关处理任务时才会出现在选项卡界面中。上下文选项卡提供用于处理所选项目的控件。例如，仅当选中图片后，图片工具会以高亮形式显示在格式项上面，如图 2-2 所示。上下文选项卡类型非常多，例如表格工具、绘图工具、图表工具等，但都需选中对象才会出现。

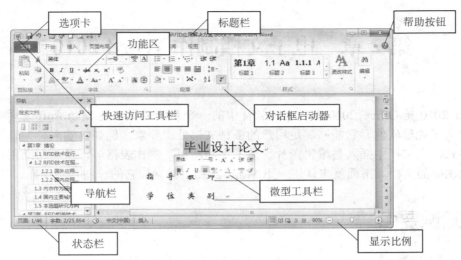

图 2-1 "开始"用户界面

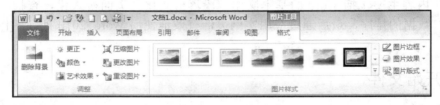

图 2-2 上下文选项卡

在选项卡操作时的使用技巧如下：

（1）双击当前选中的选项卡可以隐藏该选项卡，双击任意选项卡可取消隐藏。

（2）按 Alt 键将显示当前上下文中的快捷键，如图 2-3 所示。在当前界面再按 Alt+1 组合键保存、Alt+F 组合键切换到"文件选项卡。

图 2-3 按 Alt 键显示快捷键

2. 快速访问工具栏

用户界面左上角的快速访问工具栏是一个可自定义的工具栏，它包含一组独立于当前所显示的选项卡的命令，并提供对常用工具的快速访问。一般该工具栏默认包括保存、撤销键入、重复键入等命令按钮。若需要向快速访问工具栏中添加按钮，可单击工具栏右侧的按钮，显示如图 2-4 所示的下拉列表。例如，若需添加"新建"按钮，只需在列表中勾选"新建"，新建文件的按钮会自动出现在快速访问工具栏中。

若列表所列内容无法满足需要，可直接在功能区上，单击相应的选项卡或组以显示要添加到快速访问工具栏的命令。右击该命令，在快捷菜单上选择"添加到快速访问工具栏，如

图 2-5 所示。在打开的列表中，还可选择"在功能区下方显示"或"在功能区上方显示"项移动快速访问工具栏位置。

图 2-4　自定义快速访问工具栏

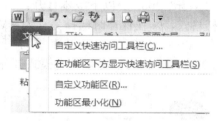

图 2-5　添加到快速访问工具栏

3. 微型工具栏

Word 早期版本有一个问题：格式工具栏距离所编辑的文本很远，用户每次想要对文本进行格式设置时鼠标都不得不移动很长的距离。在 Word 2010 中，若需要对文本进行格式操作时，会自动出现一个弹出式微型工具栏，包括一些最常用的格式化命令，包括选择字体、大小、颜色和突出显示等，如图 2-6 所示。

图 2-6　微型工具栏

显示工具栏有以下两种方法：
（1）先选择文本，然后将鼠标悬浮在选择的区域，微型工具栏就会像一个"幽灵"一样浮现。
（2）先选择文本，然后单击右键，微型工具栏会出现在右键快捷菜单的上方。

4. 文件选项卡与 Backstage 视图

Word 2010 中的另一项新设计是使用"文件"选项卡，如图 2-7 所示。取代了 Word 2007 中的"Office 按钮"以及早期版本中的"文件"选项卡。单击"文件"选项卡后，可以看到 Microsoft Office Backstage 视图。如果说功能区中包含用于在文档中工作的命令集，Backstage 视图则是用于对文档执行操作的命令集。在 Backstage 视图中可以执行"新建"、"打开"、"保存"、"信息"和"打印"等操作。简而言之，可通过该视图对文件执行所有无法在文件内部完成的操作。

若要从 Backstage 视图快速返回到文档，可单击"开始"选项卡，或者单击屏幕右侧的预览图，或者按键盘上的 Esc 键。

以下简要介绍 Word 2010 通过"文件"选项卡设置的部分新功能。

（1）支持 PDF 格式

Word 2010 文档可直接另存为 PDF 格式，不再需要通过 Adobe Acrobat 等软件转换；也可单击"保存与发送"，再选择"创建 PDF/XPS 文档"。

（2）使用新文件格式

在 Word 2010 中保存文档时，文档将被默认保存为.docx 格式。这个格式的最大特点是基于 XML，这也可能是为何在早期的.doc 格式后添加 X 的原因。由于技术变革，该格式无法使用 Word 2003 及以下版本打开，需安装格式兼容包。若希望保存为低版本 Word 可兼容的文档格式，需在保存时选择另存为"Word 97-2003 文档"。

在 Word 2010 中，可以直接打开 Word 97-2003 版本的文档（.doc）和 Word 2007（.docx）文档，但它们是以兼容模式打开的，有些功能会被禁用，如图 2-8 所示。

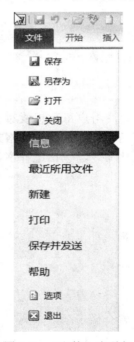

图 2-7　"文件"选项卡　　　　　　　　图 2-8　兼容模式字样显示在标题栏

2.1.2　Word 的基本操作

1. 文档的保护

（1）设置"打开权限密码"

在文档存盘前设置了"打开权限密码"后，那么再打开它时，Word 首先要核对密码，只有密码正确的情况下才能打开，否则拒绝被打开。

设置"打开权限密码"可以通过如下步骤实现：

　　① 执行"文件"|"另存为"命令，打开"另存为"对话框。

　　② 在"另存为"对话框中，执行"工具"|"常规选项"命令，打开如图 2-9 所示的"常规选项"对话框，输入设定的密码。

　　③ 单击"确定"按钮，此时会出现一个如图 2-10 所示的"确认密码"对话框，要求用户再重复键入所设置的密码。

　　④ 在"确认密码"对话框的文本框中重复键入所设置的密码并单击"确定"按钮。如果密码核对正确，则返回"另存为"对话框，否则出现"确认密码不符"的警示信息。此时只能单击"确定"按钮，重新设置密码。

　　⑤ 当返回到"另存为"对话框后，单击"保存"按钮即可存盘。

　　⑥ 至此，密码设置完成。当以后再次打开此文档时，会出现"密码"对话框，要求用户键入密码以便核对，如密码正确，则文档打开；否则，文档不予打开。

图 2-9　"常规选项"对话框

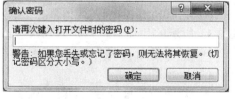

图 2-10　"确认密码"对话框

（2）设置修改权限密码

　　如果允许别人打开并查看一个文档，但无权修改它，则可以通过设置"修改权限时的密码"实现。设置修改权限密码的步骤，与设置打开权限密码的操作非常相似，不同的只是将密码键入到"修改文件时密码"的文本框中。打开文档的情形也很类似，此时"密码"对话框多了一个"只读"按钮，供不知道密码的人以只读方式打开它。

（3）设置文件为"只读"属性

将文件设置成为只读文件的方法是：

　　① 打开"常规选项"对话框。

　　② 单击"建议以只读方式打开文档"复选框。

　　③ 单击"确定"按钮，返回到"另存为"对话框。

　　④ 单击"保存"按钮完成只读属性的设置。

2. 项目符号和段落编号

编排文档时，在某些段落前加上编号或某种特定的符号（称项目符号），这样可以提高文档的可读性。手工输入段落编号或项目符号不仅效率不高，而且在增、删段落时还需修改编号顺序，容易出错。在 Word 中，可以在键入时自动给段落创建编号或项目符号，也可以给已键入的各段文本添加编号或项目符号。

（1）在键入文本时，自动创建编号或项目符号

在键入文本时，先输入一个星号"*"，后面跟一个空格，然后输入文本。当输完一段文本按 Enter 键后，星号会自动改变成黑色圆点的项目符号，并在新的一端开始处自动添加同样的项目符号。

如果要结束自动添加项目符号，可以按 BackSpace 键删除插入点前的项目符号，或再按一次 Enter 键。

类似地，键入文本时自动创建段落编号的方法是：在键入文本时，先输入如"1."、"（1）"、"一、"、"第一、"、"A." 等格式的起始编号，然后输入文本。当按 Enter 键时，在新的一段开头处就会根据上一段的编号格式自动创建编号。

如果要结束自动创建编号，那么可以按 BackSpace 键删除插入点前的编号，或再按一次 Enter 键即可。

在这些建立了编号的段落中，删除或插入某一段落时，其余的段落编号会自动修改，不必人工干预。

（2）对已键入的各段文本添加项目符号或编号

执行"开始"|"段落"|"项目符号"和"开始"|"段落"|"编号"命令，给已有的段落添加项目符号或编号。

① 选定要添加项目符号（或编号）的各段落。

② 执行"开始"|"段落"|"项目符号"和"开始"|"段落"|"编号"命令，打开如图 2-11 所示的"项目符号"列表框（或如图 2-12 所示的"编号"列表框）。

③ 在"项目符号"（或"编号"）列表中，选定所需要的项目符号（或编号），再单击"确定"按钮。

④ 如果"项目符号"（或"编号"）列表中没有所需要的项目符号（或编号），可以单击"定义新符号项目"（或"定义新编号格式"）按钮，在打开的对话框中，选定或设置所需要的"符号项目"（或"编号"）。

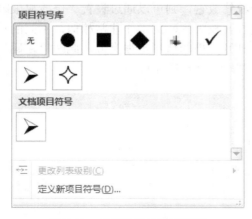

图 2-11　"项目符号"列表框

图 2-12　"编号"列表框

3．插入脚注和尾注

在编写文章时，常常需要对一些从别人的文章中引用的内容、名词或事件加以注释，这称为脚注或尾注。

脚注和尾注的区别是：脚注位于每一页面的底端，而尾注位于文档的结尾处。

插入脚注和尾注的操作步骤如下：

插入点移到需要插入脚注和尾注的文字之后。执行"引用"|"脚注"组中选择"插入脚注"或"插入尾注"命令。（注：这个操作可通过单击"引用"|"脚注"分组中的右下角的对话框启动器按钮实现），打开如图 2-13 所示的"脚注和尾注"对话框。

在对话框中选定"脚注"或"尾注"单选项，设定注释的编号格式、自定义标记、起始编号和编号方式等。

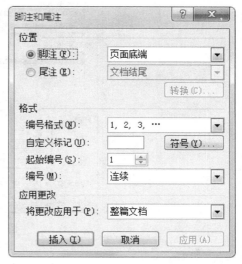

图 2-13　"脚注和尾注"对话框

2.1.3　页面设置

Word 提供了丰富的页面设置选项，允许用户根据自己的需要更改页面的大小、设置纸张方向、调整页边距大小，以及使用分节符设置页面的版式，以满足各种打印输出需求。

1．设置页面大小

Word 2010 以办公最常使用的 A4 纸为默认页面。假如用户需要将文档打印到 A3、B4、信封、法律专用纸以及其他不同大小的纸张上，最好在编辑文档前，先行修改页面的大小。当然，这项操作也可以在编辑文档的过程中进行，不过要注意的是如果文档编辑完成后再设置页面大小，可能会造成版式混乱。

Word 提供信纸、法律专用纸、A3、A4、B4、B5、Executive、Tabloid 等若干常见的纸张大小。如果这些纸张大小可满足用户需求，那么可单击"页面布局"选项卡"页面设置"组中的"纸张大小"按钮，接着便可在出现的下拉菜单中选择需要的纸张大小规范。如果 Word 提供的纸张大小不能满足需求，那么可在"纸张大小"下拉菜单中选择"其他页面大小"选项，然后继续以下操作。弹出"页面设置"对话框后，在"纸张"选项卡的"纸张大小"区域自定义纸张的宽度和高度，完成设置单击"确定"按钮即可，如图 2-14 示。

2．设置纸张方向

默认状态下，Word 2010 的纸张方向是纵向的，比如默认使用的是 A4 纸张，纵向放置宽度为 21 厘米，高度为 29.7 厘米。如果用户想要将宽、高互换，可以单击"页面布局"选项卡，在"页面设置"区域中单击"纸张方向"按钮，然后在其下拉菜单中选择"横向"选项。那么可以将纸张方向设置为横向的，这样宽度就变为 29.7 厘米，高度则变为 21 厘米，如图 2-15 所示。

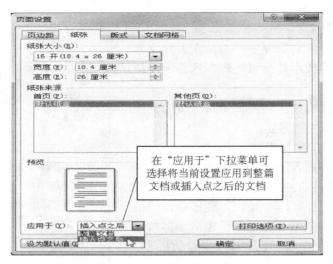

图 2-14　自定义纸张大小

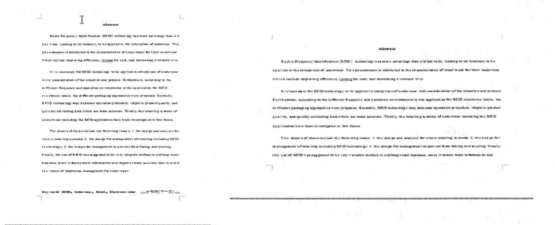

图 2-15　纵向与横向显示的纸张方向

　　Word 2010 提供有若干页边距样式，用户只要单击"页面布局"选项卡，然后在"页面设置"区域中单击"页边距"按钮，接着便可在出现的下拉菜单中选择中意的页边距样式，如图 2-16 所示。如果 Word 提供的页边距样式都不符合自己的需求，可在"页边距"下拉菜单中选择"自定义边距"选项。弹出"页面设置"对话框后，在"页边距"选项卡中可以设置各项参数，包括上、下、左、右的边距大小，装订线大小和位置，以及要应用此页面设置的页码范围，如图 2-17 所示。设置完毕后，单击"确定"按钮。

　　3．插入分页符

　　Word 具有自动分页的功能，但有时为了将文档的某一部分内容单独形成一页，可以插入分页符进行人工分页。

　　插入分页符的步骤是：

　　（1）将插入点移到新的一页的开始位置。

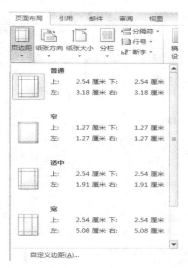

图 2-16　页边距

图 2-17　"页边距"选项卡

（2）按组合键 Ctrl+Enter，或单击"插入"|"页"|"分页"按钮，还可以单击"页面布局"|"页面设置"|"分隔符"按钮，在打开的"分隔符"列表中，选择"分页符"命令。

在普通视图下，人工分页符是一条水平虚线。如果想删除分页符，只要把插入点移到人工分页符的水平虚线中，按 Delete 键即可。

4．分栏

分栏常用于报纸、杂志、论文的排版中，它将一篇文档分成多个纵栏，而其内容会从一栏的顶部排列到底部，然后再延伸到下一栏的开端。

是否需要分栏，要根据版面设计实际而定。在一篇没有设置"节"的文档中，整个文档都属于同一节，此时改变栏数，将改变整个文档版面中的栏数。如果只想改变文档某部分的栏数，就必须将该部分独立成一个节。

分栏可使用如下两种方法。

（1）使用"页面设置"对话框分栏。单击"页面布局"|"页面设置"|"对话框启动器"按钮，在"页面设置"对话框的"文档网格"选项卡中，可以将文档分栏，设置文档的栏数，如图 2-18 所示。与"页面设置"对话框中的其他操作一样，选择应用于"整篇文档"即可对全文分栏，而选择应用于"本节"，只对本节分栏。在选取了某些文字后，选取应用于"所选文字"可将所选文字分栏，但是该选项卡默认栏宽相等。

图 2-18　"文档网格"选项卡

（2）使用"页面布局"选项卡中的分栏功能。单击"页面布局"|"页面设置"|"分栏"按钮可在预设的栏数中选择，可以是"一栏"、"两栏"、"三栏"、"偏左"表示两栏左窄右宽，或是"偏右"表示两栏左宽右窄，如图 2-19 所示。如果预设的栏数无法满足要求，可以单击"更多分栏"，打开"分栏"对话框，如图 2-20 所示。

图 2-19　分栏

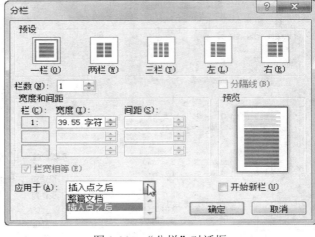

图 2-20　"分栏"对话框

"分栏"对话框中还可以设置栏的宽度与间距。在"宽度"和"间距"框中设置各栏的宽度，以及栏与栏之间的间距。要使各栏宽相等，可以选取"栏宽相等"复选框，Word 2010 将自动把各栏的宽度调为一致。注意：Word 2010 规定栏宽至少为 3.43cm，无法设置三个以上栏数。

5．插入页码

插入页码的具体步骤如下：单击"插入"｜"页眉和页脚"｜"页码"按钮，打开如图 2-21 所示的"页码"下拉菜单，根据所需在下拉菜单中选定页码的位置。

只有在页面视图和打印预览方式下可以看到插入的页码，在其他视图下看不到页码。

如果要更改页码的格式，可执行"页码"下拉菜单中的"设置页码格式"命令，打开如图 2-22 所示的"页码格式"对话框，在此对话框中设定页码格式。

图 2-21　"页码"下拉菜单

图 2-22　"页码格式"对话框

6．页眉和页脚

页眉和页脚是打印在一页顶部和底部的注释性文字或图形。

（1）建立页眉/页脚

① 单击"插入"|"页眉和页脚"|"页眉"按钮，打开内置"页眉"板式列表，如图 2-23 所示。如果在草稿视图或大纲视图下执行此命令，则会自动切换到页面视图。

② 在内置"页眉"版式列表中选择所需要的页眉版式，并随之键入页眉内容。当选定页眉版式后，Word 窗口中会自动添加一个名为"页眉和页脚工具"的功能区并使其处于激活状态，此时，仅能对页眉内容进行编辑操作。

③ 如果内置"页眉"版式列表中没有所需要的页眉版式，可以单击内置"页眉"板式列表下方的"编辑页眉"命令，直接进入"页眉"编辑状态输入页眉内容，并在"页眉和页脚工具"功能区中设置页眉的相关参数。

④ 单击"关闭页眉和页脚"按钮，完成设置并返回文档编辑区。这时，整个文档的各页都具有同一格式的页眉。

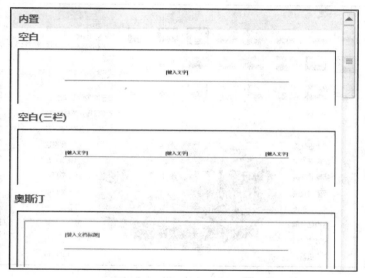

图 2-23　内置"页眉"版式列表

（2）建立奇偶页不同的页眉

在文档排版过程中，有时需要建立奇偶页不同的页眉。其建立步骤如下：

① 单击"插入"|"页眉和页脚"|"页眉"组中的"编辑页眉"命令，进入页眉编辑状态。

② 选中"页眉和页脚工具"功能区"选项"组中的"奇偶页不同"复选框，这样就可以分别编辑奇偶页的页眉内容了。

③ 单击"关闭页眉和页脚"按钮，设置完毕。

（3）页眉页脚的删除

执行"插入"|"页眉和页脚"|"页眉"下拉菜单中的"删除页眉"命令可以删除页眉；类似地，执行"页脚"下拉菜单中的"删除页脚"命令可以删除页脚。另外，选定页眉（或页脚）并按 Delete 键，也可删除页眉（或页脚）。

提示：页码是页眉页脚的一部分，要删除页码必须进入页眉页脚编辑区，选定页码并按
Delete 键。

2.1.4 样式

在 Word 2010 中，样式管理又有了新的变化。图片图形和表格工具的出现，让图片图形和表格样式的选择变得游刃有余，而样式集、快速样式库的分层样式管理让文字、段落样式的应用，从单一向多样化发展。

1. 图片图形与表格样式

各类工具的"格式"或"设计"选项卡都已提供了一组预设了边框、底纹、效果、色彩等内容的样式，只需单击所需的样式即可套用。若预设的样式无法满足需要，也可以自行调整。例如，图片工具预设的形状都是矩形，若需更改为椭圆，只需单击"图片样式"组中的下拉菜单，选择"柔化边缘椭圆"即可对图片进行调整，如图 2-24 所示。

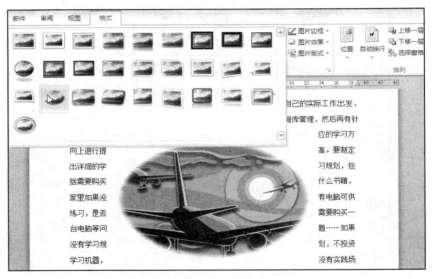

图 2-24　图片应用样式设置

Word 2010 一个显著的特色就是图片图形和表格中的样式添加，虽然以往 Word 版本中也有部分内容可以应用"自动套用格式"，但该功能往往不为人所知，使用也不方便。在 Word 2010 中，只需单击对象→套用样式→修改样式，漂亮的图片和表格就会根据需要自动生成，简单且美观。需注意的是，表格工具和图形图像工具中的样式库有一个区别在于，表格工具被设定为构建基块，允许自定义并保持到表格库；而图形图片工具只能够自定义修改，无法保存。

2. 文字与段落样式

文字和段落是一篇文档的主体，表格和列表也是由文字和段落组成的。文字和段落样式的设定能够让文档内容更为整齐规范，且内容编排更为便利。相对图形图片和表格样式而言，图形图片和表格样式主要规范的是边框、效果、颜色、底纹等内容，而文字与段落样式

主要规范字体、段落格式等，在应用于表格和列表中也可规范编号项、边框底纹等内容。例如，内置样式"标题 1"就包含了如图 2-25 所示的格式特点。

Word 文档有自带的"标准"样式，可以直接应用在输入的文稿中。选中待设置样式的文本，单击"样式"组中的下拉菜单，再选择 Word 自带的某种样式即可。

或者右击包含目标格式的文本内部，在弹出的快捷菜单中选择"样式"，在如下的样式列表中选择某种样式，如图 2-26 所示。

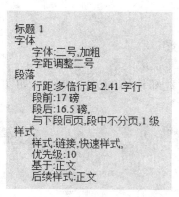

图 2-25　样式信息

图 2-26　"标准"样式

2.1.5　使用表格

当在文档中需要记录大量的数据时，可使用表格将数据更好地存放在文档中，并可根据需要对表格进行编辑。

1. 创建表格

在 Word 2010 中，有多种创建表格的方法，包括通过"表格"下拉列表创建、通过"插入表格"对话框创建和手绘表格等，下面将分别对这 3 种创建表格的方法进行讲解。

（1）通过"表格"下拉列表创建表格

在"表格"下拉列表中，通过拖动鼠标选择需插入的行数和列数，可快速插入表格。其具体方法是选择"插入"|"表格"组，单击"表格"按钮，在弹出的下拉列表中将出现一栏方框、将光标移到需要创建的对应表格数上单击，如图 2-27 所示。例如，将光标移动到 7 行 4 列的矩形块上，此时列表最上方将显示"4×7 表格"，单击鼠标左键，即可创建一个 7 行 4 列的表格。

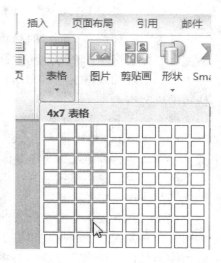

图 2-27　设置表格行、列数

（2）使用对话框创建表格

通过"表格"下拉列表创建的表格列数和行数都会受到一定的限制，而通过"插入表格"对话框创建的表格可任意创建表格的行数和列数，并可根据实际情况调整表格的列宽。

使用对话框创建表格的方法是：选择"插入"|"表格"组，单击"表格"按钮，在弹出的下拉列表中选择"插入表格"选项。在打开的如图2-28所示的"插入表格"对话框中可输入需要创建表格的行数、列数，然后单击"确定"按钮，即可创建所需表格。

（3）从文字创建表格

可以使用逗号、制表位或其他分隔符标记新列的开始，从而将文本转换为表格，步骤如下：

① 输入文本，并选中。

② 在文本中，使用逗号、制表位等标记新列的开始位置。

③ 选择"插入"选项卡"表格"下拉菜单中的"文本转换成表格"。

④ 在弹出的"将文字转换成表格"对话框中选择列数和使用的列分隔符，如图2-29所示。

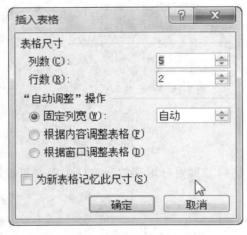

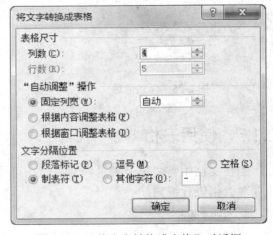

图2-28　"插入表格"对话框　　　　图2-29　"将文字转换成表格"对话框

若输入的列数多于预设的列数，后面会添加空行。单击"确定"按钮后，可生成表格。从文字创建表格是一个可逆的过程，在文档中有不用的表格同样可以将其转换为文字。在选中表格后出现的表格工具"布局"选项卡的"数据"组中，单击"转换为文本"按钮可将表格转换成文本。

（4）插入Excel电子表格

可在Word表格中嵌入Excel表格，并且双击该表格后，Word功能区会变为Excel的功能区，可以像操作Excel一样操作表格。使用该方式插入表格，与单击"插入"选项卡"文本"组中的"对象"按钮后，在出现的"对象"对话框中选择某类型的Excel表是相同的。

（5）快速表格

Word 2010提供了一个内置的表格库，可以将表格套用为预制样式，也可以单击"将所选内容保存到快速表格库"以供下次使用。这类的内置表格与内置的封面、页眉、页脚、页码一样都是构建基块，存放在构建基块库中可供选择。

注意：Word 2010 中取消了一个非常实用的功能，即绘制斜线表头，如需使用只能通过插入斜线和文本框，并将其组合而成。

2．编辑表格

Word 2010 提供的表格工具非常直观地列举出 Word 表格操作的各项功能，如图 2-30 所示，包括行列的操作和单元格文字操作都分别在"行和列"、"合并"、"单元格"大小、"对齐方式"组中显示。以下对毕业论文中常用的几个功能进行介绍。

图 2-30　表格工具"布局"布局选项卡

（1）设置表格版式

在默认情况下，新建表格是沿着页面左端对齐的。有时为了美观需要调整，可以将鼠标置于表格左上角，直至表格移动控点四角箭头出现，即可拖动表格。

一般使用表格工具"布局"选项卡对表格的版式进行调整。单击"布局"|"表"|"属性"按钮，出现"表格属性"对话框，如图 2-31 所示。

需注意的是"布局"选项卡"对齐方式"组是针对单元格文字的对齐方式，而不是表格。该设置同样可在"表格属性"对话框的"单元格"选项卡中完成。

切换到"行"选项卡，如果在表格中希望表格自动分页，可在"行"选项卡中的选项部分中，勾选"允许跨页断行"，如图 2-32 所示。需注意，若设置后表格还是没有分页，应检查表格的字环绕方式是否设为无。

图 2-31　"表格属性"对话框

图 2-32　跨页断行与标题行重复

若表格跨页后需为跨页中的表格设置顶端标题行，可勾选"在各页顶端以标题行形式重复出现"复选框。该功能与表格工具"布局"选项卡数据组的"重复标题行"是一致的。

（2）表格排序

在很多情况下，表格中存储的信息需要按照一定方式排列，以往大家往往使用 Excel 完成相关的功能，事实上 Word 本身就包含一个功能强大的排序工具。

Word 2010 中排序的规则如下：①升序，顺序为字母从 A 到 Z，数字从 0 到 9，或最早的日期到最晚的日期；②降序，顺序为字母从 Z 到 A，数字从 9 到 0，或最晚的日期到最早的日期。

Word 2010 支持使用笔画、数字、日期、拼音四种方式进行排序，并可同时使用多个关键词进行排序。在中文的名单中经常被要求按照姓氏笔画排序，此时可直接将关键字的排序类型选择为笔画即可，如图 2-33 所示。

在 Word 2010 中，如果一组数据未包含在表格中，而是由分隔符分割（如制表符、逗号等），同样可以对这些分隔数据进行排序。而只需在"排序选项"对话框中选择分隔符的类型（制表符、逗号、其他字符）即可，如图 2-34 所示。

图 2-33　"排序"对话框

图 2-34　"排序选项"对话框

2.1.6　图文混排

在 Word 中不仅可以输入和编排文本，还可以插入图片和艺术字，或绘制图形和文本框，插入 SmartArt 图形等，并可以为这些对象设置样式、边框、填充和阴影等效果，从而让用户可以轻松地设计出图文并茂、美观大方的文档。

1. 图片文字环绕方式

默认情况下，插入到 Word 2010 文档中的图片作为字符插入到 Word 2010 文档中，其位置随着其他字符的改变而改变，用户不能自由移动图片。而通过为图片设置文字环绕方式，则可以自由移动图片的位置，操作步骤如下所述：

第 1 步，打开 Word 2010 文档窗口，选中需要设置文字环绕的图片。

第 2 步，在打开的"图片工具"功能区的"格式"选项卡中，单击"排列"组中的"位置"按钮，则在打开的预设位置列表中选择合适的文字环绕方式。这些文字环绕方式包括"顶端居左，四周型文字环绕"、"顶端居中，四周型文字环绕"、"中间居左，四周型文字环绕"、"中间居中，四周型文字环绕"、"中间居右，四周型文字环绕"、"底端居左，四周型文字环绕"、"底端居中，四周型文字环绕"、"底端居右，四周型文字环绕"九种方式，如图 2-35 所示。

　　如果用户希望在 Word 2010 文档中设置更富的文字环绕方式，可以在"排列"组中单击"自动换行"按钮，在打开的菜单中选择合适的文字环绕方式即可，如图 2-36 所示。

图 2-35　选择文字环绕

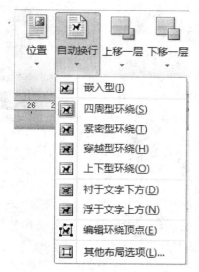

图 2-36　更丰富的文字环绕方式

　　Word 2010"自动换行"菜单中每种文字环绕方式的含义如下所述：

　　（1）四周型环绕。不管图片是否为矩形图片，文字以矩形方式环绕在图片四周。

　　（2）紧密型环绕。如果图片是矩形，则文字以矩形方式环绕在图片周围，如果图片是不规则图形，则文字将紧密环绕在图片四周。

　　（3）穿越型环绕。文字可以穿越不规则图片的空白区域环绕图片。

　　（4）上下型环绕。文字环绕在图片上方和下方。

　　（5）衬于文字下方。图片在下、文字在上分为两层，文字将覆盖图片。

　　（6）浮于文字上方。图片在上、文字在下分为两层，图片将覆盖文字。

　　（7）编辑环绕顶点。用户可以编辑文字环绕区域的顶点，实现更个性化的环绕效果。

　　2．在 Word 2010 文档中设置图片边框

　　在 Word 2010 文档中，用户可以为选中的图片设置多种颜色、多种粗细尺寸的实线边框或虚线边框。实际上，当用户使用 Word 2010 预设的图片样式时，某些样式已经应用了图片边框。当然，用户也可以根据实际需要自定义图片边框，操作步骤如下所述：

　　第 1 步，打开 Word 2010 文档窗口，选中需要设置边框的一张或多张图片。

　　第 2 步，在"格式"选项卡中，单击"图片样式"组中的"图片边框"按钮。在打开的图片边框列表中将鼠标指向"粗细"选项，并在打开的粗细尺寸列表中选择合适的尺寸，如图 2-37 所示。

图 2-37　选择图片边框粗细尺寸

第 3 步，在"图片边框"列表中将鼠标指向"虚线"选项，并在打开的虚线样式列表中选择合适的线条类型（包括实线和各种虚线）。还可以单击"其他线条"命令选择其他线条样式。

第 4 步，在"图片边框"列表中单击需要的边框颜色，则被选中的图片将被应用所设置的边框样式。如果希望取消图片边框，则可以单击"无轮廓"命令。

2.1.7　域

1．什么是域

首先，我们了解几个与域相关的概念。域是文档中的变量。域分为域代码和域结果。域代码是由域特征字符、域类型、域指令和开关组成的字符串；域结果是域代码所代表的信息。域结果根据文档的变动或相应因素的变化而自动更新。域特征字符是指包围域代码的大括号"{}"，它不是从键盘上直接输入的，按 Ctrl+F9 键可插入这对域特征字符。域类型就是Word 域的名称，域指令和开关是设定域类型如何工作的指令或开关。

例如，域代码{DATE*MERGEFORMAT}在文档中每个出现此域代码的地方插入当前日期，其中"DATE"是域类型，"*MERGEFORMAT"是通用域开关。

如当前时间域：

域代码{DATE\@"yyyy'年'M'月'd'日' "*MERGEFORMAT}

域结果 2016 年 11 月 1 日（当天日期）

2．域能做什么

使用 Word 域可以实现许多复杂的工作，主要有：自动编页码、图表的题注、脚注、尾注的号码；按不同格式插入日期和时间；通过链接与引用在活动文档中插入其他文档的部分或整体；实现无须重新键入即可使文字保持最新状态；自动创建目录、关键词索引、图表目录；插入文档属性信息；实现邮件的自动合并与打印；执行加、减及其他数学运算；创建数学公式；调整文字位置等。

域是 Word 中的一种特殊命令，它由花括号、域名（域代码）及选项开关构成。域代码类似于公式，域选项并关是特殊指令，在域中可触发特定的操作。在用 Word 处理文档时若能巧妙应用域，会给我们的工作带来极大的方便。特别是制作理科等试卷时，有着公式编辑器不可替代的优点。

3．插入域

单击要插入域的位置，执行"插入"|"文本"组|"文档部件"|"域"命令，打开"域"对话框，如图 2-38 所示。

"域"对话框由"请选择域"、"域属性"、"域选项"三部分组成，前者是"域"对话框中必有的元素，后两者因域名的不同而不同。

用户可以通过编辑域代码来修改域，也可以在"域"对话框中修改域。

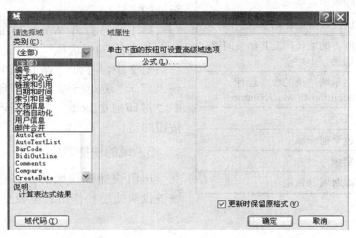

图 2-38　"域"对话框

（1）更新域操作

当 Word 文档中的域没有显示出最新信息时，用户应采取以下措施进行更新，以获得新域结果。

① 更新单个域：首先单击需要更新的域或域结果，然后按下 F9 键。

② 更新一篇文档中所有域：执行"编辑"菜单中的"全选"命令，选定整篇文档，然后按下 F9 键。

另外，用户也可以执行"工具"菜单中的"选项"命令，并单击"打印"选项卡，然后选中"更新域"复选框，以实现 Word 在每次打印前都自动更新文档中所有域的目的。

（2）显示或隐藏域代码

① 显示或者隐藏指定的域代码：首先单击需要实现域代码的域或其结果，然后按下 Shift+F9 组合键。

② 显示或者隐藏文档中所有域代码：按下 Alt+F9 组合键。

（3）锁定/解除域操作

① 要锁定某个域，以防止修改当前的域结果的方法是：单击此域，然后按下 Ctrl+F11 组合键。

表 2-1　域操作快捷键

快捷键	作用
Alt+Shift+D	插入 Date 域
Alt+Ctrl+L	插入 Listnum 域
Alt+Shift+P	插入 Page 域
Alt+Shift+T	插入 Time 域
Ctrl+F9	插入空域
Ctrl+Shift+F7	更新 Word 源文档中的链接信息
F9	更新所选域
Ctrl+Shift+F9	解除域的链接
Shift+F9	在域代码和其结果之间进行切换
Alt+F9	在所有的域代码及其结果间进行切换
Alt+Shift+F9	从显示域结果的域中运行 Gotobutton 或 Macrobutton
F11	定位至下一域
Shift+F11	定位至前一域
Ctrl+F11	锁定域
Ctrl+Shift+F11	解除对域的锁定

6. 域的分类

Word 2010 提供了 9 个大类共 73 个域。

（1）编号域

用于在文档中插入不同类型的编号，共有 10 种不同域，如表 2-2 所示。

② 要解除锁定，以便对域进行更改的方法是：单击此域，然后按下 Ctrl+Shift+F11 组合键。

4. 打印前更新域

打印前更新域是 Word 软件的一种打印选项，如果当前需要打印的 Word 文档中含有域，并且对域进行了修改，为了能够打印出更新后的域内容，则用户可以设置打印前更新域功能。

以 Word 2010 软件为例介绍设置打印前更新域的方法：

第 1 步，打开 Word 2010 文档窗口，依次单击"文件"|"选项"命令。

第 2 步，打开"Word 选项"对话框，切换到"显示"选项卡。在"打印选项"区域中选中"打印前更新域"复选框，并单击"确定"按钮即可。

5. 域的快捷键操作

运用快捷键使域的操作更简单、更快捷。域键盘快捷键和作用总览表见表 2-1。

表 2-2　"编号"类别

域名	说明
AutoNum	插入自动段落编号
AutoNumLgl	插入正规格式的自动段落编号
AutoNunlOut	插入大纲格式的自动段落编号
Barcode	插入收信人邮政条码（美国邮政局使用的机器可读地址形式）
ListNum	在段落中的任意位置插入一组编号
Page	插入当前页码，经常用于页眉和页脚中创建页码
RavNum	插入文档的保存次数，该信息来自文档属性"统计"选项卡
Section	插入当前节的编号
SectionPages	插入本节的总页数
Seq	插入自动序列号，用于对文档中的章节、表格、图表和其他项目按顺序编号

（2）等式和公式

等式和公式域用于执行计算、操作字符、构建等式和显示符号，共有 4 个域见表 2-3。

表 2-3　"等式和公式"类别

域名	说明
	计算表达式结果
=（Formula）	将一行内随后的文字的起点向上、下、左、右或指定的水平或垂直位置偏移，用于定位特殊效果的字符或模仿当前安装字体中没有的字符
Eq	创建科学公式
Symbol	插入特殊字符

（3）链接和引用

链接和引用域用于将外部文件与当前文档链接起来，或将当前文档的一部分与另一部分链接起来，共有 11 个域，如表 2-4 所示。

表 2-4　"链接和引用域"类别

域名	说明
AutoText	插入指定的"自动图文集"词条
AutoTextListl	为活动模板中的"自动图文集"词条创建下拉列表，列表会随着应用于"自动图文集"词条的样式而改变
Hyperlink	插入带有提示文字的超级链接，可以从此处跳转至其他位置
IncludePicture	通过文件插入图片
IncludeText	通过文件插入文字
Link	使用 OLE 插入文件的一部分
NoteRef	插入脚注或尾注编号，用于多次引用同一注释或交叉引用脚注或尾注
PageRef	插入包含指定书签的页码，作为交叉引用
Quote	插入文字类型的文本
Ref	插入用书签标记的文本
StyleRef	插入具有指定样式的文本

（4）日期和时间

在"日期和时间"类别下有 6 个域，如表 2-5 所示。

表 2-5　"日期和时间"类别

域名	说明
CreateDate	文档创建时间
Date	当前日期
EditTime	文档编辑时间总计
PrintDate	上次打印文档的日期
SaveDate	上次保存文档的日期
Time	当前时间

（5）索引和目录

索引和目录域用于创建和维护目录、索引和引文目录，共有 2 个域，如表 2-6 所示。

表 2-6 "索引和目录"类别

域名	说明
Index	基于 XE 域创建索引
RD	通过使用多篇文档中的标记项或标题样式来创建索引、目录、图表目录或引文目录
TA	标记引文目录项
TC	标记目录项
TOA	基于 TA 域创建引文目录
TOC	使用大纲级别（标题样式）或基于 TC 域创建目录
XE	标记索引项

（6）文档信息

文档信息域对应于文件属性的"摘要"选项卡上的内容，共有 14 个域，如表 2-7 所示。

表 2-7 "文档信息"类别

域名	说明
Author	"摘要"信息中文档作者的姓名
Comments	"摘要"信息中的备注
DocProperty	插入指定的 26 项文档属性中的一项，而不仅仅是文档信息域类别中的内容
FileName	当前文件的名称
FileSize	文件的存储大小
Info	插入指定的"摘要"信息中的一项
Keywords	"摘要"信息中的关键字
LastSaveBy	最后更改并保存文档的修改者姓名，来自"统计"信息
NumChars	文档包含的字符数，来自"统计"信息
NumPages	文档的总页数，来自"统计"信包
NumWords	文档的总字数，来自"统计"信息
Subject	"摘要"信息中的文档主题
Template	文档选用的模板名，来自"摘要"信息
Title	"摘要"信息中的文档标题

（7）文档自动化

大多数文档自动化域用于构建自动化的格式，该域可以执行一些逻辑操作并允许用户运行宏、为打印机发送特殊指令转到书签。它提供 6 种域，如表 2-8 所示。

表 2-8　"文档自动化"类别

域名	说明
Compare	比较两个值。如果比较结果为真，返回数值 1；如果为假，则返回数值 0
DocVariable	插入赋予文档变量的字符串。每个文档都有一个变量集合，可用 VBA 编程语言对其进行添加和引用。可用此域来显示文档中文档变量内容
GotoButton	插入跳转命令，以方便查看较长的联机文档
If	比较两个值，根据比较结果插入相应的文字。If 域用于邮件合并主文档，可以检查合并数据记录中的信息，如邮政编码或账号等
MacroButton	插入宏命令，双击域结果时运行宏
Print	将打印命令发送到打印机，只有在打印文档时才显示结果

（8）用户信息

用户信息域对应于"选项"对话框中的"用户信息"选项卡，有 3 个域，如表 2-9 所示。

表 2-9　"用户信息"类别

域名	说明
UserAddress	"用户信息"中的通信地址
UserInitials	"用户信息"中的缩写
UserName	"用户信息"中的姓名

（9）邮件合并

邮件合并域用于在合并"邮件"对话框中选择"开始邮件台并"后出现的文档类型以构建邮件。"邮件合并"类别下包含 14 个域，如表 2-10 所示。

表 2-10　"邮件合并"类别

域名	说明
AddressBlock	插入邮件合并地址块
Ask	提示输入信息并指定一个书签代表输入的信息
Compare	同表 2-8
Database	捕入外部数据库中的数据
Fillin	提示用户输入要插入到文档中的文字。用户的应答信息会打印在域中
GreetingLine	插入邮件合并问候语
If	同表 2-8
MergeField	在邮件合并主文档中将数据域名显示在"《》"形的合并字符之中
MergeRec	当前合并记录号
MergeSeq	统计域与主控文档成功合并的数据记录数
Next	转到邮件合并的下一个记录
NextIf	按条件转到邮件合并的下一个记录
Set	定义指定书签名所代表的信息
SkipIf	在邮件合并时按条件跳过一个记录

2.1.8　大纲

所谓大纲，是指文档中标题的分级列表，它在每章出现的各级标题内容都有描述。不同级别的标题之间也都有着不同的层次感。创建大纲，不仅有利于读者的查阅，而且还有利于文档的修改。

（1）执行"视图"|"大纲视图"命令，进入大纲视图，如图 2-39 所示。

（2）在"大纲"工具栏中，单击"显示级别"右侧的黑三角按钮，弹出下拉菜单，再单击"1 级"选项，在文档内只显示"级别 1"以上的内容。

（3）根据需要，可在此列表中，任意选取级别样式，查看文稿内容。

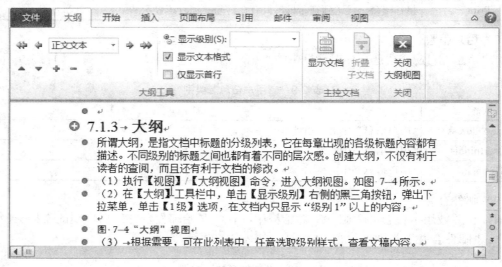

图 2-39　"大纲"视图文档中没有指定样式的文字

1．设置大纲级别

（1）将光标放置在需要创建大纲级别的段落。

（2）执行菜单栏中的"格式"/"段落"命令，弹出"段落"对话框。

（3）在对话框中，单击"大纲级别"命令右侧的文本框，弹出下拉列表。在下拉列表中，选取级别选项即可。

（4）如果要删除大纲级别，可在下拉列表中选取"正文文本"选项。

2．编辑大纲

（1）单击"视图"/"大纲视图"按钮，弹出"大纲"工具栏，如图 2-40 所示。

（2）单击工具栏的双左按钮，光标位置的段落级别会变成"1 级标题"。

（3）单击工具栏的左按钮，光标位置中的段落级别会提升 1 级。

（4）在弹出的下拉列表中，选取某级别，段落文档即可设置为所选取的级别。

（5）单击工具栏的单右按钮，光标位置中的段落文档级别会降低 1 级。

（6）单击工具栏的双右按钮，光标位置的段落设置为"正文文本"。

（7）单击工具栏的向上按钮，光标位置中的段落文档移动到前一级文档的上方。

（8）单击工具栏的向下按钮，光标位置中的段落文档移动到后一级文档的下方。

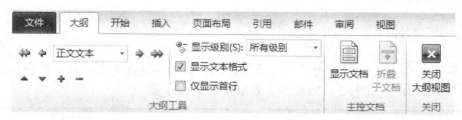

图 2-40　"大纲"工具栏

3．将一个大型文档拆分为多个文档

（1）打开文档并切换到大纲视图，单击"大纲"|"主控文档"|"显示文档"按钮，将功能区中的"大纲"|"大纲工具"|"显示级别"设置为 1 级，这样只显示文档中一级大纲的文字。

（2）按住 Shift 键，单击标题左侧的加号，选中文档的所有标题。

（3）单击功能区的"大纲"|"主控文档"|"创建"按钮，每个标题被一个灰色边框括起，说明每个标题已作为一个单独的部分处理，如图 2-41 所示。

（4）保存原文档即可在原地址文件夹中看到以源文件最高级别标题命名的拆分后的文档。

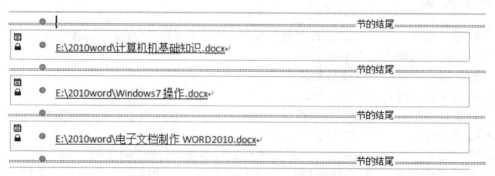

图 2-41　在主文档大纲视图下显示的子文档路径

4．在独立的窗口中编辑子文档

单击"大纲"|"主控文档"|"显示文档"|"展开子文档"按钮，即可在大纲视图中显示子文档中的所有内容，也可以在主控文档中编辑子文档。

5．切断主控文档与子文档间的链接关系

切换到大纲视图，单击将要断开的子文档范围内的任意位置，再单击"大纲"|"主控文档"|"取消链接"按钮，即可切断主控文档与子文档的链接。

2.2　任务—　"工作进程"文档制作

为加强对工作进程和目标任务的把握，确保工作顺利按时推进。制作一个工作进程文档，成为工作中不可缺少的一个环节，本实例通过创建一个模拟的"2012 年浙江省普通高校录取工作进程"文档，来学习和掌握 Word 的应用。

任务提出

本实例中工作人员主要是通过页面设置、设置页眉、设置文字效果、表格和图片来完成，使用 Word 2010 制作的工作进程预览效果如图 2-42 所示。

图 2-42　工作进程预览效果

任务要求

1. 设置纸张大小为"16K"，设置页面纸张方向为横向，左右页边距各为 2 厘米。

2. 对文档插入页码，居中显示。

3. 删除所有页眉，包括原页眉的横线。

4. 删除文档中所有的多余空行。

5. 将首行"2012 年浙江省普通高校录取工作进程"设置为艺术字，效果为"渐变填充-预设颜色：红日西斜，类型：射线"，并设置为"小一"字号及居中。

6. 将"公布分数线、填报志愿"内容所在的段落设置行距为 1.2 倍行距。

7. 对从"公布分数线、填报志愿"到表格："浙江省 2012 年文理科第三批首轮平行志愿投档分数线"之前的内容进行分栏，要求分两栏。

8. 将"（一）"、"（二）"改为自动编号（即当删除前面的一个编号时，后面编号会自动改变）。

9. 表格操作。按"文科执行计划"升序排序表格，并设置"重复标题行"。将表格外框线设置宽为 1.5 磅。

10. 将文档末尾的图移动到"浙江省 2012 年文理科第三批首轮平行志愿投档分数线"上方，设置锐化 50%，图片样式，简单框架，白色。

11. 为"浙江省 2012 年文理科第三批首轮平行志愿投档分数线"设置超链接，链接到：http://www.zjzs.net。

任务分析

本实例的工作进程主要是用于发布录取工作时间安排信息，因而在制作时要对相关的信息进行格式化操作。除此之外，还应该对工作进程文档的样式进行设置，以体现部门的文化和风格。

制作工作进程文档的基本设计思路为：对页面进行设置→设置页眉页脚→输入文本→设置分栏和段落→设置项目符号→设置文本超链接→结束。

任务实施

对照完成后的效果图，具体操作步骤如下。

第 1 步：打开素材文件"工作进程-原稿.docx"，选择"页面布局"选项卡，在"页面设置"组中单击"纸张大小"按钮，在弹出的下拉列表中选择"16 开（18.4×26cm）"选项。然后选择"页面布局"选项卡，在"页面布局"|"页面设置"组中单击"纸张方向"按钮，在弹出的下拉列表中选择"横向"选项。在"页面布局"|"页面设置"组中单击"页边距"按钮，并在下拉列表中选择"自定义边距"选项，弹出"页面设置"对话框，如图 2-43 所示。在"页边距"选项卡中设置左右边距为"2 厘米"。设置完毕单击"确定"按钮。

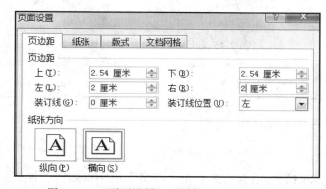

图 2-43　"页面设置"对话框——设置页边距

第 2 步：选择"插入"选项卡，然后在"页眉和页脚"组中单击"页码"按钮，在弹出的列表中选择"页面底端"选项，在对应的子列表里选择有居中类型的"普通数字 2"选项，如图 2-44 所示。

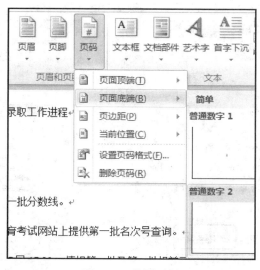

图 2-44　设置页码

第 3 步：鼠标置于页眉或页脚区域双击，快速进入页眉和页脚编辑区，如图 2-45 所示。在页眉中选中文本"高校录取工作进程"和文本后的段落标记符，按 Delete 键删除，段落标记符置于居中位置，尽管横线还是可以看见，学员暂时先不用理会，如图 2-46 所示。鼠标置于正文区域双击，退出页眉和页脚的编辑区，这时横线就没有了。

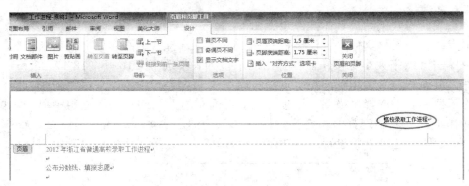

图 2-45　进入页面和页脚编辑区

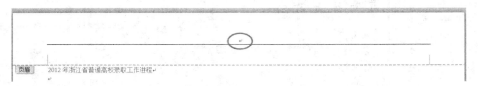

图 2-46　段落标记符置于居中位置

第 4 步：选择"开始"选项卡，然后在"编辑"组中单击"替换"按钮，在弹出"查找和替换"对话框的"替换"选项卡中，"查找内容"文本框中键入两个特殊格式的"段落标记"，"替换为"键入一个特殊格式的"段落标记"，如图 2-47 所示。单击"全部替换"按钮，查看文档是否还有多余的空行，如果还有空行，可多次单击"全部替换"按钮，直到替换结果为零，最后关闭"查找和替换"对话框，完成操作。

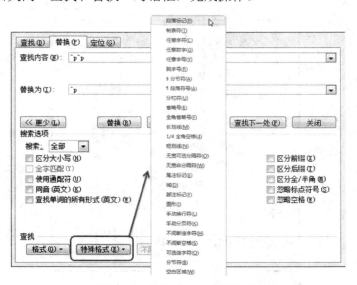

图 2-47　特殊格式的替换设置

　　第 5 步：选择首行文本"2012 年浙江省普通高校录取工作进程"，右击"字体"选项，弹出"字体"对话框，单击"文字效果"按钮，如图 2-48 所示。在弹出的"设置文本效果格式"对话框中，选择"文本填充"|"渐变填充"|"预设颜色"，在下拉菜单中选择"红日西斜"，"类型"为"射线"，如图 2-49 所示。

图 2-48　"字体"对话框　　　　　　图 2-49　设置文本效果格式

　　然后在"字体"组中单击"字号"按钮设置为"小一"字号，再单击"居中"按钮，完成操作。

　　第 6 步：选择第二行文本"公布分数线、填报志愿"内容所在的段落，选择"开始"选项卡，然后在"段落"组中单击对话框启动器按钮，在弹出的"段落"对话框中设置行距为"多倍行距"，"设置值"为"1.2"，如图 2-50 所示。

图 2-50　设置行距

　　第 7 步：选择文本"公布分数线、填报志愿"到表格"浙江省 2012 年文理科第三批首轮平行志愿投档分数线"之前的内容，选择"页面布局"选项卡，然后在"页眉和页脚"组中单击"分栏"按钮，在弹出的列表中选择"两栏"选项，完成操作。

　　第 8 步：选择"（一）"所在的段落，再选择"开始"选项卡，然后在"段落"组中单击"编号"下拉按钮，在弹出的列表中选择对应选项，如图 2-51 所示。设置"二"所在的段落编号的方式同"一"相同，最后将多余编号删除。

　　第 9 步：选择整个表格，选择"布局"选项卡，然后在"数据"组中单击"排序"按钮，在弹出的"排序"对话框中，"主要关键字"为"文科执行计划"选项，类型为"数字"，选项按钮为"升序"，如图 2-52 所示。单击"确定"按钮关闭对话框。光标选择表格第一行，即标题行，单击"数据"组中"重复标题行"按钮，设置标题行的重复，如图 2-53 所示。选择"设计"选项卡，然后在"绘图边框"组中单击对话框启动器 按钮，在弹出的"边框和底纹"对话框中，"设置"为"自定义"，"宽度"为"1.5 磅"，在"预览"中用光标分别选定 4 个方向的外边框，如图 2-54 所示。单击"确定"按钮完成操作。

图 2-51　设置编号格式

图 2-52　表格排序

图 2-53　重复标题行

图 2-54　设置"自定义"表格边框

第 10 步：选择图片，看到 8 个方向上的空心小点就可以压住鼠标移动到指定位置的插入点。在"格式"选项卡中的"调整"组中单击"更正"按钮，在下拉菜单中单击"图片更正选项"，如图 2-55 所示。弹出"设置图片格式"对话框，设置锐化"50%"，如图 2-56 所示。在"格式"选项卡"图片样式"组中选择第一个样式"简单框架，白色"，如图 2-57 所示。

第 11 步：选择文本"浙江省 2012 年文理科第三批首轮平行志愿投档分数线"，依次单击"插入"选项卡"链接"组中的"超链接"按钮。在弹出的"插入超链接"对话框中，链接到"现有文件或网页"，在"地址"文本框中输入"http：//www.zjzs.net"，如图 2-58 所示。单击"确定"按钮完成操作。

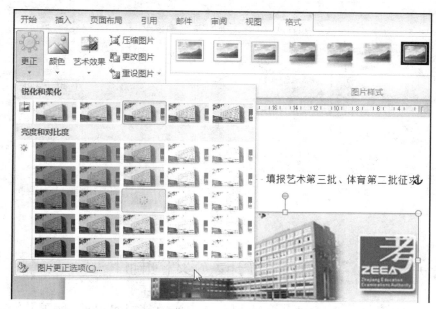

图 2-55　更正图片设置

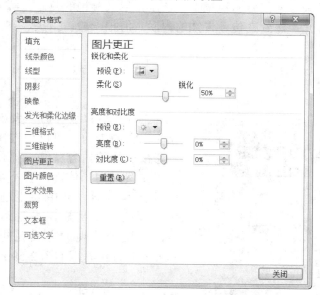

图 2-56　设置锐化

图 2-57　图片样式设置

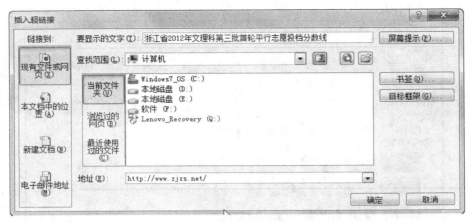

图 2-58   显示文字到网址的超链接设置

2.3   任务二   "产品宣传海报"文档制作

本案例我们将充分运用 Word 的美编技巧，自制美观实用的 iPodnano 宣传海报。海报是以图形文字设计手段来传递信息的视觉平面艺术，以其鲜艳的色彩，鲜明的主题思想，清晰的结构吸引人们的目光，达到宣传、告知的内涵。海报一般由报头、宣传词、宣传图片和说明文字等组成。

 任务提出

图 2-59   iPodnano 宣传海报效果图

在进行海报设计时，要抓住以下要素：①充分的视觉冲击力，可以通过图像和色彩来实现。②海报表达的内容精练，抓住主要诉求点。③图片和文案融为一体，内容不可过多。④主题字体醒目。本案例设计中要主题清楚，注意版面平衡、颜色对比明显，妥善运用插图或文字艺术字，达到既美观大方又亮丽抢眼。制作完成的 iPodnano 宣传海报如图 2-59 所示。

任务要求

本案例要求制作一份电子产品的宣传海报，具体要求如下。

1．准备素材：通过网络搜索收集 iPodnano 的相关文字和图片资料。

2．为海报设置美观的边框和底纹。

3．在海报中图文并茂地展示 iPodnano 在音乐、健身、时钟表面和 FM 收音机的主要功能。

4. 在海报中图文并茂地展示 iPodnano 的外观技术指标，突出特色。

任务分析

完成海报元素的制作，需要我们学习 Word 的图文混排的相应知识点及美编技巧，主要涉及的操作有插入艺术字、文本框、图片和自选图形等对象，并调整对象间的位置关系和层次关系；插入对象（图形、图片、艺术字、文本框）的格式设置；颜色间的调配；页面边框和背景效果。

任务实施

第 1 步：首先新建一个新文档，命名为"iPodnano 宣传海报"存盘。通过网络搜索收集 iPodnano 的相关文字和图片资料。

第 2 步：在"页面布局"选项卡的"页面背景"组中单击"页面边框"按钮，打开"边框和底纹"对话框，选择一种艺术型边框，如图 2-60 所示，单击"确定"按钮，效果如图 2-61 所示。

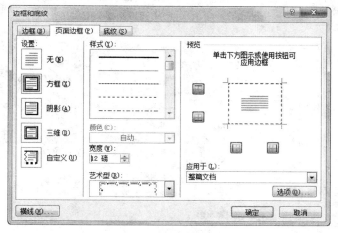

图 2-60　"边框和底纹"对话框　　　　　图 2-61　页面边框效果图

在"页面布局"选项卡的"页面背景"组中单击"页面颜色"按钮，在下拉菜单中选择"填充效果"命令，如图 2-62 所示。打开"填充效果"对话框，如图 2-63 所示。在"渐变"选项卡中，颜色预设为"羊皮纸"，底纹样式为"中心辐射"。

第 3 步：通过网络搜索收集 iPodnano 的相关文字和图片资料，切换到"插入"选项卡，在"文本组"单击"艺术字"按钮，在下拉框中选择一种艺术字样式。输入报头文字"iPodnano"，选中艺术字框，双击切换到"艺术字工具"选项卡，在这里修改编辑艺术字，包括艺术字样式、形状和阴影等效果，并随时调整艺术字框大小，设置好后移动艺术字位置到页面左上角。

在"文本"组中单击"文本框"按钮，在下拉框中选择"简单文本框"，如图 2-64 所示，即在编辑窗口出现一个文本框，调整文本框大小和位置，输入宣传标语"感受韵律一至爱歌曲任你点"，设置好文本格式。双击文本框，切换到"绘图工具"-"格式"选项卡，进行"文本填充"、"文本轮廓"和"文本效果"的设置，如图 2-65 所示。

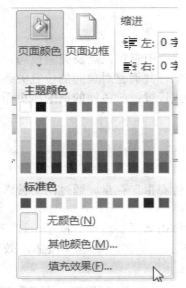

图 2-62　"填充效果"命令

图 2-63　"填充效果"对话框

图 2-64　插入"文本框"

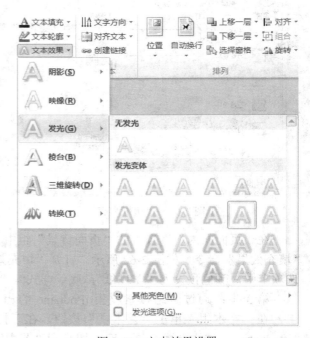

图 2-65　文本效果设置

　　用同样的方法在文本框中输入另 3 个宣传主题标语，并在"绘图工具"-"格式"选项卡中进行格式设置，选中"风格尽在手腕"文本框，设置"文字方向"，如图 2-66 所示。选中"健走或跑步，步步追随"框，鼠标移动到该框上方的绿色圆点，鼠标变黑圈，在绿色圆点拖动微调文本框的方向。这样 4 个宣传主题标语就完成了！

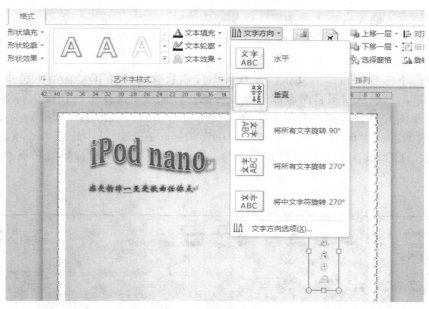

图 2-66　文字方向设置

接下来将添加一些内含产品文字说明的图形来增加海报的视觉效果，突出宣传内容。

切换到"插入"区，在"插图"组中单击"形状"按钮，在下拉框中选择"七角形"图形。双击图形切换到"绘图工具"-"格式"选项卡，在"形状样式"组窗格中选择样式。在"排列"组中单击"自动换行"按钮，在下拉列表中选择"衬于文字下方"图形环绕方式，如图 2-67 所示，右击七角形，在弹出的下拉菜单中选择"添加文字"。按格式要求输入宣传文字说明，在"文本"组中单击"对齐文本"按钮，选择对齐方式为"中部对齐"。

图 2-67　设置图形"衬于文字下方"

图 2-68　完成宣传主题效果图

用同样的方法插入另外 4 个图形，添加相应的宣传文字，并进行类似的图形格式设置，根据需要还可以包括改变自绘图形的线型、线条颜色和填充效果、自绘图形的特殊效果、添加阴影和三维效果等设置。最后效果图如图 2-68 所示。

第 4 步：下面我们将插入几张产品宣传图片以直观地展现 iPodnano 的特点。通过"屏幕截图"工具，可以从苹果官网截取一些宣传图片，插入到海报中。在报头右侧插入一张图片，我们发现图片背景与页面背景不融合，显得很不协调。双击图片切换到"图片工具"-"格式"选项卡，在"调整"组中单击"颜色"按钮，在下拉框中选择"设置透明色"，如图 2-69 所示。回到编辑窗口鼠标变成形，单击图片背景处，图片背景就和页面背景融为一体了。

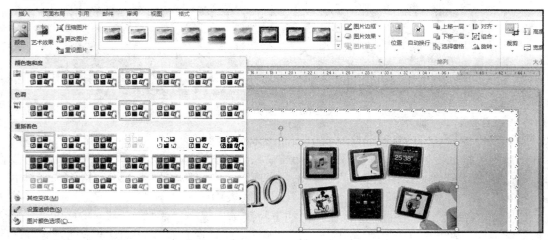

图 2-69　设置透明色

在"月亮图形"和"风格尽在手腕"框之间插入一幅手表图片，我们只想要手表图案而不要背景的图案。选中图片，在"图片工具"-"格式"选项卡的"调整"组中单击"删除背景"按钮即可，如图 2-70 所示。

用同样的方法插入其他几张图片，对图片的更多美化可在"图片工具"-"格式"选项卡的工具栏和图 2-71 所示的"设置图片格式"对话框中完成。

我们往往用标注来强调图片中的某个内容，可以通过在"插入"选项卡的"插图"组中选择"形状"下拉列表中的"标注"图形来完成，还可以通过编辑自选图形的顶点来自制标注。

在页面最下方的"iPodnano"外观图片左侧插入"爆炸形 1"，设置好形状样式，在"图片工具"-"格式"选项卡的"插入形状"组单击"编辑形状"按钮，在下拉列表中选择"编辑顶点"，如图 2-72 所示。图形顶点即变为实心黑色方块，拖动某个顶点到"iPodnano"外观图片边缘，如图 2-73 所示。这样一个自制的爆炸形标注就完成了！

下来对该爆炸形标注进行格式设置。在"形状样式"组设置形状效果为"发光橙色，11pt……"，形状轮廓为"无轮廓"，添加文字"小！"，格式为华文彩云，小四，发光变体，文字"10，056mm^3"为宋体，六号，加粗。完成效果如图 2-74 所示。一个闪亮的标注就完成了！同样的方法添加另一个标注"轻！"。

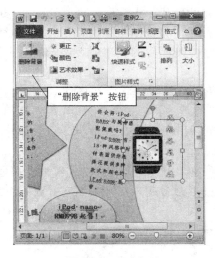

图 2-70　删除背景

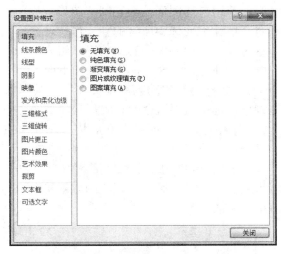

图 2-71　"设置图片格式"对话框

图 2-72　选择"编辑顶点"命令

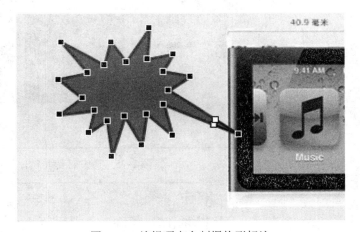

图 2-73　编辑顶点自制爆炸形标注

图 2-74　完成自制标注的效果图

组合使用自选图形工具绘制的图形一般包括多个独立的形状，当需要选中、移动和修改大小时，往往需要选中所有的独立形状，操作起来不太方便，并且图文混排容易改变相对位置。这时我们需要将多个独立的形状组合成一个图形对象。下面我们先将外观展示的一个图片和两个标注进行组合，操作步骤如下：

① 将鼠标指针移动到海报页面中，鼠标指针呈白色鼠标箭头形状，在按住 Ctrl 键的同时左键单击选中需要组合的独立形状，如图 2-75 所示。

② 右击被选中的所有独立形状，在打开的快捷菜单中指向"组合"命令，并在打开的下一级菜单中选择"组合"命令，如图 2-76 所示。

③ 这样被选中的 3 个独立形状将组合成一个图形对象，可以进行整体操作。最后对整个海报的图文再进行微调，同样的方法将海报中的其他图形组合起来，一幅图文并茂的生动的海报就完成了！

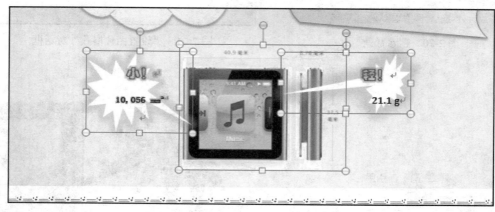

图 2-75　选中需要组合的 3 个图形

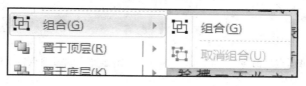

图 2-76　选择"组合"命令

如果以后对组合对象中的某个形状进行单独操作，可以右击组合对象，在打开的快捷菜单中指向"组合"命令，并在打开的下一级菜单中选择"取消组合"命令即可。

2.4　任务三　"个人简历"文档制作

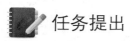 任务提出

个人简历制作是 Word 文档操作中的一个学习项目，主要是表格的制作，能在 Word 中对文字、段落、边框和底纹等进行适当排版。学生毕业求职时又常常借助"个人简历"来介绍自己，所以本任务面向学生职业生涯发展，能帮助他们解决实际工作中的问题，对学生来说也有较大的吸引力。制作的简历预览效果如图 2-77 所示。

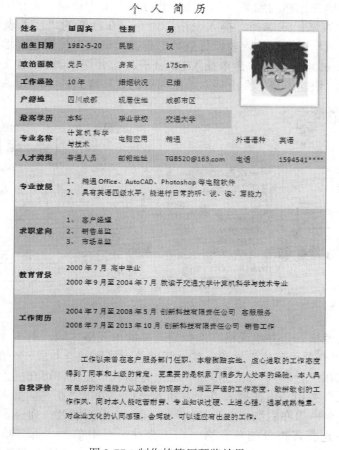

图 2-77　制作的简历预览效果

任务要求

1．插入如实例样式的表格。
2．编辑表格，使之行列数和实例完成效果一致。
3．输入并编辑表格内容。
4．美化表格，效果如实例。
5．插入图片，效果如实例。

任务分析

制作工个人简历基本设计思路为：插入并编辑表格→输入并编辑表格内容→美化表格→插入图片→编辑图片。

任务实施

第 1 步：插入表格。单击"插入"选项卡，在"表格"组中单击"表格"按钮，在打开的下拉菜单中将鼠标光标移动到某一个方格，此时列表上方将显示表格的行列数，在方格上单击可插入相应的表格；或选择"插入表格"命令，在打开的"插入表格"对话框的"列数"和"行数"数值框中分别输入表格行列数，单击"确定"按钮也可插入表格，如图 2-78 所示；或选择"Excel 电子表格"命令插入 Excel 表格，并切换到 Excel 工作界面进行数据录入和编辑；或选择"快速表格"命令插入系统内置的表格样式。

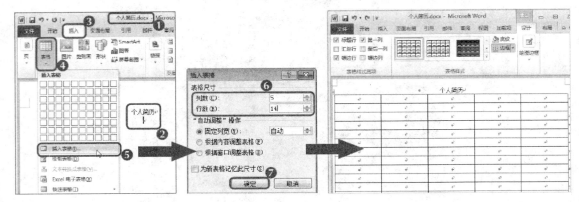

图 2-78   创建表格的几种方式

第 2 步：编辑表格。合并单元格：选择需合并的单元格区域，单击"布局"选项卡，在"合并"组中单击"合并单元格"按钮，将选择的单元格区域合并成一个单元格。

插入单元格：在"行和列"组中单击"在上方插入"按钮，可在插入点上方插入一行；单击"在下方插入"按钮，可在插入点下方插入一行；单击"在左侧插入"按钮，可在插入点左侧插入一列；单击"在右侧插入"按钮可在插入点右侧插入一列。

拆分单元格：选择需拆分的单元格，在"合并"组中单击"拆分单元格"按钮，打开"拆分单元格"对话框。在"列数"和"行数"数值框中分别输入需拆分的行列数，单击"确定"按钮将单元格拆分为所需的单元格。

删除单元格：在表格中选择需删除的单元格或单元格区域，在"布局"选项卡的"行和列"组中单击"删除"按钮，在打开的下拉菜单中选择相应的命令即可删除单元格、行、列等。

第 3 步：输入并编辑表格内容。插入所需的表格后即可在其中输入相应的数据，并对表格内容进行编辑，如调整表格的行高与列宽、设置数据对齐方式等，如图 2-79 所示。

第 4 步：美化表格。选择整个表格，单击"设计"选项卡，在"表格样式"组的列表框中单击----按钮，在打开的下拉菜单中选择相应的选项可为表格应用系统提供的预设表格样式，如图 2-80 所示。

第 5 步：插入图片。将文本插入点定位到需插入图片的位置，然后单击"插入"选项卡，在"插图"组中单击"图片"按钮，在打开的"插入图片"对话框左上角的下拉列表框中依次选择要插入图片所在的路径，然后选择要插入的图片，单击"插入"按钮即可。

第 6 步：编辑图片。在文档中插入图片后，将自动激活图片工具下的"格式"选项卡，在其中可对图片的亮度、图片样式、大小、排列方式等进行编辑，如图 2-81 所示。

个人简历

姓名	田国宾	性别	男	照片	
出生日期	1982-5-20	民族	汉		
政治面貌	党员	身高	175cm		
工作经验	10 年	婚姻状况	已婚		
户籍地	四川成都	现居住地	成都市区		
最高学历	本科	毕业学校	交通大学		
专业名称	计算机科学与技术	电脑应用	精通	外语语种	英语
人才类型	普通人员	邮箱地址	TGB520@163.com	电话	1594541****
专业技能	1、精通 Office、AutoCAD、Photoshop 等电脑软件 2、具有英语四级水平，能进行日常的听、说、读、写能力				
求职意向	1、客户经理 2、销售总监 3、市场总监				
教育背景	2000 年 7 月 高中毕业 2000 年 9 月至 2004 年 7 月 就读于交通大学计算机科学与技术专业				
工作简历	2004 年 7 月至 2008 年 5 月 创新科技有限责任公司 客服服务 2008 年 7 月至 2013 年 10 月 创新科技有限责任公司 销售工作				
自我评价	工作以来曾在客户服务部门任职，本着脚踏实地、虚心进取的工作态度得到了同事和上级的肯定，更重要的是积累了很多为人处事的经验。本人具有良好的沟通能力以及敏锐的观察力，端正严谨的工作态度，敢拼敢创的工作作风，同时本人能吃苦耐劳、专业知识过硬、上进心强，遇事成熟稳重，对企业文化的认同感强，会驾驶，可以适应有出差的工作。				

个人简历

姓名	田国宾	性别	男	照片	
出生日期	1982-5-20	民族	汉		
政治面貌	党员	身高	175cm		
工作经验	10 年	婚姻状况	已婚		
户籍地	四川成都	现居住地	成都市区		
最高学历	本科	毕业学校	交通大学		
专业名称	计算机科学与技术	电脑应用	精通	外语语种	英语
人才类型	普通人员	邮箱地址	TGB520@163.com	电话	1594541****
专业技能	1、精通 Office、AutoCAD、Photoshop 等电脑软件 2、具有英语四级水平，能进行日常的听、说、读、写能力				
求职意向	1、客户经理 2、销售总监 3、市场总监				
教育背景	2000 年 7 月 高中毕业 2000 年 9 月至 2004 年 7 月 就读于交通大学计算机科学与技术专业				

图 2-79　编辑表格内容

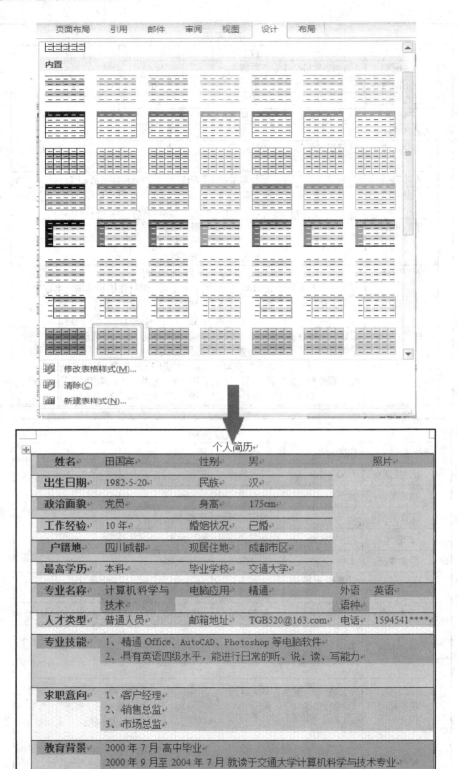

图 2-80 "用表格样式"美化表格

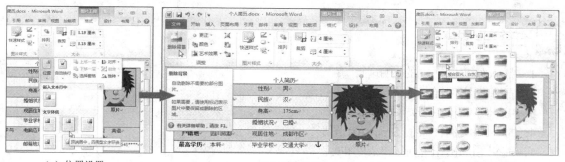

|（a）位置设置|（b）删除背景|（c）格式设置|

图 2-81 编辑图片

2.5 任务四 "公司简介"文档制作

 任务提出

为了让客户与新员工快速地了解公司的规模、业务、现状、未来的发展趋势等，公司决定制作"公司简介"文档。制作这类文档时首先应根据需要全面而简洁地介绍公司的情况，然后再插入不同的元素补充说明文档，如插入剪贴画、SmartArt 图形、图表等。本例完成后的效果参考图如图 2-82 所示。

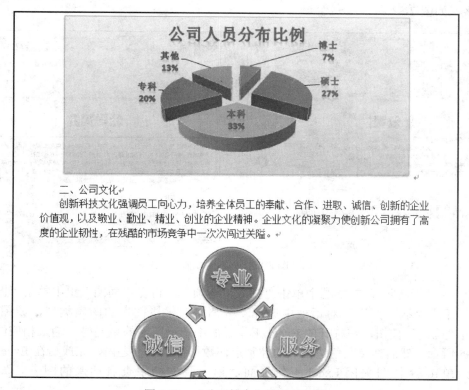

图 2-82 "公司简介"效果参考图

任务要求

1. 插入如实例样式的剪贴画。
2. 插入如实例样式的图表。
3. 编辑并美化图表，效果如实例。
4. 插入如实例样式的 SmartArt 图形。
5. 编辑 SmartArt 图形，效果如实例。

任务分析

制作公司简介设计思路为：使用剪贴画→插入图表→编辑并美化图表→插入 SmartArt 图形→编辑 SmartArt 图形。

任务实施

第 1 步：使用剪贴画。在文档中将文本插入点定位到需插入剪贴画的位置，然后单击"插入"选项卡，在"插图"组中单击"剪贴画"按钮，打开"剪贴画"任务窗格。在"搜索文字"文本框后直接单击"搜索"按钮，稍后在下方的列表框中将搜索并显示出所有的剪贴画，在其中选择所需的剪贴画，完成后在"剪贴画"任务窗格右上角单击 ⊠ 按钮关闭该任务窗格，如图 2-83 所示。

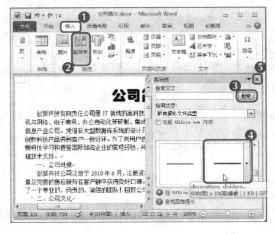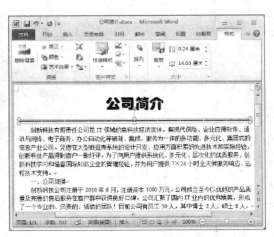

图 2-83　插入剪贴画

第 2 步：插入图表。在文档中单击"插入"选项卡，再在"插图"组中单击"图表"按钮，在打开的"插入图表"对话框中选择"分离型三维饼图"的图表类型，如图 2-84 所示。单击"确定"按钮，在打开的 Excel 工作界面中选择所需的单元格，输入相应的数据，如图 2-85 所示。然后拖曳蓝色边框上的控制点使数据都在边框之内，完成后在 Excel 工作界面右上角单击 ▨ 按钮关闭 Excel 工作界面，返回到文档中查看插入的图表，如图 2-86 所示。

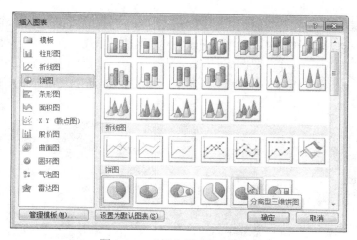

图 2-84　"插入图表"对话框

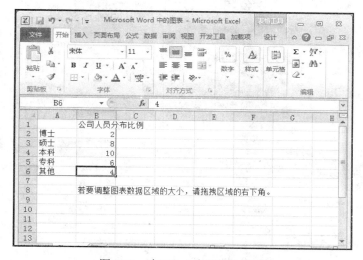

图 2-85　在 Excel 表里输入数据

图 2-86　完成图表后的结果

第 3 步：编辑并美化图表。插入图表后将激活图表工具的"设计"、"布局"、"格式"选项卡。在"设计"选项卡中可快速为图表布局、应用图表样式、更改图表类型等，如图 2-87 所示。在"布局"选项卡中可设置图表标签、图表背景、分析图表等。在"格式"选项卡中可设置形状样式、艺术字样式、排列、大小等，如图 2-88 所示。完成的图表效果如图 2-89 所示。

图 2-87   "设计"选项卡为图表布局

图 2-88   在"格式"选项卡中设置大小

第 4 步：插入 SmartArt 图形。在"插入"选项卡的"插图"组中单击"插入 SmartArt 图形"按钮，打开"选择 SmartArt 图形"对话框，选择所需的 SmartArt 图形，如图 2-90 所示。单击"确定"按钮插入 SmartArt 图形，创建的图形如图 2-91 所示。然后分别在 SmartArt 图形分支正中单击"［文本］"位置，将文本插入点定位到其中，然后输入所需的文本，完成后单击并选择多余的图形分支，按 Delete 键将其删除，编辑后的效果如图 2-92 所示。

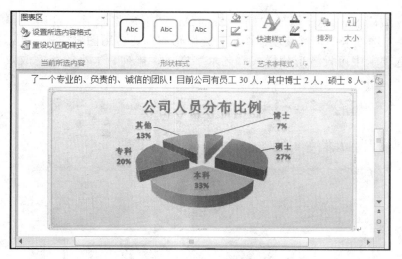

图 2-89　图表完成的效果图

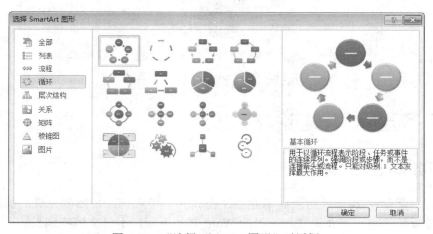

图 2-90　"选择 SmartArt 图形"对话框

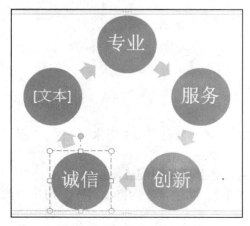

图 2-91　创建 SmartArt 图形

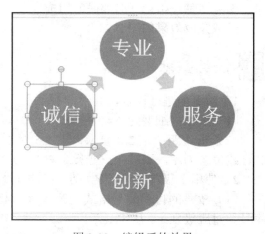

图 2-92　编辑后的效果

第 5 步：编辑 SmartArt 图形。插入 SmartArt 图形后将激活"设计"和"格式"选项卡。在"设计"选项卡中可继续创建图形、为图形布局、应用图表样式、更改图表类型等，在"格式"选项卡中可设置形状样式、艺术字样式、排列、大小等。完成效果图如图 2-93 所示。

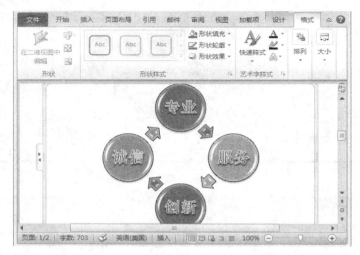

图 2-93　SmartArt 图形完成效果图

2.6　任务五　"毕业论文"排版

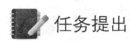 任务提出

张奕青是某学院 20××届应届毕业生，在其大学毕业前，最后要完成的就是毕业论文的撰写、排版和答辩。毕业论文与一般的 Word 文档不同，不仅文档特别长，而且格式多，处理起来比普通文档要复杂得多。论文内容一般应由中、英文摘要，目录，文本主体，致谢，参考文献，附录（必要时）组成。

任务完成效果如图 2-94 所示。

任务要求

1．对页面进行设置，其中，

（1）纸张：纸型为 A4。

（2）页边距：上 2.8 厘米，下 2.5 厘米，左 3.0 厘米（装订线 0.5 厘米），右 2.5 厘米，装订线位置为左，页脚 1.5 厘米。

2．使用多级符号对章名、小节名进行自动编号，替代原始的编号，要求：

（1）章号的自动编号格式为第 X 章（例：第 1 章），其中，X 为自动排序。阿拉伯数字序号。对应级别 1。居中显示。

（2）小节名自动编号格式为 X.Y，X 为章数字，Y 为节数字序号（例：1.1），X，Y 均为阿拉伯数字序号。对应级别 2。左对齐显示。

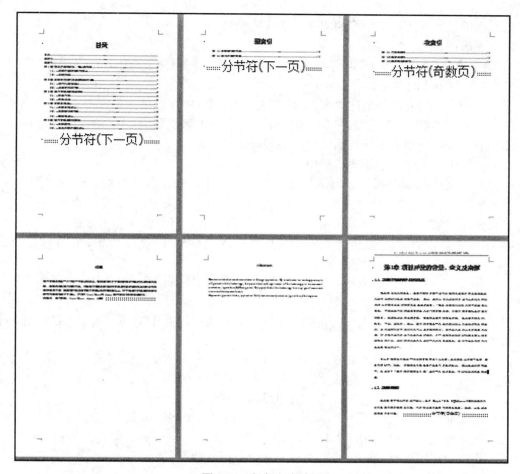

图 2-94 任务完成效果

3．新建样式，样式名为 "正文"+学号后两位；其中，

（1）字体：中文字体为 "楷体"，西文字体为 "TimesNewRoman"，字号为 "小四"；

（2）段落：首行缩进 2 字符，段前 1.5 行，段后 0.5 行，行距 1.5 倍；对齐方式为 "两端对齐"。其余格式，默认设置。

4．将上文 3.中样式应用到正文中的文字。

注意：不包括章名、节名、小节名、摘要、关键词、参考文献、表文字、表和图的题注。

5．对出现 "1."、"2." …处，进行自动编号，字体和段落设置仍与 3.中设置一样，编号格式不变。

6．"摘要"、"致谢"、"参考文献"、"附录" 等为黑体三号字，"ABSTRACT " 为 "TimesNewRoman"，加粗三号字，均居中，单倍行距，段前 2 行，段后 2 行。

7．参考文献设置：序号采用实引方式（例如［1］、［2］……）。

8．对正文中的图添加题注 "图"，位于图下方，居中。要求：

（1）编号为 "章序号"－"图在章中的序号"（例如第 1 章中第 2 幅图，题注编号为 1-2）。

（2）图的说明使用图下一行的文字，格式同编号。

（3）图居中。

9．对正文中出现"如下图所示"的"下图"两字，使用交叉引用，改为"图X-Y"，其中"X-Y"为图题注的编号。

10．对正文中的表添加题注"表"，位于表上方，居中。

（1）编号为"章序号"－"表在章中的序号"（例如第1章中第1张表，题注编号为1-1）。

（2）表的说明使用表上一行的文字，格式同编号。

（3）表居中。表中文字不要求居中。

11．对正文中出现"如下表所示"的"下表"两字，使用交叉引用，改为"表X-Y"，其中"X-Y"为表题注的编号。

12．在正文前按序插入三节，使用Word提供的功能，自动生成如下内容

（1）第1节：目录。其中，"目录"使用样式"标题1"，并居中；"目录"下为目录项。

（2）第2节：图索引。其中，"图索引"使用样式"标题1"，并居中；"图索引"下为图索引项。

（3）第3节：表索引。其中，"表索引"使用样式"标题1"，并居中；"表索引"下为表索引项。

13．对正文做分节处理，每章为单独一节。

注意：包括中文摘要、英文摘要、目录、参考文献、致谢、附录。

14．添加页脚。使用域插入页码，居中显示。其中：

（1）正文前的节，页码采用"i，ii，iii，…"格式，页码连续。

（2）正文中的节，页码采用"1，2，3，…"格式，页码连续。

（3）正文中每章为单独一节，页码总是从奇数页开始。

（4）更新目录、图索引和表索引。

15．从正文的"第1章"开始添加页眉。使用域，按以下要求添加内容，居中显示。其中：

（1）对于奇数页，页眉中的文字为"章序号"＋"章名"（例如：第1章××××）。

（2）对于偶数页，页眉中的文字为"节序号"＋"节名"（例如：1.1××××）。

任务分析

毕业论文一般篇幅较长，在论文的排版上会浪费大量的时间和精力。但如果在写论文前规划好各种设置，尤其是样式设置，就会起到事半功倍的效果。

本任务主要涉及的操作有修改和应用样式；定义多级列表；题注、页眉、页脚、域、页码等；交叉引用；自动生成目录等。

任务实施

第1步：打开素材文件"毕业论文.docx"，选择"页面布局"选项卡。在"页面设置"组中单击"纸张大小"按钮，在弹出的下拉列表中选择"A4（21cm×29.7cm）"选项。然后

选择"页面布局"选项卡，在"页面布局"|"页面设置"组中单击 "页边距"按钮，并在下拉列表中选择"自定义边距"选项，弹出"页面设置"对话框，如图 2-95 所示。在"页边距"选项卡中设置上"2.8 厘米"，下"2.5 厘米"，左"3.0 厘米"，右"2.5 厘米"，装订线"0.5 厘米"，装订线位置为"左"。单击"版式"选项卡，"距边界"页脚为"1.5 厘米"，如图 2-96 所示。设置完毕单击"确定"按钮。

图 2-95　设置页边距

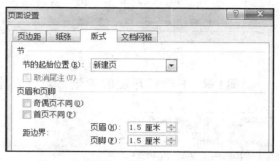

图 2-96　设置"页眉、页脚"的距边界

第 2 步：选择"开始"选项卡，再执行"段落"|"多级列表"命令，在下拉列表中选择"定义新的多级列表"，打开"定义新多级符号列表"对话框。首先设定第一级编号选择编号样式为阿拉伯数字 1，2，3，…，起始编号为 1，在编号格式框中，在编号两边自行输入文字，将编号格式编为"第 1 章"。在对话框右侧"将级别链接到样式"的下拉列表中选择"标题 1"，"要在库中显示的级别"为"级别 1"。在"编号之后"下拉列表中选择"空格"，如图 2-97 所示。

对级别 1 的文字应用"标题 1"样式，右击再选择下拉框中的"修改"命令，在弹出的"修改样式"对话框中设置格式"居中"，选择"自动更新"选项，如图 2-98 所示。将"标题 1"应用于整篇文档，并删除论文中原有序号，如图 2-99 所示。

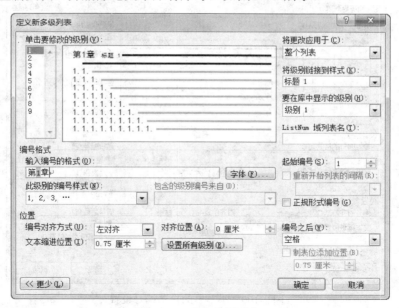

图 2-97　定义多级列表

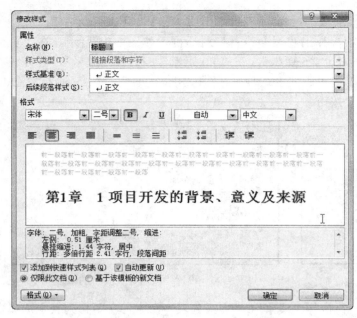

图 2-98　修改"标题 1"使得段落"居中" 　　　　　　　　图 2-99　删除原有序号

选择"开始"选项卡，单击"段落"|"多级列表"命令，在下拉列表中选择"定义新的多级列表"，打开"定义新多级符号列表"对话框。"单击要修改的级别"为"2"，在对话框右侧"将级别链接到样式"的下拉列表中选择"标题 2"，"要在库中显示的级别"为"级别2"，如图 2-100 所示。对级别 2 的文字应用"标题 2"样式，右击再选择下拉框中的"修改"命令，在弹出的"修改样式"对话框中设置格式"左对齐"，选择"自动更新"选项。将样式应用于对应小节。

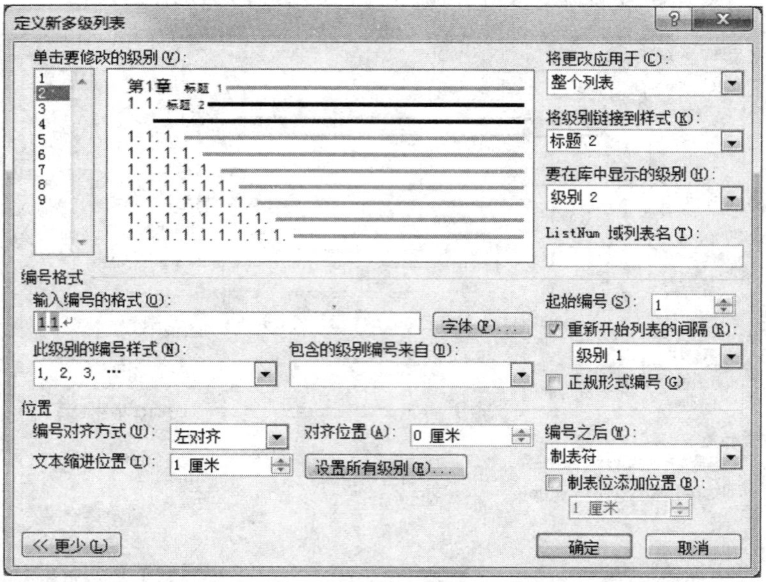

图 2-100　小节名的自动编号设置

第 3 步：单击"样式"右下角的"启动器按钮"，在弹出的"样式"对话框中单击"新建样式"按钮，如图 2-101 所示。在弹出"修改样式"的对话框中，修改属性"名称"为"正文 03"（注意"样式基准"是"正文"）。单击"格式"按钮，再依次设置"字体"和"段落"选项，如图 2-102 所示。单击"确定"按钮完成操作。

图 2-101　"样式"对话框

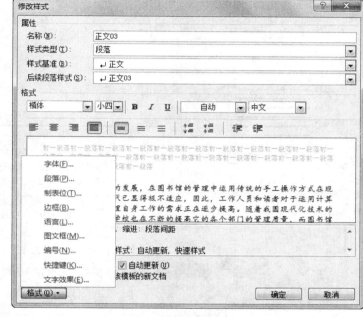

图 2-102　修改样式

第 4 步：选中要复制格式的文本。依次单击"开始"|"剪贴板"组中的"格式刷"按钮 格式刷 。当鼠标指针变成" I"形状时移动鼠标选择目标文本即可。

第 5 步：选定"1."、"2."…处的段落，单击"开始"选项卡　"段落"组中的"编号"按钮 三 。

第 6 步：该步操作可参考前几个任务，这里从略。

第 7 步：选中参考文献，依次单击"开始"|"段落"组中的"编号"下拉按钮，再单击"自定义编号格式"选项，打开如图 2-103 所示的对话框。设置编号样式为 [#]，单击"确定"按钮，完成的效果如图 2-104 所示。

在需要引用文献的位置，依次单击"插入"|"链接"组中的"交叉引用"按钮，打开"交叉引用"对话框，如图 2-105 所示。"引用类型"选择"编号项"，再选择需要引用的项目，"引用内容"选择"段落编号"。单击"插入"按钮完成一个编号的插入，其他的编号同上依次完成。

选择编号 [1]，新建样式"上标引用"，"样式类型"为"字符"，"样式基准"为"默认段落字体"，如图 2-106 所示。格式字体设置效果为"上标"，如图 2-107 所示。单击"确定"按钮后将编号应用为上标样式。

执行"开始"|"编辑"→"替换"功能，打开"查找和替换"对话框。在该对话框中"选项"为"使用通配符"，设置"查找内容"为"\ [[0-9] @\]"，替换为"上标"，如图 2-

108 所示。单击"替换"按钮将其余的编号替换为上标样式。

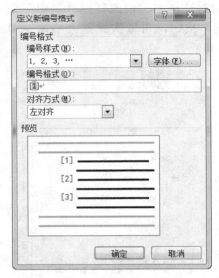

图 2-103　"自定义新编号格式"
　　　　　对话框

图 2-104　自定义样式的编号效果

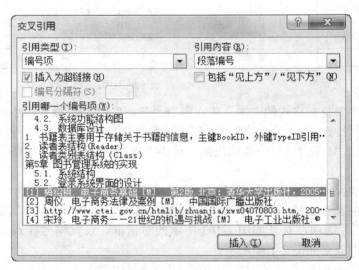

图 2-105　"交叉引用"对话框

图 2-106　新样式创建

图 2-107　字体"上标"设置

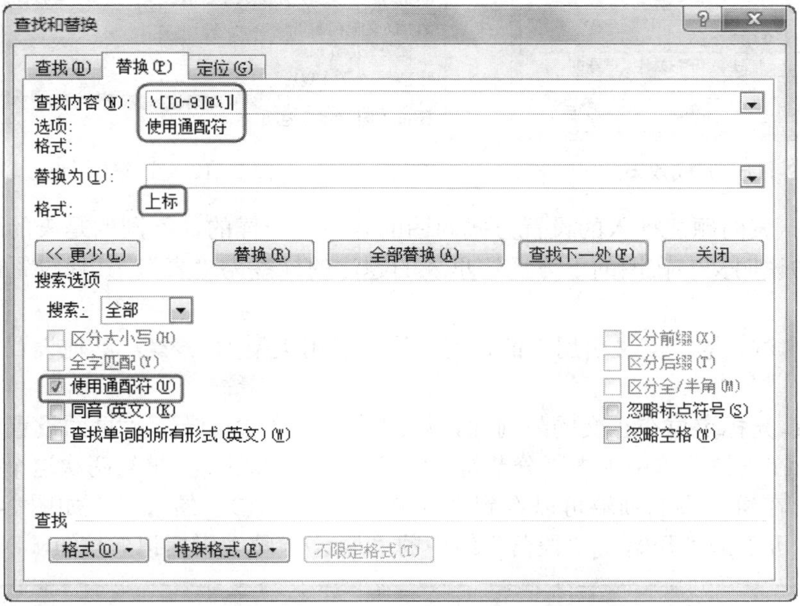

图 2-108　设置替换功能

第 8 步：光标定位在图下的说明文字前，依次单击"引用"|"题注"组中的"插入题注"按钮，打开"题注"对话框，新建标签为"图"，如图 2-109 所示。编号为"包含章节号"，如图 2-110 所示。题注的标签和编号完成如图 2-111 所示。单击"确定"按钮完成题注的插入，最后通过"居中"按钮将题注和图分别居中。其他图的题注也可依次设置好，过程比第一个图的题注设置会简化些。

图 2-109　题注新建标签

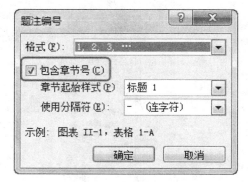

图 2-110　题注编号

第 9 步：光标选择"下图"两字，依次单击"引用"|"题注"组中的"交叉引用"按钮，打开"交叉引用"对话框。"引用类型"为"图"，"引用内容"为"只有标签和编号"，再选择引用的题注，如图 2-112 所示。单击"插入"按钮完成，并依次完成其余的交叉引用。

图 2-111　完成效果

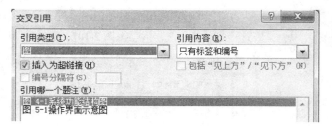

图 2-112　交叉引用设置

第 10 步：表的题注插入的设置方式同图的题注是一样的，不同的是表的说明文字在表的上方，图的说明文字在图的下方。这里表的题注的标签为"表"，其他设置部分略，操作借鉴第 8 步。

第 11 步：对表的"交叉引用"的设置，注意引用类型为"表"，其他设置部分略，操作借鉴第 9 步。

第 12 步：光标定位在正文的最前面，依次单击"页面布局"|"页面设置"组中的"分隔符"按钮，在下拉菜单中单击"分节符"|"下一页"选项，再重复两次这个操作，即插入了三个页面，在每个页面顶端可以看到"分节符（下一页）"的字样，如图 2-113 所示（如果没有显示，可单击"开始"|"段落"组中的"显示/隐藏编辑标记"按钮）。

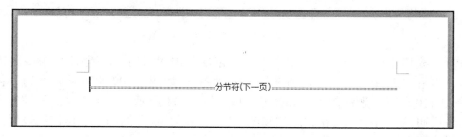

图 2-113　分节符的编辑标记显示

在第一页面的分节符前输入文本"目录"，应用样式"标题 1"，用 Delete 键删除自动生成的"第 1 章"文本，光标定位"目录"文本后，依次单击"引用"|"目录"组中的"目录"按钮，在下拉菜单中单击"插入目录"选项，打开"目录"对话框，"显示级别"为"2"，如图 2-114 所示。单击"确定"按钮完成目录的插入。

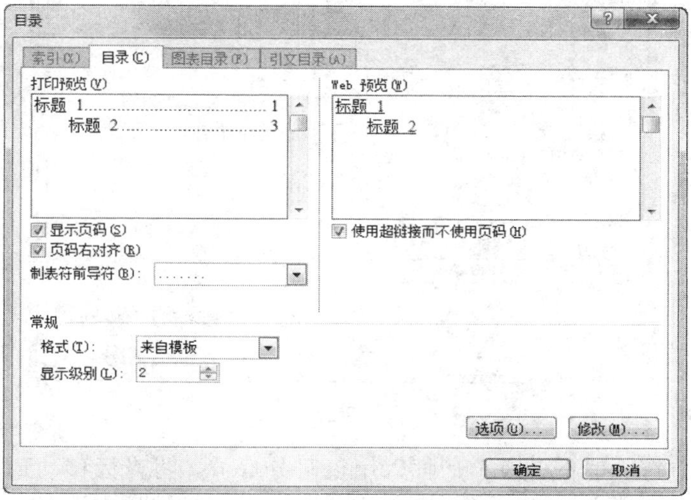

图 2-114　"目录"对话框

在第二页面的分节符前输入文本"图索引"，应用样式"标题 1"，用 Delete 键删除自动生成的"第 1 章"文本。光标定位"图索引"文本后，依次单击"引用"|"题注"组中的"插入表目录"按钮，打开"图表目录"对话框，"题注标签"为"图"，如图 2-115 所示。单击"确定"按钮完成图目录的插入。

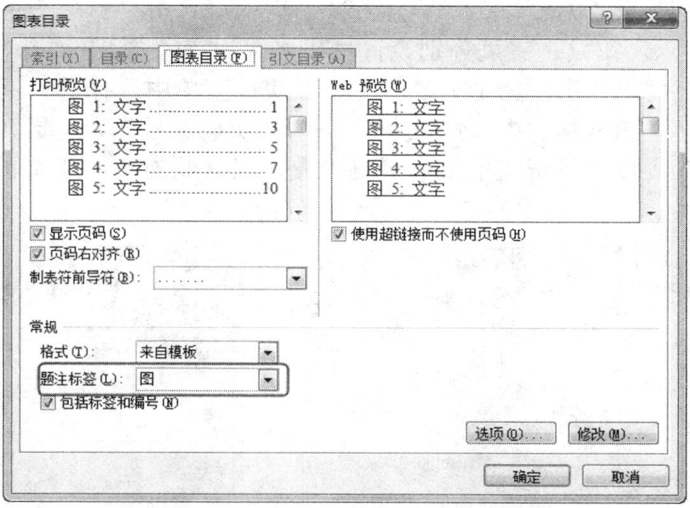

图 2-115　"图表目录"对话框

在第三页面的分节符前输入文本"表索引"，应用样式"标题 1"，用 Delete 键删除自动生成的"第 1 章"文本，光标定位"图索引"文本后，依次单击"引用"|"题注"组中的

"插入表目录"按钮,打开"图表目录"对话框,题注标签为"表",如图 2-116 所示。单击"确定"按钮完成表目录的插入。

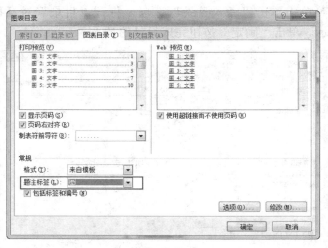

图 2-116

第 13 步:分节符一般在各章节后插入用以区分章节。将光标移动到指定插入点,单击"页面布局"|"页面设置"组中的"分隔符"按钮,在下拉选项中选择"分节符"→"下一页"表示从下一页开始新的一节,至此分节符将文字分成了两节。

第 14 步:在分节符设置完成后,可在同一文档中设置不同样式的页码,如目录页码用 i,ii,iii 等罗马字母,正文页码用 1,2,3,…表示。定位到文档第一页,依次单击"插入"|"页眉和页脚"组中的"页码"按钮,在下拉菜单中选择"页面底端""普通数字 2",页脚处插入了默认的 1,2,3,…页码,选择页码 1,右击,在快捷菜单中选择"设置页面格式",打开"页码格式"对话框。"编号格式"为"i,ii,iii,…","页码编号"为起始页码,如图 2-117 所示。第二、三页分别设置页码格式为"i,ii,iii,…"。"页码编号"为"续前节"。第四个页面为正文第 1 页,右击,在快捷菜单中选择"设置页面格式",打开"页码格式"对话框。编号格式为"1,2,3,…","页码编号"为起始页码,如图 2-118 所示。单击"确定"按钮完成正文中节的页码设置,默认状态下,正文的页码会按 1,2,3,…连续下去。

图 2-117 正文前的节的页码设置

图 2-118 正文中的节页码设置

　　光标定位到正文最前面，即"摘要"文本前的位置，依次单击"页面布局"|"页面设置"组中的"对话框启动器"按钮，打开"页面设置"对话框。在"版式"选项卡中设置"节的起始位置"为"奇数页"，"应用于"为"插入点之后"，如图 2-119 所示。单击"确定"按钮完成操作。

　　光标移至目录上，右击，在快捷菜单中选择"更新域"选项，打开"更新目录"对话框。选择"更新整个目录"单选按钮，如图 2-120 所示。单击"确定"按钮完成目录的更新。在依次完成图索引和表索引的更新。

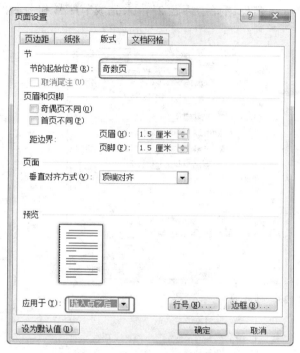

图 2-119　"页面设置"对话框

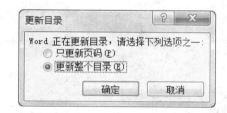

图 2-120　"更新目录"对话框

　　第 15 步：光标可放置文档任意位置，依次单击"页面布局"|"页面设置"组中的"对话框启动器"按钮，打开"页面设置"对话框。在"版式"选项卡中，设置页眉和页脚为"奇偶页不同"，单击"确定"按钮完成奇偶页不同的设置。双击"第 1 章"页面顶端，进入页眉、页脚的编辑状态，这时页眉位置的显示如图 2-121 所示。默认时页眉、页脚都保持着"与上一节相同"的属性，单击"设计"|"导航"组中的"链接到前一条页眉"按钮，如图 2-122 所示。消掉"链接到前一条页眉"。

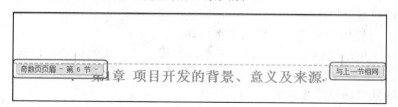

图 2-121　页眉状态

图 2-122　"链接到前一条页眉"按钮

依次单击"插入"|"文本"组中的"文档部件"按钮，在下拉菜单中选择"域"选项，打开"域"对话框。在类别中选择"链接和引用"，"域名"为"StyleRef"，"样式名"为"标题 1"，"域选项"为"插入段落编号"，如图 2-123 所示。单击"确定"按钮完成章节号的插入。再次单击"插入"|"文本"组中的"文档部件"按钮，在下拉菜单中选择"域"选项，打开"域"对话框。在"类别"中选择"链接和引用"，"域名"为"StyleRef"，"样式名"为"标题 1"，单击"确定"按钮完成章节名的插入。

偶数页的页眉添加与奇数页相似，同样先是要撤销"链接到前一条页眉"，不同的是在插入域的两次设置中，在如图 2-123 中的"样式名"选择"标题 2"，来完成节序号和节名的插入。

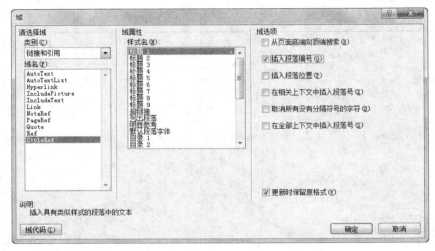

图 2-123　插入域

 习题

一、基础知识

1. 判断题

（1）在 Word 中文件的复制和粘贴必须经过剪贴板。（　　）

（2）在字号选择中，阿拉伯数字越大表示字符越大，中文数字越大表示字符越小。（　　）

（3）在分栏排版中只能进行等宽分栏。（　　）

（4）在 Word 中，"先选定，后操作"是进行编辑的基本规则。（　　）

（5）在复制或移动文本操作中使用"粘贴"命令时，若是改写模式会覆盖光标所在位置的文本。（　　）

（6）要删除分节符，必须转到普通视图才能进行。（　　）

（7）利用 "查找"命令只能查找字符串，不能查找格式。（　　）

（8）Word 不能实现英文字母的大小写互相转换。（　　）

（9）使用"页面设置"命令可以指定每页的行数。（ ）

（10）在 Word 的表格中，当改变了某个单元格中的值的时候，计算结果也会随之改变。（ ）

（11）Word 表格中的数据也是可以进行排序的。（ ）

（12）在 Word 中，为了便于在文档中查找信息，可以使用*来代替任何一个字符进行匹配。（ ）

（13）允许在两个窗口中查看同一个文档的不同部分。（ ）

（14）强制分页可以通过在页面上多按几次回车键来实现。（ ）

（15）宏病毒可感染 Word 或 Excel 文件。（ ）

（16）在插入页码时，页码的范围只能从 1 开始。（ ）

（17）目录生成后会独占一页，正文内容会自动从下一页开始。（ ）

（18）Word 的奇数页和偶数页可以有不同的页眉和页脚。（ ）

（19）图片被裁剪后，被裁剪的部分仍作为图片文件的一部分被保存在文档中。（ ）

（20）如果删除了某个分节符，其前面的文字将合并到后面的节中，并且采用后者的格式设置。（ ）

（21）在审阅时，对于文档中的所有修订标记只能全部接受或全部拒绝。（ ）

（22）域就像一段程序代码，文档中显示的内容是域代码运行的结果。（ ）

（23）在排序"选项"中可以指定关键字段按字母排序或笔画排序。（ ）

2．单选题

（1）要设置精确的缩进量，应当使用_____方式。

  A．标尺   B．样式   C．段落格式   D．页面设置

（2）在段落的对齐方式中，_____可以使段落中的每一行（包括段落的结束行）都能与左右边缩进对齐。

  A．左对齐   B．两端对齐   C．居中对齐   D．分散对齐

（3）在表格中一次插入 3 行正确的操作是_____。

  A．选择"表格→插入→行"菜单命令

  B．选定 3 行后选择"表格→插入→行"菜单命令

  C．将插入点放在行尾部，按回车键

  D．无法实现

（4）关于打印预览，下列说法中错误的是_____。

  A．可以进行页面设置   B．利用标尺可以调整页边距

  C．只能显示一页   D．可以直接制表

（5）关于插入表格命令，下列说法中错误的是_____。

  A．只能是 2 行 3 列   B．可套用格式

  C．能调整列宽   D．行列数可调

（6）在 Word 中，在正文中选定一个矩形区域的操作是_____。

  A．先按住 Alt 键，然后拖动鼠标   B．先按住 Ctrl 键，然后拖动鼠标

  C．先按住 Shift 键，然后拖动鼠标   D．先按住 Alt+Shift 键，然后拖动鼠标

（7）在编辑文档时，如要看到页面的实际效果，应采用_____模式。

A．普通视图　　　　B．页面视图　　　　C．大纲视图　　　　D．Web 版式

（8）以下关于 Word 使用的叙述中，正确的是_____。

A．被隐藏的文字可以打印出来

B．直接单击"右对齐"按钮而不用选定，就可以对插入点所在行进行设置

C．若选定文本后，单击"加粗"按钮，则选定部分文字全部变成粗体或常规字体

D．双击"格式刷"可以复制一次

（9）在 Word 编辑文本时，可以在标尺上直接进行_____操作。

A．文章分栏　　　B．建立表格　　　C．嵌入图片　　　D．段落首行缩进

（10）如果插入的表格的内外框线是虚线，将光标放在表格中，可在_____中实现将框线变成实线。

A．"布局"菜单的"绘图边框"　　　　B．"设计"菜单的"绘图边框"

C．"表格"菜单的"选中表格"　　　　D．"格式"菜单的"制表位"

（11）下列关于 Word 的叙述中，不正确的是_____。

A．设置了"保护文档"的文件，如果不知道口令，就无法打开它

B．Word 可同时打开多个文档，但活动文件只有一个

C．表格中可以填入文字、数字、图形

D．从"文件"菜单中选择"打印"命令，在出现的预览视图下，既可以预览打印结果，也可以编辑文本

（12）下列有关 Word 格式刷的叙述中，_____是正确的。

A．格式刷只能复制纯文本的内容

B．格式刷只能复制纯字体格式

C．格式刷只能复制段落格式

D．格式刷既可复制字体格式，也可复制段落格式

（13）关于 Word 修订，下列说法中_____是错误的。

A．在 Word 中可以突出显示修订

B．不同修订者的修订会用不同颜色显示

C．所有修订都用同一种比较鲜明的颜色显示

D．在 Word 中可以针对某一修订进行接受或拒绝修订

（14）下列关于目录的说法，正确的是_____。

A．当新增了一些内容使页码发生变化时，生成的目录不会随之改变，需要手动更改

B．目录生成后有时目录文字下会有灰色底纹，打印时会打印出来

C．如果要把某一级目录文字字体改为"小三"，需要一一手动修改

D．Word 的目录提取是基于大纲级别和段落样式的

（15）在 Word 编辑时，文字下面有红色波浪下划线表示_____。

A．已修改过的文档　　　　　　　B．对输入的确认

C．可能是拼写错误　　　　　　　D．可能是语法错误

（16）关于 Word 修订，下列说法中_____是错误的。

A．在 Word 中可以突出显示修订

B．不同修订者的修订会用不同颜色显示

C．所有修订都用同一种比较鲜明的颜色显示

D．在 Word 中可以针对某一修订进行接受或拒绝修订

（17）Word 2010 插入题注时如需加入章节号，如"图 1-1"，无须进行的操作是_____。

　　A．将章节起始位置套用内置标题样式　　B．将章节起始位置应用多级符号

　　C．将章节起始位置应用自动编号　　　　D．自定义题注样式为"图"

（18）Word 2010 可自动生成参考文献书目列表，在添加参考文献的"源"主列表时，"源"不可能直接来自于_____。

　　A．网络中各知名网站　　　　　　　　　B．网上邻居的用户共享

　　C．计算机中的其他文档　　　　　　　　D．自己录入

（19）关于 Word 2010 的页码设置，以下表述错误的是_____。

　　A．页码可以被插入到页眉页脚区域

　　B．页码可以被插入到左右页边距

　　C．如果希望首页和其他页码不同必须设置"首页不同"

　　D．可以自定义页码并添加到构建基块管理器中的页码库中

（20）如果 Word 文档中有一段文字不允许别人修改，可以通过_____。

　　A．格式设置限制　　　　　　　　　　　B．编辑限制

　　C．设置文件修改密码　　　　　　　　　D．以上都是

（21）关于大纲级别和内置样式的对应关系，以下说法正确的是_____。

　　A．如果文字套用内置样式"正文"，则一定在大纲视图中显示为"正文文本"

　　B．如果文字在大纲视图中显示为"正文文本"，则一定对应样式为"正文"

　　C．如果文字的大纲级别为 1 级，则被套用样式"标题 1"

　　D．以上说法都不正确

（22）关于样式、样式库和样式集，以下表述正确的是_____。

　　A．快速样式库中显示的是用户最为常用的样式

　　B．用户无法自行添加样式到快速样式库

　　C．多个样式库组成了样式集

　　D．样式集中的样式存储在模板中

（23）通过设置内置标题样式，以下哪个功能无法实现_____。

　　A．自动生成题注编号　　　　　　　　　B．自动生成脚注编号

　　C．自动显示文档结构　　　　　　　　　D．自动生成目录

（24）关于导航窗格，以下表述错误的是_____。

　　A．能够浏览文档中的标题　　　　　　　B．能够浏览文档中的各个页面

　　C．能够浏览文档中的关键文字和词　　　D．能够浏览文档中的脚注、尾注、题注等

（25）若文档被分为多个节，并在"页面设置"的版式选项卡中将页眉和页脚设置为奇偶页不同，则以下关于页眉和页脚说法正确的是_____。

　　A．文档中所有奇偶页的页眉必然都不相同

　　B．文档中所有奇偶页的页眉可以不相同

　　C．每个节中奇数页页眉和偶数页页眉必然不相同

　　D．每个节的奇数页页眉和偶数页页眉可以不相同

（26）在 Word 2010 新建段落样式时，可以设置字体、段落、编号等多样式属性，以下不属于样式属性的是_____。

A．制表位　　　　B．语言　　　　C．文本框　　　　D．快捷键

二、实训题

实训 1

1．文字录入，新建 Word 文档，录入以下内容（标点符号必须采用中文全角符号），并保存文件名为学号加姓名的文档。

（1）Internet 的形成

1969 年美国国防部高级研究计划署作为军事试验网络，建立了 ARPANET。1972 年 ARPANET 发展到几十个网点，并就不同计算机与网络的通信协议取得一致。19 年产生了 IP 互联网协议和 TCP 传输控制协议。1980 年美国国防部通信局和高级研究计划署将 TCP/IP 协议投入使用。1987 年 ARPANET 被划分成民用网 ARPANET 和军用网 MILNET。它们之间通过 ARPAINTERNET 实现连接，并相互通信和资源共享。简称 Internet，标志着 Internet 的诞生。

（2）互联网在中国

早在 1987 年，中国科学院高能物理研究所便开始通过国际网络线路使用 Internet，后又建立了连接 Internet 的专线。20 世纪 90 年代中期，我国互联网建设全面展开，到 1997 年年底已建成中国公用计算机网（ChinaNET）、中国教育和科研网（CERNET）、中国科学和技术网（CSTNET）和中国金桥信息网（ChinaGBN），并与 Internet 建立了各种连接。

（3）163 和 169 网

163 网就是"中国公用计算机互联网"ChinaNET，它是我国第一个开通的商业网。由于它使用全国统一的特服号 163，所以通常称其为 163 网。169 网是"中国公众多媒体通信网"的俗称，CninfoNET。因为它使用全国统一的特服号 169，所以就称其为 169 网。它们是国内用户最多的公用计算机互联网，是国家的重要信息基础设施。

2．文字编辑

对该文档进行如下操作：文档开始处加上标题"因特网的形成和发展"。

3．排版操作

对该文档进行如下操作

（1）设置页面为 16 开纸，页边距：上、下、左、右均为 2 厘米。

（2）将文档第一行的"因特网的形成和发展"作为标题，标题居中，黑体、三号字，加下划线，颜色为红色。

（3）将小标题 1～3 各标题行设置为仿宋体、四号字、加粗。

（4）将小标题 1 下面的第一自然段设置为悬挂缩进 1 厘米，行距为固定值 18 磅，左对齐，采用仿宋体、五号字。

（5）小标题 2、小标题 3 下面的自然段分别设置为首行缩进 1 厘米，行距为固定值 18 磅，左对齐，采用仿宋体、五号字。

（6）在文档中插入一剪贴画（狮子），按如下要求进行设置：

① 图片大小。取消锁定纵横比，高度 4 厘米，宽度 5 厘米。

②　图片位置。水平距页面 7 厘米，垂直距页面 6 厘米。

（7）给图片加实线边框，边框颜色为蓝色，粗细为 3 磅。

（8）在图片上插入一文本框，文本框中写入文字（兽中之王），文字为楷体、二号字，橙子。水平居中。

①　文本框大小：高 1.5 厘米；宽 4 厘米。

②　文本框位置：水平距页面 7.5 厘米；垂直距页面 10 厘米。

③　文本框设置。填充色为绿色、边框线条蓝色。

（9）将图片和文本框进行组合。

（10）设置组合对象的环绕方式为：紧密型。环绕位置：两边。距正文：左、右各 0 厘米。

（11）将排版后的文档存盘，退出 Word 应用程序。

实训 2

1．将最后一段文字"A 大学位于……"所在段落，移动到第 1 页"学校概况"之前，并设置与"A 大学（AUniversity），坐落于中国历史……"具有相同的段落格式。

2．对文档中所有的英文字母设置成蓝色。

3．设置纸张大小为"16K"，左右页边距各为 2 厘米。

4．将"办学模式"部分的文字，即从"本科生教育"之后，到"学科建设"之前，设置分栏，要求 2 栏。

5．表格操作，将表格中多个"人文学院"合并为只剩一个，且将该单元格设置为"中部两端对齐"。将"金融学系，财政学系"拆分成两行，分别为"金融学系"和"财政学系"。

6．对文档插入页码，居中显示。

实训 3

1．设置文字对齐字符网格，每行 38 个字符数。

2．删除所有页眉，包括原页眉的横线。

3．表格操作。

（1）不显示第 1 页"基本信息"、"名称由来"、"历史沿革"、"周边住宿"表格的框线。

（2）对"周边住宿"中的表格，在"杭州鼎红假日酒店"所在行前，插入一行，内容为"杭州黄龙饭店，杭州西湖区曙光路 120 号，1.16"。

4．为第 1 页表格中的"基本信息"、"名称由来"、"历史沿革"、"周边住宿"设置超链接，分别链接到后面"1.基本信息"、"2.名称由来"、"3.历史沿革"、"4.周边住宿"处（链接点位置在编号后、汉字前，如"基本信息"的"基"字前）。

5．删除文档"历史沿革"部分中所有的空格。

6．将正文中所有的数字设置为字体"红色"（注意不包括标题中的数字，如："基本信息"、"名称由来"、"历史沿革"、"周边住宿"等之前的编号）。

实训 4

1．删除文档内所有的空行。

2．对第 1 行中的"蛇"设置为 72 磅文字大小，所有内容设置行距为 1.2 倍行距。

3．为第 1 行的"蛇"添加尾注，尾注文字为"文档内容来自百度百科"（不包括引号）。

4．为图"蛇的身体器官"设置题注"图 1"，使后面的图 1 自动变成图 2（或更新域后变为图 2）。

5．表格操作。设置表格，要求"根据窗口自动调整表格"。设置表格对齐方式为"中部两端对齐"。

6．将第 2 幅图"蛇"设置图片效果为"发光变体：红色，8pt 发光，强调文字颜色 2"，设置其文本框所在填充颜色为绿色。

实训 5

建立文档"国家信息.docx"，由三页组成。其中：

1．第 1 页中第一行内容为"中国"，样式为"标题 1"；页面垂直对齐方式为"居中"；页面方向为纵向、纸张大小为 16 开；页眉内容设置为"China"，居中显示；页脚内容设置为"我的祖国"，居中显示。

2．第 2 页中第一行内容为"美国"，样式为"标题 2"；页面垂直对齐方式为"顶端对齐"；页面方向为横向、纸张大小为 A4；页眉内容设置为"USA"，居中显示；页脚内容设置为"American"，居中显示；对该页面添加行号，起始编号为"1"。

3．第 3 页中第一行内容为"日本"，样式为"正文"；页面垂直对齐方式为"底端对齐"；页面方向为纵向、纸张大小为 B5；页眉内容设置为"Japan"，居中显示；页脚内容设置为"岛国"，居中显示。

第 3 章　电子报表制作 Excel 2010

作为当今最流行的电子表格处理软件，Microsoft Office Excel 以其操作简单和功能强大而著称，在企业日常办公中获得了广泛的应用。Excel 2010 同以前的版本相比，它不仅在功能上有了较大的改进和完善，在外观和操作上也有了很大的变化和提高。

3.1　知识要点

3.1.1　输入与编辑数据

1. 数据输入技巧

用户可以在单元格中输入文本、数字、日期和时间等类型的数据。输入完毕后，Excel 会自行处理单元格中的内容。下面来介绍一些特殊数据的输入方法和一些操作的便捷技巧。

（1）特殊数据输入

在使用 Excel 时，经常会遇到一些特殊的数据，如直接输入，Excel 会将其自动转换为其他数据。因此，输入这些特殊数据时，需要掌握一些输入技巧。

① 输入分数。在单元格中输入分数时，如果直接输入分数，如 "3/9"，Excel 将会自动转换为日期数据。要输入分数时，需在输入的分数前加上一个 "0" 和一个空格。例如，如果要输入分数 "4/9"，则在单元格中输入 "0 4/9"，再回车即可完成输入分数的操作。

② 输入负数。输入负数时除了直接输入负号和数字外，也可以使用括号来完成。例如，如果要输入 "–10"，则可以在单元格中输入 "（10）"，再回车即可。

③ 输入文本类型的数字。在 Excel 表格处理中，有时会遇到诸如学号、序号、邮政编码或电话号码等文本类型的数字输入问题。如果在单元格中直接输入这些数字，Excel 有时会自动将其转换为数值类型的数据。例如，在单元格中输入序号 "002"，在 Excel 中将自动转换为 "2"。所以，在 Excel 输入文本类型的数据时，需要在输入的数据前面加上单引号。例如，在单元格中输入 "'002"，就输入了 "002"。

④ 输入特殊字符。在使用 Excel 时，有时需要输入一些特殊字符，可以使用 "符号" 对话框来完成，其操作的具体步骤如下。

第 1 步：选取需要插入字符的单元格。

第 2 步：选择 "插入" 菜单中的 "符号" 命令，打开 "符号" 对话框，如图 3-1 所示。

第 3 步：根据需要，在 "字体" 下拉列表框中选择需要的字体。

第 4 步：在 "子集" 下拉列表框中选择需要的子集，其子集的所有符号都将显示在下面的列表框中。

第 5 步：选择需要插入的符号。

第 6 步：单击 "插入" 按钮即可将选择的符号插入到单元格中，可在同一个单元格中连续插入符号。插入符号后，"取消"按钮就变成"关闭"按钮。

第7步：单击"关闭"按钮，关闭"符号"对话框。

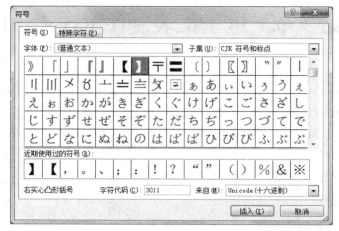

图3-1 "符号"对话框

（2）快速输入大写中文数字

在使用 Excel 编辑财务报表时，常常需要输入大写中文数字，如果直接输入这些数字不仅效率低下，而且容易出错。利用 Excel 提供的功能可将输入的阿拉伯数字快速转换为大写中文数字。其操作步骤如下。

第1步：在需要输入大写中文数字的单元格中输入相应的阿拉伯数字，如"1234"。

第2步：右击该单元格，从弹出的快捷菜单中，选择"设置单元格格式"命令，打开"设置单元格格式"对话框，如图3-2所示。

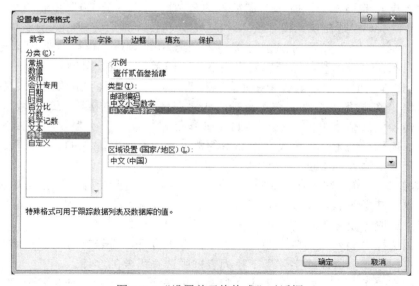

图3-2 "设置单元格格式"对话框

第3步：选择"数字"选项卡。

第4步：在"分类"列表框中选择"特殊"选项。

第 5 步：在"类型"列表框中选择"中文大写数字"选项。

第 6 步：单击"确定"按钮，即可将输入的阿拉伯数字"1234"转换为中文大写数字"壹仟贰佰叁拾肆"。

2．条件格式

使用条件格式可以根据指定的公式或数值确定搜索条件，然后将格式应用到所选定工作表范围中符合搜索条件的单元格上，并突出显示要检查的动态数据。

（1）设置条件格式

我们以学生成绩表为例，如果学生有某一门课程不及格，则将相应的单元格底纹设置为红色。其操作步骤如下。

第 1 步：选取需要设置条件格式的单元格区域，这里选中 E3：I16 单元格区域。

第 2 步：在"开始"选项卡的"样式"选项组中，单击"条件格式"按钮。

第 3 步：在打开的下拉列表中选择"新建规则"选项，将会弹出 "新建格式规则"对话框，选择"只为包含以下内容的单元格设置格式"，如图 3-3 所示。

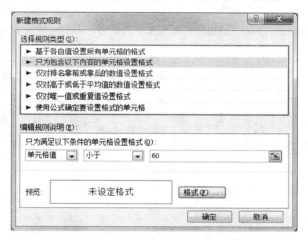

图 3-3　"新建格式规则"对话框

第 4 步：选择相应的条件选项，在此，选择"单元格值"、"小于"和键入"60"值。完成条件选项之后，单击"格式"按钮，将会弹出如图 3-4 所示的"设置单元格格式"对话框，来对单元格的格式进行设定。

第 5 步：根据该例要求，仅需要选择"填充"选项卡，在"背景色"中选择"红色"即可完成该单元格的格式设置，完成设置之后，单击"确定"按钮即可返回"新建格式规则"对话框。

第 6 步：单击"确定"按钮即可完成设置，设置后显示结果如图 3-5 所示。

（2）删除条件格式

删除条件格式的方法很简单，其操作步骤如下。

第 1 步：选取应用了条件格式的单元格区域。

第 2 步：在"开始"选项卡的"样式"选项组中，单击"条件格式"按钮。在打开的下拉列表中选择"清除规则"选项，然后在下拉列表中选择"清除整个工作表的规则"选项，如图 3-6 所示。

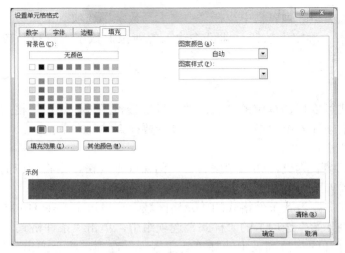

图 3-4 "设置单元格格式"对话框

	A	B	C	D	E	F	G	H	I	J	K	L
1					学生成绩表							
2	学号	新学号	姓名	性别	语文	数学	英语	信息技术	体育	总分	考评	
3	0811101	200811101	钱梅宝	男	88	98	82	85	90	443	合格	
4	0811110	200811110	王 丽	女	78	92	84	81	78	413	合格	
5	0811111	200811111	王 敏	女	85	96	56	85	94	416	合格	
6	0811112	200811112	丁伟光	男	67	61	66	76	74	344	不合格	
7	0811113	200811113	吴兰兰	女	75	45	77	98	77	372	合格	
8	0811114	200811114	许光明	男	80	79	92	89	83	423	合格	
9	0811115	200811115	程坚强	男	67	76	78	80	76	377	合格	
10	0811116	200811116	姜玲燕	女	61	75	65	78	68	347	不合格	
11	0811117	200811117	周兆平	男	78	88	97	71	91	425	合格	
12	0811118	200811118	赵永敏	男	100	82	95	89	90	456	合格	
13	0811119	200811119	黄永良	男	67	45	56	66	60	294	不合格	
14	0811120	200811120	梁泉涌	男	85	96	74	79	86	420	合格	
15	0811121	200811121	任广明	男	68	72	68	67	75	350	不合格	
16	0811122	200811122	郝海平	男	89	94	80	100	87	450	合格	
17												

图 3-5 "条件格式"设置效果

图 3-6 选择"清除整个工作表的规则"选项

3.1.2　Excel 中函数与公式

1．公式概述

公式就是对工作表中的数值进行计算的式子，由操作符和运算符两个基本部分组成。操作符可以是常量、名称、数组、单元格引用和函数等。运算符用于连接公式中的操作符，是工作表处理数据的指令。

（1）公式元素

在 Excel 公式中，可以输入如下 5 种元素。

① 运算符：包括一些符号，如+（加号），−（减号）和×（乘号）。

② 单元格引用：包括命名的单元格及其范围，指向当前工作表的单元格或者同一工作簿其他工作表中的单元格，甚至可以是其他工作簿工作表中的单元格。

③ 值或字符串："6.5"或者"杭州西湖"。

④ 函数及其参数：如"SUM"或"AVERAGE"以及它们的参数。

⑤ 括号：使用括号可以控制公式中各表达式的处理次序。

（2）运算符

运算符即一个标记或符号，指定表达式内执行计算的类型。Excel 有下列 4 种运算符：

① 算术运算符。用于完成基本数学运算的运算符，如加、减、乘、除等。它们用于连接数字，计算后产生结果。

② 逻辑运算符。用于比较两个数值大小关系的运算符，使用这种运算符计算后将返回逻辑值"TRUE"或"FALSE"。

③ 文本运算符。使用符号"&"加入或连接一个或更多个文本字符串以产生一串文本。

④ 引用运算符。用于对单元格区域的合并运算。

在 Excel 2010 中，各种运算符的含义如表 3-1 所示。

表 3-1　运算符

运算符	含义	示例
+	加	9+2
−	减	9-2
×	乘	9×2
/	除	9/2
%	百分比	10%
=	等于	A1=B2
^	乘幂	10^3
>	大于	A1>B2
<	小于	A1<B2
>=	大于等于	A1>=B2
<=	小于等于	A1<=B2

（续表）

运算符	含义	示例
<>	不等于	A1<>B2
&	连字符	"宁" & "波"，结果为"宁波"
:	区域运算符，对于两个引用之间包括两个引用在内的所有单元格进行引用	A1：E2 表示引用从 A1 到 E2 的所有单元格
,	联合运算符，将多个引用合并为一个引用	SUM（A1：D1，B1：F1）表示引用 A1：D1 和 B1：F1 的两个单元格区域
空格	交叉运算符，产生同时属于两个引用的单元格区域	SUM（A1：D1 B1：B5）表示引用相交叉的 B1 单元格区域

在公式中，每个运算符都有一个优先级。对于不同优先级的运算，按照从高到低的优先级顺序进行计算。对于同一优先级的运算，按照从左到右的顺序进行计算。

在 Excel 2010 中，运算符按优先级由高到低的顺序排列，如表 3-2 所示。

表 3-2　各种运算符的优先级

运算符	说明	运算符	说明
:	区域运算符	^	乘幂
,	联合运算符	×和/	乘和除
空格	交叉运算符	+和−	加和减
−	负号，如"−5"	&（连字符）	文本运算符
%	百分比	=，>，<，>=，<=	比较运算符

如果需要改变运算符的优先级，可以使用小括号。例如，公式"=7×4+5"，按照运算符优先级，应先计算 7×4，之后再加上 5。如果需要先计算 4+5，之后再乘以 7，可以使用公式"=7×（4+5）"。

2. 单元格的引用

在 Excel 的使用过程中，用户常常会看到类似"A1，$A1，$A$1"这样的输入，其实这样的输入方式就是单元格的引用。通过单元格的引用，可以在一个公式中使用工作表上不同部分的数据，也可以在几个公式中使用同一个单元格的数值。另外，还可以引用同一个工作簿上其他工作表中的单元格，或者引用其他工作簿中的单元格。A1 引用样式如表 3-3 所示。

表 3-3　A1 引用样式的说明

引用	区分	描述
A1	相对引用	A 列及 1 行均为相对位置
$A$1	绝对引用	单元格 A1
$A1	混合引用	A 列为绝对位置，1 行为相对位置
A$1	混合引用	A 列为相对位置，1 行为绝对位置

Excel 还有一种 R1C1 引用样式，对于计算位于宏内的行和列的位置很有用。在 R1C1 样式中，Excel 指出了行号在 R 后面列号在 C 后的单元格位置。

（1）相对引用

Excel 一般使用相对地址引用单元格的位置。所谓相对地址，总是以当前单元格的位置为基准，在复制公式时，当前单元格改变了，在单元格中引入的地址也随之发生变化。相对地址引用的表示时直接写列字母和行号，如 A2，D4 等。

例如，在单元格 A1 中输入"40"，在单元格 A2 中输入"45"，在单元格 B1 中输入"46"，在单元格 B2 中输入"55"，在单元格 A3 中输入公式"=A1+A2"，如图 3-7 所示。

单击单元格 A3，选择"编辑"菜单中的"复制"命令，将该公式复制下来。单击单元格 B3，选择"编辑"菜单中的"粘贴"命令，该公式粘贴过来，结果如图 3-8 所示。从图 3-8 可以看出，由于将公式从 A3 复制到 B3，公式中的相对引用地址也发生了相应的变化，改变为"B1+B2"。

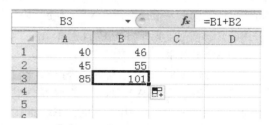

| 图 3-7　在公式中使用相对引用 | 图 3-8　粘贴了含有相对引用的公式 |

从上面的例子可以分析出相应的公式复制结果，即若将单元格 A3 的公式粘贴到单元格 B4 时，其位置向右移了一列，又向下移动了一行，故公式会相应地改为"=B2+B3"。

（2）绝对引用

在复制公式时，不想改变公式中的某些数据，即所有所引用的单元格地址在工作表中的位置固定不变，它的位置与包含公式的单元格无关，这时就需要引用绝对地址，绝对地址的构成即在相应的单元格地址的列字母和行号前加"$"符号，这样在复制公式时，凡地址前面有"$"符号的行号或列字母，复制后将不会随之发生变化，如$A$2，$C$8 等。

例如，将上例中的单元格 A3 的公式改为"=$A$1+A2"，再将该公式复制到单元格 B3 时，结果如图 3-9 所示。从图 3-9 可以看出，由于单元格 A3 内放置的公式中，A1 使用了绝对引用，A2 使用了相对引用。当复制到单元格 B3 中后，公式相应改变为"$A$1+B2"。

从上面的例子可以分析出相应的公式复制结果，即若将单元格 A3 的公式改变为"=$A$1+$A$2"，再将该公式复制到 B3 单元格中时，公式没有发生任何改变。

（3）混合引用

单元格的混合引用是指公式中参数的行采用相对引用，列采用绝对引用，或者列采用相对引用，行采用绝对引用，如$A1，A$1。当含有公式的单元格因插入、复制等原因引起行、列引用的变化时，公式中相对引用部分随公式的位置的变化而变化，绝对引用部分不随公式位置的变化而变化。

例如，若上例中单元格 A3 的公式为"=$A1+A$2"，再将该公式复制到单元格 B4 中，结果如图 3-10 所示。

| 图 3-9 粘贴了含有绝对引用的公式 | 图 3-10 粘贴了含有混合引用的公式 |

从图 3-10 中可以看出来，由于单元格 A3 公式中的 A1 和 A2 使用了混合型引用，当该公式复制到单元格 B4 中后，由于行和列的变化，故该公式相应地变为"=$A2+B$2"。

（4）三维引用

用户不但可以引用工作表中的单元格，还可以引用工作簿中多个工作表单元格，这种引用方式称为三维引用。三维引用的一般格式为："工作表标签！单元格引用"，例如，要引用"Sheet1"工作表中的单元格 A1，则应该在相应单元格中输入"Sheet1！A1"。若要分析某个工作簿多张工作表中相同位置的单元格或单元格区域中的数据，应该使用三维引用。

（5）循环引用

在输入公式时，用户有时会将一个公式直接或者间接引用了自己的值，即出现循环引用。例如，在单元格 A2 中输入"=A1+A2"，由于单元格 A2 中的公式引用了单元格 A2，因此就产生了一个循环引用。此时，Excel 就会弹出一条信息提示框，提示刚刚输入的公式将产生循环引用，如图 3-11 所示。

图 3-11 循环引用警告

如果打开迭代计算设置，Excel 就不会再次弹出循环引用提示。设置迭代计算的操作步骤如下。

第 1 步：选择"文件"菜单中的"选项"命令，打开"选项"对话框，再选择"公式"选项卡。

第 2 步：选中"启用迭代计算"复选框。

第 3 步：在"最多迭代次数"文本框中输入循环计算的次数。

第 4 步：在"最大误差"文本框中设置误差精度。

第 5 步：单击"确定"按钮。

系统将根据设置的最多迭代次数和最大误差计算循环引用的最终结果，并将结果显示在相应的循环引用单元格当中。但是，在使用 Excel 时，最好关闭"启用迭代计算"设置，这样就可以得到对循环引用的提示，从而修改循环引用的错误。

3. 常用函数介绍

（1）SUM 函数的应用

SUM 函数是返回指定参数所对应的数值之和。其完整的结构为：

$$SUM（number1，[number2]，…）$$

其中，number1，number2 等是指定所要进行求和的参数，参数类型可以是数字、逻辑值和数字的文字表示等形式。

例如：A1：A4 中分别放着数据 1～4，如果在 A5 中输入"SUM（A1：A4，10）"则 A5 中显示的值为 20，编辑栏显示的是公式。输入公式可以采用以下几种方法。

① 直接输入函数公式，即选中 A5 单元格：输入"=SUM（A1：A4，10）"后，直接回车即可。

② 使用函数参数设定窗口来对函数中的参数进行输入。在函数参数设定窗口中，只需输入相应的参数即可完成函数的输入。对于输入的参数，若是单元格区域，则可使用鼠标直接选择单元格区域来完成，也可以进行单元格区域的直接输入；对于那些简单的参数就直接在参数窗口中进行输入，在输入完参数之后，单击"确定"按钮即可。以上面的输入为例，对于函数参数设定窗口的设置如图 3-12 所示。

在 Excel 的函数库中，还有一种类似求和函数的条件求和函数——SUMIF 函数。该函数是用于计算符合指定条件的单元格区域内的数值进行求和。其完整的格式为：

$$SUMIF（range，criteria，[sum\_range]）$$

其中，range 表示条件判断的单元格区域；criteria 表示指定条件表达式；sum_range 表示需要计算的数值所在的单元格区域。如果省略 sum_range 参数，Excel 会对在范围参数中指定的单元格（即应用条件的单元格）求和。

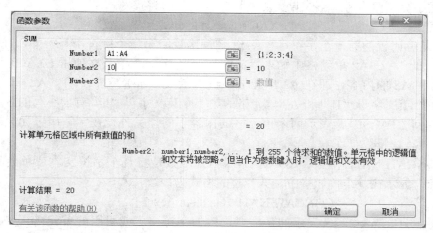

图 3-12　"函数参数"设定窗口

（2）AVERAGE 函数的应用

AVERAGE 函数是返回指定参数所对应数值的算术平均数，其完整的格式为：

$$AVERAGE（number1，[number2]，…）$$

其中，number1，number2 等是指定所要进行求平均值的参数，该函数只对参数的数值求平均数，如区域引用中包含了非数值的数据，则 AVERAGE 不把它包含在内。例如：A1：A4 中分别存放着数据 1 至 4，如果在 A5 中输入"=AVERAGE（A1：A4，25）"，则 A5 中的值为 7，即为（1+2+3+4+25）/5。但如果在上例中的 A3 单元格中输入了文本，比如说"杭州"，则 A5 的值就变成了 8，即为（1+2+4+25）/4，A3 虽然包含在区域引用内，但并没有参与平均值计算。

（3）IF 函数的应用

IF 函数是一个条件函数，其完整的格式为：

IF（logical_test，value_if_true，value_if_false）

其中，logical_test 是当值函数的逻辑条件，value_if_true 是当值为"真"时的返回值，value_if_false 是当值为"假"时的返回值。IF 函数的功能为对满足条件的数据进行处理，条件满足则输出 value_if_true，不满足则输出 value_if_false。注意，IF 函数的三个参数省略 value_if_true 或 value_if_false，但不能同时省略。另外，还可在 IF 函数中使用嵌套函数，最多可嵌套 7 层。

4．函数的分类

Excel 2010 共有 13 类 400 余个函数，涵盖了财务、日期、文本、逻辑、统计等各种不同领域的数据处理任务。以下将对 Excel 2010 的部分函数进行介绍。

（1）文本函数

在 Excel 2010 中，用户常常会遇到比较两个字符串大小、修改文本等操作，这时可以使用 Excel 2010 函数库中的文本函数，来帮助用户设置关于文本方面的操作。

下面介绍几个常用的文本函数。

① EXACT 函数。EXACT 函数是用来比较两个字符串是否完全相同。如果它们完全相同，则返回 TRUE，否则返回 FALSE。需要注意的是，EXACT 函数在判别字符串时，会区分英文的大小写，但不考虑格式设置的差异。其完整的格式为：

EXACT（text1，text2）

其中 text1 是待比较的第一个字符串，text2 是待比较的第二个字符串。例如，在 A1 单元格中输入"Hello"，在 A2 单元格中输入"hello"。然后在 A3 单元格使用 EXACT 函数来比较单元格 A1 和 A2 的内容，即在 A3 单元格中输入函数"=EXACT（A1，A2）"。由于 A1 单元格的第 1 个英文字母"H"和 A2 单元格的第 1 个英文字母"h"有大小写的区别，所以执行函数会返回"FALSE"，表示两个单元格的内容不同。另外，在字符串中如果有多余的空格，也会被视为不同。

② CONCATENATE 函数。CONCATENATE 函数是将几个字符文本或单元格中的数据连接在一起，显示在一个单元格中。其完整的格式为：

CONCATENATE（text1，[text2]，…）

其中，参数 text1，text2，…表示的是需要连接的字符文本或引用的单元格，该函数最多可以将 255 个文本字符串合并为一个文本字符串。连接项可以是文本、数字、单元格引用或这些项的组合。需要注意的是，如果其中的参数不是引用的单元格，且为文本格式的，请给参数加上英文状态下的双引号。另外，也可以使用连接符号（&）计算运算符代替该函数来连接文本项。例如，=A1 & B1 返回相同的值和使用=CONCATENATE（A1，B1）返回的值是相同的。

③ TEXT 函数。TEXT 函数可将数值转换为文本，并可使用户通过使用特殊格式字符串来指定显示格式。需要以可读性更高的格式显示数字或需要合并数字、文本或符号时，此函数很有用。其完整的格式为：

TEXT（value，format_text）

其中，value 参数可以是数值、计算结果是数值的公式、或对数值单元格的引用；format_text

为使用双引号括起来作为文本字符串的数字格式，具体的数字格式请参考 Excel 帮助。需要注意的是，Format_text 参数不能包含星号"*"。

　　使用 TEXT 函数可以帮助我们将数值以需要的文本格式输出。例如，输入"=TEXT（0.2，"0%"）"，会返回 20%。

　　④ SUBSTITUTE 函数。SUBSTITUTE 函数是实现替换文本字符串中某个特定字符串的函数，其完整的格式为：

　　　　　　　SUBSTITUTE（text，old_text，new_text，[instance_num]）

其中，参数 text 是原始内容或是单元格地址，参数 old_text 是要被替换的字符串，参数 new_text 是替换 old_text 的新字符串。执行函数实现的是将字符串中的 old_text 部分以 new_text 替换。如果字符串中含有多组相同的 old_text 时，可以使用参数 instance_num 来指定要被替换的字符串是文本字符串中的第几组。如果没有指定 instance_num 的值，默认情况下，文本中的每一组 old_text 都会被替换为 new_text。

　　⑤ REPLACE 函数。REPLACE 函数与 SUBSTITUTE 函数具有类似的替换功能，但它的使用方式较 SUBSTITUT 函数稍有不同。REPLACE 函数可以将某几位的文字以新的字符串替换，其完整的格式为：

　　　　　　　REPLACE（old_text，start_num，num_chars，new_text）

其中，参数 old_text 是原始的文本数据，参数 start_num 可以设置要从 old_text 的第几个字符位置开始替换，参数 num_chars 可以设置共有多少字符要被替换，参数 new_text 则是要用来替换的新字符串。

　　⑥ SEARCH 函数。SEARCH 函数是用来返回指定的字符串在原始字符串中首次出现的位置。一般在使用时，会先用 SEARCH 函数来决定某一个字符串在某特定字符串的位置，再用 REPLACE 函数来修改此文本，其完整的格式为：

　　　　　　　SEARCH（find_text，within_text，[start_num]）

其中，参数 find_text 是要查找的文本字符串，参数 within_text 则用于指定要在哪一个字符串查找，参数 start_num 则可以指定要从 within_text 的第几个字符开始查找，默认为 1。需要注意的是，在 find_text 中，可以使用通配符，如问号"？"和星号"*"。其中问号"？"代表任何一个字符，而星号"*"可代表任何字符串。如果要查找的字符串就是问号或星号，则必须在这两个符号前加上"～"符号。

　　另外还有 FIND 函数也是用于查找文本串的，它和 SEARCH 函数的区别在于：SEARCH 函数查找时不区分大小写，而 FIND 函数要区分大小写并且不允许使用通配符。

　　⑦ MID 函数。MID 函数用于返回文本字符串中从指定位置开始的特定数目的字符。其完整的格式为：

　　　　　　　MID（text，start_num，num_chars）

其中，参数 text 表示包含要提取字符的文本字符串，start_num 表示文本中要提取的第一个字符的位置，文本中第一个字符的 start_num 为 1，依此类推；num_chars 表示指定希望 MID 函数从文本中返回字符的个数。利用 MID 函数可以从身份证号码中提取我们所需要的信息。例如输入"=MID（"330205197710120891"，7，4）"，返回值"1977"，即获得了出生年份。

　　另外还有 LEFT 函数和 RIGHT 函数分别用于从文本字符串的左端和右端提取指定数目的文本。

（2）财务函数

财务函数是财务计算和财务分析的专业工具，有了这些函数的存在，可以快捷方便地解决复杂的财务运算，在提高财务工作效率的同时，更有效地保障了财务数据计算的准确性。

下面介绍几种处理财务中相关计算的函数。

① 使用 PMT 函数计算贷款按年、按月的偿还金额。

PMT 函数是基于固定利率及等额分期付款方式，返回贷款的每期付款额。其完整的格式为：

$$PMT（rate，nper，pv，[fv]，[type]）$$

其中，参数 rate 表示贷款利率；nper 表示该项贷款的付款总期数；pv 表示现值或一系列未来付款的当前值的累积和，也称为本金；fv 表示未来值，或在最后一次付款后希望得到的现金余额，如果省略 fv，则假设其值为 0（零），也就是一笔贷款的未来值为 0；type 为数字（零）或 1，用以指示各期的付款时间是在期初还是期末。

例如，张三决定向银行贷款 100000 元，年利息为 4.98%，贷款年限为 5 年，计算贷款年偿还和按月偿还的金额各是多少？

在计算时要注意利率和期数的单位一致，即年利率对年期数，月利率对月期数，其中月利率等于年利率除以 12，月期数等于年期数乘以 12。

其具体操作步骤如下：

第 1 步：在表格中选中相应的单元格（如 E1、E2、E3、E4）。

第 2 步：各个单元格中输入的函数为：

E1：=PMT（B3，B2，B1，0，1）；

E2：=PMT（B3，B2，B1，0，0）；

E3：=PMT（B3/12，B2*12，B1，0，1）

E4：=PMT（B3/12，B2*12，B1，0，0）

第 3 步：每个单元格设定好参数以后，单击"确定"按钮即可计算出相应的还款金额。最终行函数后的结果如图 3-13 所示。

	E1		f_x	=PMT(B3,B2,B1,0,1)	
	A	B	C	D	E
1	贷款金额	100000		按年偿还贷款金额（年初）	¥-21,989.63
2	贷款年限	5		按年偿还贷款金额（年末）	¥-23,084.71
3	年利息	4.98%		按月偿还贷款金额（年初）	¥-1,878.41
4				按月偿还贷款金额（年末）	¥-1,886.21
5					

图 3-13　使用 PMT 计算贷款还款金额

② 使用 IPMT 函数计算贷款指定期数应付的利息额。

IPMT 函数是基于固定利率及等额分期付款方式，返回指定期数内对贷款的利息偿还额。其完整的格式为：

$$IPMT（rate，per，nper，pv，[fv]，[type]）$$

其中，参数 per 表示用于计算其利息数额的期数，必须在 1 到 nper 之间，其他参数同 PMT 函数。

例如，以上例的贷款偿还表为例，计算前 6 个月每月应付的利息金额为多少元，如图 3-14 所示。

▲	A	B	C	D	E
1	贷款金额	100000		按年偿还贷款金额（年初）	￥-21,989.63
2	贷款年限	5		按年偿还贷款金额（年末）	￥-23,084.71
3	年利息	4.98%		按月偿还贷款金额（年初）	￥-1,878.41
4				按月偿还贷款金额（年末）	￥-1,886.21
5					
6				第一个月贷款利息金额	
7				第二个月贷款利息金额	
8				第三个月贷款利息金额	
9				第四个月贷款利息金额	
10				第五个月贷款利息金额	
11				第六个月贷款利息金额	
12					

图 3-14　贷款偿还表

其具体操作步骤如下。

第 1 步：在上表中选中相应的单元格（如 E6、E7、E8、E9、E10、E11）。

第 2 步：在各个单元格中使用 IPMT 函数，从弹出的参数设定窗口设定相应的参数。其中在各个单元格中输入的函数为：

E6：=IPMT（$B$3/12，1，$B$2*12，$B$1，0）；

E7：=IPMT（$B$3/12，2，$B$2*12，$B$1，0）；；

E8：=IPMT（$B$3/12，3，$B$2*12，$B$1，0）；

E9：=IPMT（$B$3/12，4，$B$2*12，$B$1，0）；

E10：=IPMT（$B$3/12，5，$B$2*12，$B$1，0）；

E11：=IPMT（$B$3/12，6，$B$2*12，$B$1，0）；

第 3 步：每个单元格设定好参数后，单击"确定"按钮即可计算出相应的还款金额。

③ 使用 FV 函数计算投资未来收益值。

FV 函数是基于固定利率及等额分期付款方式，返回某项投资的未来值。其完整的格式为：

$$FV（rate，nper，pmt，[pv]，[type]）$$

其中，参数 pmt 表示各期所应支付的金额，其数值在整个年金期间保持不变，其他参数表示与前面相同。

如，张三为某项工程进行投资，先投资 100000 元，年利率 4.98%，并在接下来的 5 年中每年再投资 5000 元。那么 5 年后应得到的金额是多少？

其具体操作步骤如下。

第 1 步：在上表中选定相应的单元格（如 C6）。

第 2 步：在选定的单元格中使用 FV 函数，从弹出的参数设定窗口（如图 3-15 所示）设定相应的参数。

第 3 步：单击"确定"按钮即可完成 FV 函数的输入，其结果如图 3-16 所示。

④ 使用 PV 函数计算某项投资所需要的金额。

PV 函数计算的是一系列未来付款的当前值的累积和，返回的是投资现值。其完整的格式为：

$$PV（rate，nper，pmt，[fv]，[type]）$$

参数表示与前面相同。

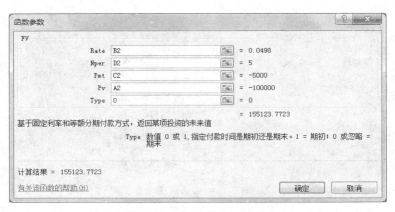

图 3-15　FV 函数参数设定

	A	B	C	D
1	先投资金额	年利率	每年再投资金额	再投资年限
2	-100000	4.98%	-5000	5
3				
4				
5				
6	5年以后得到的金额		¥155,123.77	
7				

图 3-16　FV 函数执行结果

例如，某个项目预计每年投资 10000 元，投资年限 10 年，其回报年利率是 10%，那么预计投资多少金额？

其具体操作步骤如下。

第 1 步：在上表中选定相应的单元格（如 B12）。

第 2 步：在选定的单元格中使用 PV 函数。从弹出的参数设定窗口（如图 3-17 所示）设定相应的参数。

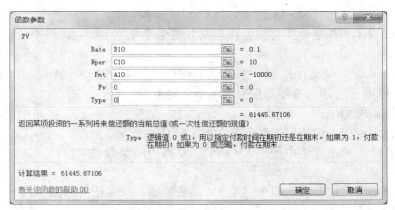

图 3-17　PV 函数的设定

第 3 步：单击"确定"按钮即可完成 FV 函数的输入，其结果如图 3-18 所示。

⑤ 使用 RATE 函数计算年金利率。

RATE 函数计算年金的各期利率，其完整的格式为：

RATE（nper，pmt，pv，[fv]，[type]，[guess]）

	每年投资金额	年利率	年限
8			
9			
10	-10000	10%	10
11			
12	预计投资金额	¥61,445.67	
13			

图 3-18　PV 函数执行结果

其中，参数 guess 表示预期利率，如果省略预期利率，则假设该值为 10%，其他参数与前面相同。函数 RATE 通过迭代法计算得出，并且可能无解或有多个解。如果在进行 20 次迭代计算后，函数 RATE 的相邻两次结果没有收敛于 0.0000001，函数 RATE 将返回错误值 #NUM!。如果函数 RATE 不收敛，请改变 guess 的值。通常当 guess 位于 0 到 1 之间时，函数 RATE 是收敛的。

例如，张三买房申请了 10 年期贷款 200000 元，每月还款 2000，那么贷款的月利率和年利率各是多少？

其具体操作步骤如下。

第 1 步：选定单元格 B4。

第 2 步：在选定的单元格中使用 RATE 函数，在弹出的参数设定窗口中填入相应的参数，如图 3-19 所示。

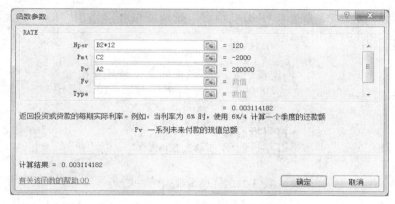

图 3-19　RATE 函数参数设定

第 3 步：设定好参数以后，单击"确定"按钮即可计算出相应的还款金额。其中，月利率的计算公式为"=RATE（B2*12，C2，A2）"，年利率的计算公式为"=RATE（B2*12，C2，A2）*12"。单元格显示的数据格式设置为百分比，小数点后 4 位。

⑥ 使用 SLN 函数计算设备每日、每月、每年的折旧值。

SLN 函数计算的是某项资产在一个期间中的线性折旧值。其完整的格式为：

$$SLN（cost，salvage，life）$$

其中，cost 表示的是资产原值；salvage 表示的是资产在折旧期末的价值，即资产残值；life 表示的是折旧期限，即资产的使用寿命。

例如，张三拥有一家固定资产总值为 100000 元的店铺，使用 10 年后的资产残值估计为 15000 元，那么每天、每月、每年固定资产的折旧值为多少？

其具体操作步骤如下。

第 1 步：在上表中选定相应的单元格（如 B4，B5，B6）。

第 2 步：在选定的单元格中使用 SLN 函数，从弹出的参数设定窗口（如图 3-20 所示）设定相应的参数。在各个单元格中输入的函数为

B4：=SLN（A2，B2，C2*365）

B4：=SLN（A2，B2，C2*12）

B4：=SLN（A2，B2，C2）

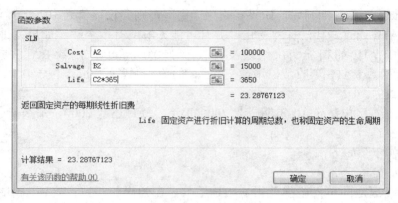

图 3-20　SLN 函数的参数设定

第 3 步：每次设定好参数后，单击"确定"按钮即可计算出相应的还款金额。最终执行函数后的结果，如图 3-21 所示。

	A	B	C
1	固定资产金额	资产残值	使用年限
2	100000	15000	10
3			
4	每天折旧率	¥23.29	
5	每月折旧率	¥708.33	
6	每年折旧率	¥8,500.00	
7			

图 3-21　SLN 函数执行结果

（3）日期与时间函数

在 Excel 2010 中，日期与时间函数是在数据表的处理过程中相当重要的处理工具。利用日期与时间函数，可以很容易地分析或操作公式中与日期和时间有关的值。下面将介绍几个常用的日期与时间函数。

① DATE 函数。DATE 函数是计算某一特定日期的系列编号，其完整的格式为：

DATE（year，month，day）

其中，参数 year 表示为指定年份；month 表示每年中月份的数字；day 表示在该月份中第几天的数字。如果所输入的月份 month 值大于 12，将从指定年份一月份开始往上累加，例如，DATE（2008，15，2）返回代表 2009-3-2。如果所输入的天数 day 值大于该月份的最大天数时，将从指定月数的第一天开始往上累加，例如，DATE（2009，1，36）返回代表 2009-2-5。

另外，由于 Excel 使用的是从 1900-1-1 开始的日期系统，所以若 year 是介于 0 和 1899 之间，则 Excel 会自动将该值加上 1900，再计算 year，例如，DATE（108，8，8）会返回

2008-8-8；若 year 是介于 1900 和 9999 之间，则 Excel 将使用该数值作为 year，例如，DATE（2009，8，2）将返回 2009-8-2；若 year 是小于 0 或者是大于 10000，则 DATE 函数会返回错误值#NUM！。

②　DAY 函数。DAY 函数是返回指定日期所对应的当月中第几天的数值，介于 1 和 31 之间，其完整的格式为：

DAY（serial_number）

其中，参数 serial_number 表示指定的日期或数值。关于 DAY 函数的使用有以下两种方法：①参数 serial_number 使用日期输入，例如，在相应的单元格中输入"＝DAY（"2008-1-2"）"则返回值为 2；②参数 serial_number，使用数值的输入，例如，在相应的单元格中输入"＝DAY（39814）"，则返回值为 1。在 Excel 中，系统将 1900 年 1 月 1 日对应于序列号 1，后面的日期都是相对于这个时间进行对序列号的累加，例如 2009 年 1 月 1 日所对应的序列号为 39814。

在使用 DAY 函数时，用户可以发现在 DAY 函数参数设定窗口内，在键入日期值的同时，参数输入栏的右边会同时换算出相应的序列号，如图 3-22 所示。

与 DAY 函数类似的还有 MONTH 函数（用于取得月份数）和 YEAR 函数（用于取得年份数）。

图 3-22　DAY 函数参数设定

③　TODAY 函数。TODAY 函数用于返回当前系统的日期，其完整的格式为：

TODAY（）

其语法形式中无参数，若要显示当前系统的日期，可在相应单元格中输入"＝TODAY（）"，按 Enter 键后显示当前系统的日期，如图 3-23 所示。

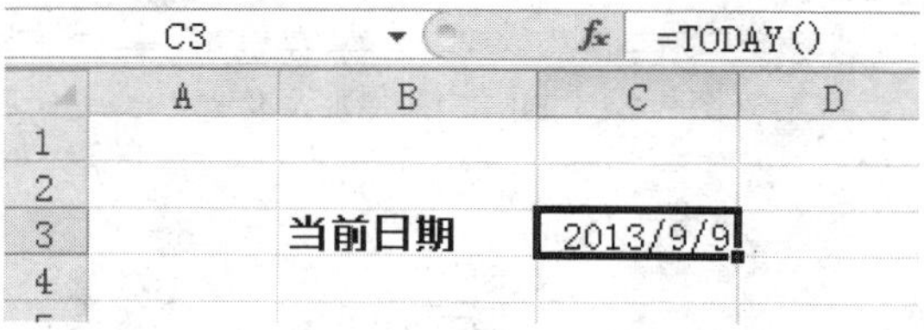

图 3-23　TODAY 函数执行结果

与 TODAY 函数相关的还有 NOW 函数，用于取得当前的日期和时间。例如，输入"＝NOW（）"，则返回"2013/9/9　9：33"。这实际上是一个带小数的数字，其中整数部分是日期，小数部分是时间。

④　TIME 函数。TIME 函数是返回某一特定时间的小数值，它返回的小数值为 0～

0.99999999，代表 0：00：00（12：00：00AM）和 23：59：59（11：59：59PM）之间的时间，其完整的格式为：

$$TIME（hour，minute，second）$$

其中，参数 hour 表示的是 0～23 的数，代表小时；参数 minute 表示的是 0～59 的数，代表分；参数 second 表示的是 0～59 的数，代表秒。根据指定的数据转换成标准的时间格式，可以使用 TIME 时间函数来实现，例如在相应单元格中输入"＝TIME（6，30，50）"，按 Enter 键能显示标准时间格式"6：30：50AM"，又如输入"＝TIME（22，20，35）"，按回车键后显示标准时间格式"10：20：35PM"。

或者通过使用函数参数设定窗口进行参数的设定，如图 3-24 所示，完成之后，单击"确定"按钮即可。

与时间相关的还有 HOUR 函数、MINUTE 函数和 SECOND 函数，分别用于取得小时数、分钟数和秒数。

⑤ WORKDAY 函数。WORKDAY 函数返回在某日期（起始日期）之前或之后、与该日期相隔指定工作日的某一日期的日期值。工作日不包括周末和专门指定的假日。

WORKDAY 函数的具体语法结构为：

$$WORKDAY（start\_date，days，[holidays]）$$

其中，参数 start_date 表示起始日期，days 表示指定工作日天数，holidays 表示指定的假日。例如，计算从 2013-4-28 开始的 6 个工作日的日期，其中 2013-5-1 和 2013-5-2 为假日，则输入"＝WORKDAY（D1，D2，D3，D4）"，返回值为"2013-5-8"，如图 3-25 所示。

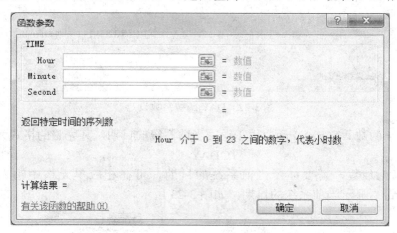

图 3-24　TIME 函数参数设定

图 3-25　WORKDAY 函数计算结果

WORKDAY 函数默认周末为周六和周日两天，如果要指定其他类型的周末，应使用

WORKDAY.INTL 函数。

（4）查找与引用函数

在一个工作表中，可以利用查找与引用函数功能按指定的条件对数据进行快速查询、选择和引用。下面介绍几个常用的查找与引用函数。

① VLOOKUP 函数。VLOOKUP 函数可以从一个数组或表格的最左列中查找含有特定值的字段，再返回同一列中某一指定单元格中的值。其完整的格式为：

VLOOKUP（lookup_value，table_array，col_index_num，[range_lookup]）

其中，参数 lookup_value 是要在数组中搜索的数据，它可以是数值、引用地址或文字字符串。参数 table_array 是要搜索的数据表格、数组或数据库。参数 col_index_num 则是一个数字，代表要返回的值位于 table_array 中的第几列。参数 range_lookup 是个逻辑值，如果其值为“TRUE”或被省略，则返回精确匹配值或近似匹配值。如果找不到精确匹配值，则返回小于 lookup_value 的最大值。如果该值为“FALSE”时，VLOOKUP 函数将只查找精确匹配值。如果 table_array 的第一列中有两个或更多值与 lookup_value 匹配，则使用第一个找到的值。如果找不到精确匹配值，则返回错误值#N/A。另外，如果 range_lookup 为“TRUE”，则 table_array 第一列的值必须以递增次序排列，这样才能找到正确的值。如果 range_lookup 是“FALSE”，则 table_array 不需要先排序。

一般情况下，都是利用 VLOOKUP 函数来实现对单个条件的查询，但也可以结合 If 函数实现对多个条件的查询。例如，在 F2 单元格中输入数组公式“＝VLOOKUP（E2，$A$2：$C$10，2，0）”，即可获得产品型号为 A01 的产品名称，如图 3-26 所示。

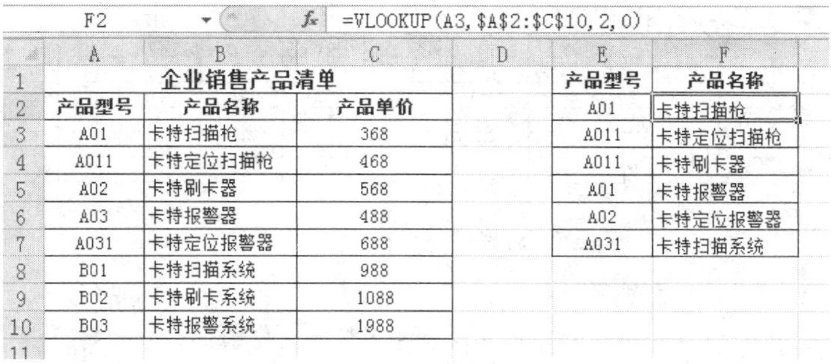
F2　fx　=VLOOKUP(A3,$A$2:$C$10,2,0)

	A	B	C	D	E	F
1	企业销售产品清单				产品型号	产品名称
2	产品型号	产品名称	产品单价		A01	卡特扫描枪
3	A01	卡特扫描枪	368		A011	卡特定位扫描枪
4	A011	卡特定位扫描枪	468		A011	卡特刷卡器
5	A02	卡特刷卡器	568		A01	卡特报警器
6	A03	卡特报警器	488		A02	卡特定位报警器
7	A031	卡特定位报警器	688		A031	卡特扫描系统
8	B01	卡特扫描系统	988			
9	B02	卡特刷卡系统	1088			
10	B03	卡特报警系统	1988			
11						

图 3-26　VLOOKUP 函数

② HLOOKUP 函数。HLOOKUP 函数可以用来查询表格第一行的数据。其完整的格式为：

HLOOKUP（lookup_value，table_array，row_index_num，[range_lookup]）

其中，参数 lookup_value 是要在表格第一行中搜索的值，参数 table_array 与参数 rang_lookup 的定义与 VLOOKUP 函数类似。参数 row_index_num 则代表所要返回的值位于 table_array 列中第几行。参数 rang_lookup 的用法同 VLOOKUP 函数。

（5）数据库函数

数据库函数是用于对存储在数据清单或数据库中的数据进行分析，判断其是否符合特定的条件。如果能够灵活运用这类函数，就可以方便地分析数据库中的数据信息。

① 数据库函数的参数含义。典型的数据库函数，表达的完整格式为：

函数名称（database，field，criteria）

其中，参数 database 为构成数据清单或数据库的单元格区域。数据库是包含一组相关数据的数据清单，其中包含相关信息的行为记录，而包含数据的列为字段。数据清单的第一行包含着每一列的标志项。参数 field 为指定函数所使用的数据列。数据清单中的数据列必须在第一行具有标志项。field 可以是文本，即两端带引号的标志项，也可以是代表数据清单中数据列位置的数字：1 表示第 1 列，2 表示第 2 列，依此类推。参数 criteria 为一组包含给定条件的单元格区域。任意区域都可以指定给参数 criteria，但是该区域中至少包含一个列标志和列标志下方用于设定条件的单元格。

这类函数具有一些共同特点。

● 每个函数均有三个参数：database、field 和 criteria。这些参数指向函数所使用的工作表区域。

● 数据库函数都以字母 D 开头。

● 如果将字母 D 去掉，可以发现其实大多数数据库函数已经在 Excel 的其他类型函数中出现过了。比如 DAVERAGE 将 D 去掉的话，就是求平均值的函数 AVERAGE。

② DCOUNT 函数。DCOUNT 函数的功能是返回列表或数据库中满足指定条件的记录字段（列）中包含数值单元格的个数，其函数的完整格式为：

DCOUNT（database，field，criteria）

下面以计算学生成绩表中性别为"男"且"总数"大于 400 分的人数为例，介绍 DCOUNT 函数的应用，其具体操作步骤如下。

第 1 步：在学生成绩表中选择任何空白区域输入条件区域数据，如图 3-27 所示。

	A	B	C	D	E	F	G	H	I
1	学号	姓名	性别	语文	数学	英语	信息技术	体育	总分
2	001	钱梅宝	男	88	98	82	85	90	443
3	002	张平光	男	100	98	100	97	87	482
4	003	许动明	男	89	87	87	85	70	418
5	004	张 云	女	77	76	80	78	85	396
6	005	唐 琳	女	98	96	89	99	80	462
7									
8									
9			性别	总分					
10			男	>400					
11									

图 3-27　选择区域输入条件区域数据

第 2 步：选中输出结果单元格（该处选中"E9"单元格）。

第 3 步：在选中的单元格中输入公式"＝DCOUNT（A1：I6，，C9：D10）"，按 Enter 键，可得到目标分数（男性且总数在 400 分以上）的人数，如图 3-28 所示。

E9			fx	=DCOUNT(A1:I6,,C9:D10)					
	A	B	C	D	E	F	G	H	I
1	学号	姓名	性别	语文	数学	英语	信息技术	体育	总分
2	001	钱梅宝	男	88	98	82	85	90	443
3	002	张平光	男	100	98	100	97	87	482
4	003	许动明	男	89	87	87	85	70	418
5	004	张 云	女	77	76	80	78	85	396
6	005	唐 琳	女	98	96	89	99	80	462
7									
8									
9			性别	总分	3				
10			男	>400					

图 3-28　DCOUNT 函数执行结果

　　另外还有 DCOUNTA 函数，用于统计满足指定条件的记录字段（列）中的非空单元格的个数。

　　③ DGET 函数。DGET 函数是用于从列表或数据库的列中提取符合指定条件的单个值，其函数的完整格式为：

DGET（database，field，criteria）

　　下面以提取"总分"大于 400 分且为"女"的学生姓名为例，介绍 DGET 函数的应用。其具体操作步骤如下。

　　第 1 步：在学生成绩表中选择任何空白区域输入条件区域数据。

　　第 2 步：选中输出结果单元格（该处选中"E9"单元格）。

　　第 3 步：在选中单元格中输入公式"＝DGET（A1：I6，2，C9：D10）"，按 Enter 键，可以得到"总分"大于 400 分且为"女"的学生姓名，如图 3-29 所示。

图 3-29　DGET 函数执行结果

　　值得注意的是：对于 DGET 函数，如果没有满足条件的记录，则返回错误值"#VALUE！"。如果有多个记录满足条件，将返回错误值"#NUM！"。

　　④ DAVERAGE 函数。DAVERAGE 函数是计算列表或数据库的列中满足指定条件的数值的平均值。其函数的完整格式为：

DAVERAGE（database，field，criteria）

　　下面以计算学生成绩表中男同学英语平均成绩为例，介绍 DAVERAGE 函数的应用，其具体操作步骤如下。

　　第 1 步：在学生成绩表中选择任何空白区域输入条件区域数据。

　　第 2 步：选中输出结果单元格（该处选中"E9"单元格）

　　第 3 步：在选中单元格输入函数公式"＝DAVERAGE（A1：I6，6，C9：C10）"，按 Enter 键，即可得到男同学的英语平均成绩，如图 3-30 所示。

图 3-30　DAVERAGE 函数执行结果

⑤ DMAX 函数。DMAX 函数的功能是返回列表或数据库的列中满足指定条件的最大值。其函数的完整格式为：

DMAX（database，field，criteria）

下面以计算学生成绩表中总分最高的男生成绩为例，介绍 DMAX 函数的使用，其具体操作步骤如下。

第 1 步：在学生成绩表中选择任何空白区域输入条件区域数据。

第 2 步：选中输出结果单元格（该处选中"E9"单元格）。

第 3 步：在选中单元格中输入函数公式"=DMAX（A1：I6，9，C9：C10）"，按 Enter 键，即可得到总分最高的男生成绩，如图 3-31 所示。

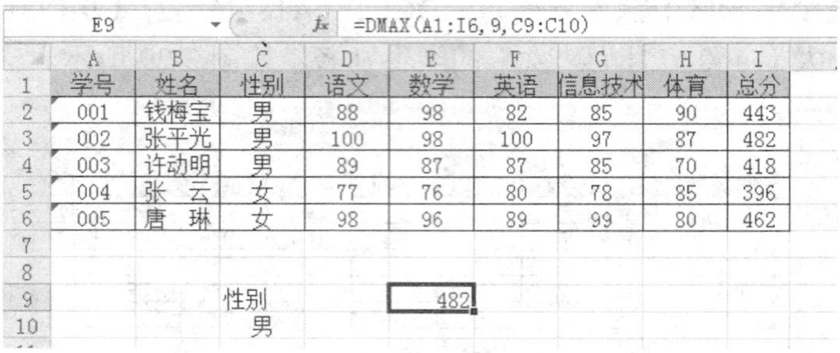

	A	B	C	D	E	F	G	H	I
					=DMAX(A1:I6,9,C9:C10)				
1	学号	姓名	性别	语文	数学	英语	信息技术	体育	总分
2	001	钱梅宝	男	88	98	82	85	90	443
3	002	张平光	男	100	98	100	97	87	482
4	003	许动明	男	89	87	87	85	70	418
5	004	张 云	女	77	76	80	78	85	396
6	005	唐 琳	女	98	96	89	99	80	462
7									
8									
9			性别		482				
10			男						

图 3-31　DMAX 函数执行结果

有关 DMIN 函数的用法与 DMAX 类似，在此不再赘述。

⑥ DSUM 函数。DSUM 函数用来返回列表或数据库中满足指定条件的记录字段（列）中的数字之和，其函数的完整格式为：

DSUM（database，field，criteria）

下面以计算男生英语分数总和为例，介绍 DSUM 函数的用法，其具体操作步骤如下。

第 1 步：在学生成绩表中选择任何空白区域输入条件区域数据。

第 2 步：选中输出结果单元格（该处选中"E9"单元格）。

第 3 步：在选中单元格中输入函数公式"=DSUM（A1：I6，6，C9：C10）"，按 Enter 键即可得到相应的结果，如图 3-32 所示。

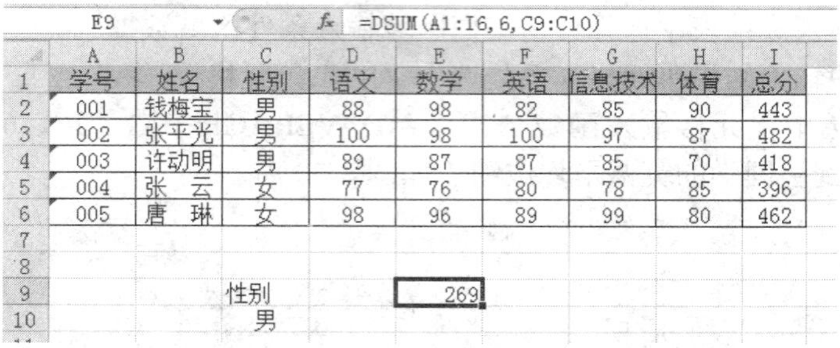

	A	B	C	D	E	F	G	H	I
					=DSUM(A1:I6,6,C9:C10)				
1	学号	姓名	性别	语文	数学	英语	信息技术	体育	总分
2	001	钱梅宝	男	88	98	82	85	90	443
3	002	张平光	男	100	98	100	97	87	482
4	003	许动明	男	89	87	87	85	70	418
5	004	张 云	女	77	76	80	78	85	396
6	005	唐 琳	女	98	96	89	99	80	462
7									
8									
9			性别		269				
10			男						

图 3-32　DSUM 函数执行结果

（6）统计函数

Excel 2010 在数据统计处理方面提供了非常丰富的函数，利用这些函数可以完成日常的数据统计任务。下面介绍几个常用的统计函数。

① AVERAGEIF 函数。AVERAGEIF 函数返回某个区域内满足给定条件的所有单元格的算术平均值。

AVERAGEIF 函数的具体语法结构为：

AVERAGEIF（range，criteria，[average_range]）

其中，参数 range 表示要计算平均值的一个或多个单元格，包括数字或包含数字的名称、数组或引用；criteria 为数字、表达式、单元格引用或文本形式的条件，用于定义要对哪些单元格计算平均值，例如 22、“22”、“>22”、“杭州”或 B4；average_range 表示要计算平均值的实际单元格集，如果忽略，则使用 range。但需要注意的是，average_range 不必与 range 的大小和形状相同，求平均值的实际单元格是通过使用 average_range 中左上方的单元格作为起始单元格，然后加入与 range 的大小和形状相对应的单元格确定的。例如，range 是 A1：B4，average_range 是 C1：C2，但实际上计算平均值的范围 C1：D4。

如果我们要计算销售清单中，销售量大于 4 的产品的平均单价，在单元格中输入“=AVERAGEIF（E9：E50，“>4”，D9：D50）”，即可得到返回值“544.67”，如图 3-33 所示。

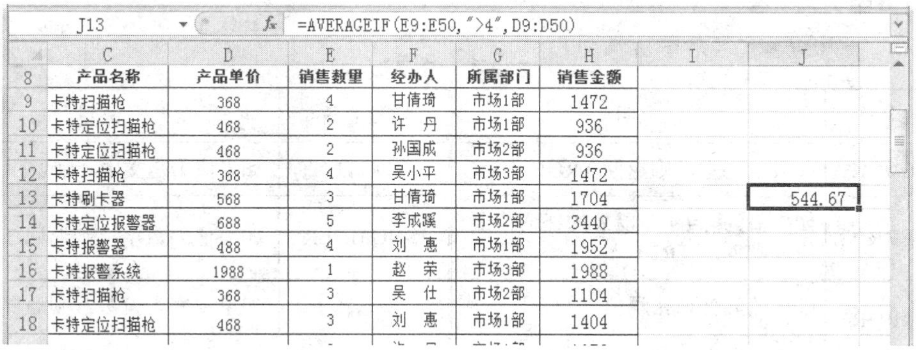

J13　　=AVERAGEIF(E9:E50,">4",D9:D50)

	C	D	E	F	G	H	I	J
8	产品名称	产品单价	销售数量	经办人	所属部门	销售金额		
9	卡特扫描枪	368	4	甘倩琦	市场1部	1472		
10	卡特定位扫描枪	468	2	许　丹	市场1部	936		
11	卡特定位扫描枪	468	2	孙国成	市场2部	936		
12	卡特扫描枪	368	4	吴小平	市场3部	1472		
13	卡特刷卡器	568	3	甘倩琦	市场1部	1704		544.67
14	卡特定位报警器	688	5	李成蹊	市场2部	3440		
15	卡特报警器	488	4	刘　惠	市场1部	1952		
16	卡特报警系统	1988	1	赵　荣	市场3部	1988		
17	卡特扫描枪	368	3	吴　仕	市场2部	1104		
18	卡特定位扫描枪	468	3	刘　惠	市场1部	1404		

图 3-33　AVERAGEIF 函数计算结果

② 计数函数 COUNT。COUNT 函数用于返回数值参数的个数。即统计数组或单元格区域中含有数值类型的单元格个数。其完整的格式为：

COUNT（valuel，[value2]，…）

其中，value1，value2，…表示包含或引用各种类型数据的参数，函数可以最多附带 1～256 个参数，其中只有数值类型的数据才能被统计。

类似于 COUNT 函数这样的还有：COUNTA 函数返回参数组中非空值的数目；COUNTBLANK 函数计算某个单元区域中空白单元格的数目；COUNTIF 函数计算区域内符合给定条件的单元格的数量；COUNTIFS 函数计算区域内符合多少个条件的单元格的数量。

③ 排位统计函数 RANK.EQ。RANK.EQ 函数的功能是返回一个数值在一组数值中的排位，如果多个值具有相同的排位，则返回该组数值的最高排位。其完整的格式为：

RANK.EQ（number，ref，[order]）

其中，number 表示需要找到排位的数字，ref 表示数字列表数组或对数字列表的引用，ref 中的非数值型值将被忽略。order 指明数字排位的方式。如果 order 为 0（零）或省略，Excel 对数字的排位是基于 ref 为按照降序排列的列表。如果 order 不为零，Microsoft Excel 对数字的排位是基于 ref 为按照升序排列的列表。函数 RANK.EQ 对重复数的排位相同，但重复数的存在将影响后续数值的排位。

另外还有 RANK.AVG 函数，也是返回一个数字在数字列表中的排位，数字的排位是其大小与列表中其他值的比值；如果多个值具有相同的排位，则将返回平均排位。其他统计函数还有：MAX 函数，返回参数列表中的最大值；MAXA 函数，返回参数列表中的最大值，包括数字、文本和逻辑值；MIN 函数，返回参数列表中的最小值；MINA 函数，返回参数列表中的最小值，包括数字、文本和逻辑值；MEDIAN 函数，返回给定数值集合的中值；LARGE 函数，返回数据集中第 k 个最大值；SNALL 函数，返回数据集中的第 k 个最小值。

（7）其他类型的函数

① IS 类函数。ISTEXT 是 IS 类函数。ISTEXT 函数是用来测试单元格中的数据是否为文本，其返回值为逻辑值"TRUE"或"FALSE"。其完整的格式为：

ISTEXT（value）

参数 value 是想要测试的值或单元格地址。

在 Excel 函数库中，IS 类函数除了 ISTEXT 函数之外，还有其他用来测试数值或引用类型的函数，它们会检查数值的类型，并且根据结果返回"TRUE"或"FALSE"。表 3-4 为这些函数的说明。

表 3-4 IS 函数

函数名称	说明	函数名称	说明
ISBLANK	如果值为空，则返回 TRUE	ISNONTEXT	如果值不是文本，则返回 TRUE
ISERR	如果值为除#N/A 以外的任何错误值，则返回 TRUE	ISNUMBER	如果值为数字，则返回 TRUE
ISERROR	如果值为任何错误值，则返回 TRUE	ISODD	如果数字为奇数，则返回 TRUE
ISEVEN	如果数字为偶数，则返回 TRUE	ISREF	如果值为引用值，则返回 TRUE
ISLOGICAL	如果值为逻辑值，则返回 TRUE	ISTEXT	如果值为文本，则返回 TRUE
ISNA	如果值为错误值#N/A，则返回 TRUE		

② TYPE 函数。TYPE 函数是另一种测试单元格是否为文本的方法，其可以返回测试值的数据类型，其完整的格式为：

TYPE（value）

参数 value 可以是任何数据值，如数字、文本、逻辑值等。如果测试值 value 是数字，则函数会返回 1；如果测试值 value 是文本，则函数会返回 2；如果测试值 value 是逻辑值，则函数会返回 4；如果测试值 value 是错误值，则函数会返回 16；如果测试值 value 是数组型，则函数会返回 64。

③ 数学函数。Excel 中有很多数学函数，除了前面介绍过的以外，常用的还有以下几个：ABS 函数返回数字的绝对值；MOD 函数返回除法的余数；PRODUCT 函数返回其参数的乘积；QUOTIENT 函数返回除法的整数部分。

④ 逻辑函数。Excel 2010 中逻辑函数一共有 7 个，除了前面介绍过的 IF 函数，常用的还有 AND 函数、OR 函数和 NOT 函数。

AND 函数用于当所有的参数的计算结果为 TRUE 时，返回 TRUE；而只要有一个参数的计算结果为 FALSE，即返回 FALSE。

OR 函数用于当所有参数的计算结果 FALSE 时，返回 FALSE；而只要有一个参数的计算结果为 TRUE，即返回 TRUE。

NOT 函数用于对参数的逻辑值取反。

3.1.3　数据排序

所谓排序，是指按照一定的顺序对数据重新进行整理和排列，以便为进一步的数据处理和分析做准备。通过使用排序功能，可以根据某特定列的内容来重新排列工作表的各行。Excel 可以按用户的要求以默认序列按升序或降序排序，也可以按单列或多列排序，还可以按自定义的序列排序。

1. 默认的排序次序

Excel 可以根据数字、字母和日期等顺序排列数据。排列有升序和降序两种，按升序排列时，Excel 使用如下顺序进行排序。

① 数字。从最小的负数到最大的正数进行排序，在排序时将日期和时间也视为数字。在任何情况下都使用单元格中的真实值（而不是格式形式）进行排序。

② 文本。文本和包含数字的文本按照如下顺序进行排序：123456789（空格）!"# $%&( ) *, ./:；? @ [\] ^_'{|}~+<=> A B C D E F G H I J K L M N O P Q R S T U V W X Y Z。

③ 逻辑值。其中有 FALSE 的排在 TRUE 之前。

④ 错误值。所有的错误值将以初始值顺序排列，不会按照错误类型的不同进行排列。

⑤ 空单元格。总是排在最后。

按降序排列时，除了空白单元格还是在最后外，其他的排列次序与上面的排列顺序相反。

Excel 对数据进行排序时遵循以下原则。

① 如果按某一列来排序，那么该列上的完全相同的行将保持它们原来的次序。

② 在排序列中有空白单元格的行会被放在数据清单的最后一行。

③ 隐藏行不会被排序，除非它们是分级显示的一部分。

④ 排序被选中的部分区域中如果包含选定的列、顺序（升序或降序）等，则在最后一次排序后会被保存下来，直到修改它们，或者修改选定区域或列标志为止。

⑤ 如果按一个以上的列进行排序，主要列中有完全相同项的行会根据指定的第二列作排序，第二列中有完全相同项的行会根据指定的第三列进行排序，依此类推。

2. 普通排序

最简单的排序操作是使用"数据"选项卡上"排序和筛选"组中的命令。在"排序和筛选"组中有两个用于排序的命令，图 3-34 中，标有 AZ 与向下箭头的按钮用于按升序方式排序，标有 ZA 与向下箭头的按钮用于降序方式排序，选中表格或数据区域的某一列后，即可执行这两个命令进行升序或降序排序。

对于数据内容较多的表格或数据区域，或者只想对某区域进行排序，可以使用图 3-34 中的"排序"命令进行操作。操作时，屏幕上将显示如图 3-35 所示的"排序"对话框，条件的字段包括列、排序依据和次序。可以通过添加条件进行排序，或删除不需要的条件，另外也可以通过复制条件快速输入条件。各项功能如下所述。

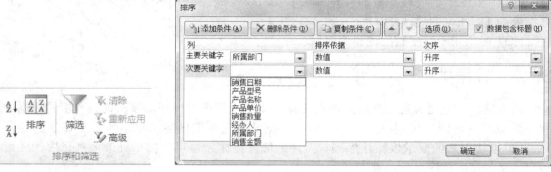

图 3-34　"排序"按钮　　　　　　　　　图 3-35　"排序"对话框

① 列。排序的列有两种："主要关键字"和"次要关键字"。"主要关键字"只允许设置一个，并且一定是第一个条件，次要关键字则可以添加多个。如果设置了多个条件，既包括"主要关键字"和"次要关键字"，Excel 首先按"主要关键字"进行排序，如果前面设置的"主要关键字"列中出现了重复项，就按"次要关键字"来排序重复部分。

② 排序依据：包括数值、单元格颜色、字体颜色、单元格图标等，默认选择数值。

③ 次序：可按升序、降序和自定义序列排序，默认为升序。

④ 数据包含标题：在数据排序时，是否包含标题行。

现在我们对 3 月份销售统计报表按照部门对销售金额进行从高到低的排序。下面是进行排序的操作步骤。

第 1 步：单击表格中的任一单元格，或选中要排序的整个表格。本例中，可单击 A2：H44 中的任一单元格，也可以选择整个 A2：H44 区域。

第 2 步：选择"数据"选项卡下的"排序和筛选"组"排序"命令，系统会显示图 3-36 所示的对话框。

图 3-36　设置好的"排序"对话框

第 3 步：从对话框的"主要关键字"下拉列表中选择排序关键字（下拉列表中包括所有列标题名称），选择"所属部门"。

第 4 步：指定"排序依据"为"数值"，排序的"次序"选择"升序"。

第 5 步：单击"添加条件"，出现"次要关键字"及下拉列表，从"次要关键字"的下拉列表中选择排序次要关键字"销售金额"。

第 6 步：指定"排序依据"为"数值"，因为要求按金额从高到低排序，因此排序的"次序"选择"降序"，如图 3-36 所示。

第 7 步：单击"确定"按钮，最后的效果如图 3-37 所示。

	A	B	C	D	E	F	G	H
1	3 月 份 销 售 统 计 表							
2	销售日期	产品型号	产品名称	产品单价	销售数量	经办人	所属部门	销售金额
3	2007/3/27	B01	卡特扫描系统	988	5	刘 惠	市场1部	4940
4	2007/3/20	B01	卡特扫描系统	988	4	刘 惠	市场1部	3952
5	2007/3/14	A02	卡特刷卡器	568	4	刘 惠	市场1部	2272
6	2007/3/16	A01	卡特扫描枪	368	3	甘倩琦	市场1部	1104
7	2007/3/29	A01	卡特扫描枪	368	3	刘 惠	市场1部	1104
8	2007/3/29	A01	卡特扫描枪	368	3	许 丹	市场1部	1104
9	2007/3/1	A011	卡特定位扫描枪	468	2	许 丹	市场1部	936
10	2007/3/12	A01	卡特扫描枪	368	2	刘 惠	市场1部	736
11	2007/3/15	A02	卡特刷卡器	568	1	许 丹	市场1部	568
12	2007/3/2	A031	卡特定位报警器	688	5	李成蝶	市场2部	3440
13	2007/3/13	A03	卡特报警器	488	5	吴 仕	市场2部	2440
14	2007/3/19	A02	卡特刷卡器	568	4	孙国成	市场2部	2272

图 3-37　排序效果图

3.1.4　数据筛选

筛选是指从数据清单（数据库）中找出符合特定条件的数据，经过筛选的数据清单只显示满足指定条件的行，该条件由用户针对某列定制。除了可以通过设置筛选条件来筛选数据清单中的记录外，还可以使用自动筛选、高级筛选等筛选方式来筛选数据。

1．设置筛选条件

筛选条件可以分为两类，一类是比较运算符，另一类是通配符。

比较运算符就是一些关系表达式。在 Excel 中常用的比较运算符有小于（<）、等于（=）、大于（>）、小于等于（<=）、大于等于（>=）以及不等于（<>）。

常用的通配符由"？"和"*"，其中"？"用来代替一个字符，而"*"用来代替多个字符。如果要查找"？"和"*"，需要在它们前面加上一个转义字符"～"，这样 Excel 就不会将"？"和"*"当做通配符了。

2．自动筛选

自动筛选就是按照选定的条件进行筛选，适用于简单的筛选工作。通常在数据列表的一列中有多个符合条件的值，使用自动筛选功能将能够在具有大量数据记录的数据列表中快速查找符合指定条件的记录。

（1）单条件筛选

所谓单条件筛选，是指将符合单一条件的数据筛选出来。例如图 3-38 所示的数据清单，现需要通过自动筛选得到考评为"合格"的记录，其具体操作步骤如下。

第 1 步：选中需要筛选的数据清单中的任意一个单元格。

第 2 步：切换到"数据"选项卡。单击"排序和筛选"选项组中的"筛选"按钮，数据清单进入自动筛选状态，这时每个列标题右侧出现一个下拉按钮。

第 3 步：单击"考评"单元格右侧的下拉按钮，弹出下拉列表，如图 3-39 所示。

第 4 步：取消选中"全选"复选框，再选中"合格"复选框。单击"确定"按钮即可得到自动筛选的结果，如图 3-40 所示。

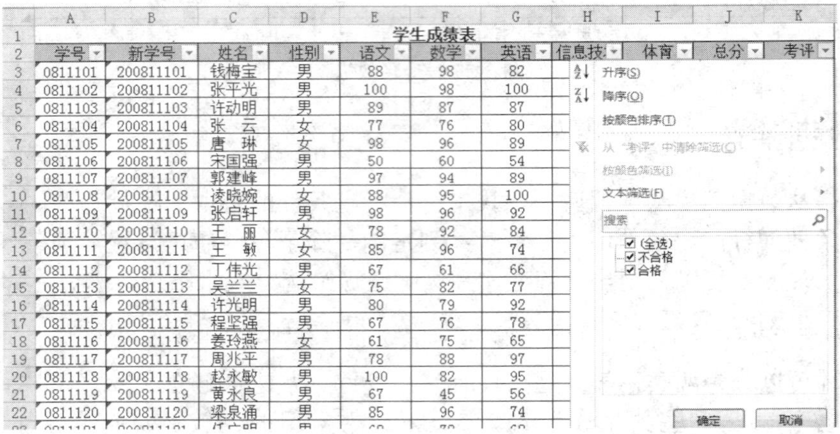

	A	B	C	D	E	F	G	H	I	J	K
1						学生成绩表					
2	学号	新学号	姓名	性别	语文	数学	英语	信息技术	体育	总分	考评
3	0811101	200811101	钱梅宝	男	88	98	82	85	90	443	合格
4	0811102	200811102	张平光	男	100	98	100	97	87	482	合格
5	0811103	200811103	许动明	男	89	87	87	85	70	418	合格
6	0811104	200811104	张 云	女	77	76	80	78	85	396	合格
7	0811105	200811105	唐 琳	女	98	96	89	99	80	462	合格
8	0811106	200811106	宋国强	男	50	60	54	58	76	298	不合格
9	0811107	200811107	郭建峰	男	97	94	89	90	81	451	合格
10	0811108	200811108	凌晓婉	女	88	95	100	86	86	455	合格
11	0811109	200811109	张启轩	男	98	96	92	96	92	474	合格
12	0811110	200811110	王 丽	女	78	92	84	81	78	413	合格
13	0811111	200811111	王 敏	女	85	96	74	85	94	434	合格
14	0811112	200811112	丁伟光	男	67	61	66	76	74	344	不合格
15	0811113	200811113	吴兰兰	女	75	82	77	98	77	409	合格
16	0811114	200811114	许光明	男	80	79	92	89	83	423	合格

图 3-38　数据清单

图 3-39　弹出的下拉列表

图 3-40　自动筛选的结果

（2）多条件筛选

所谓多条件筛选，是指筛选的条件为多个。仍以上面的例子说明多条件筛选的使用方法。例如需要查询考评为"合格"的女同学，其步骤如下。

第 1 步：按照"单条件筛选"的步骤将考评为"合格"的同学筛选出来，如图 3-40 所示。

第 2 步：对筛选结果再次进行"单条件筛选"，筛选条件为：性别为"女"。两次筛选后其结果如图 3-41 所示。

	A	B	C	D	E	F	G	H	I	J	K
1						学生成绩表					
2	学号	新学号	姓名	性别	语文	数学	英语	信息技	体育	总分	考评
6	0811104	200811104	张 云	女	77	76	80	78	85	396	合格
7	0811105	200811105	唐 琳	女	98	96	89	99	80	462	合格
10	0811108	200811108	凌晓娴	女	88	95	100	86	86	455	合格
12	0811110	200811110	王 丽	女	78	92	84	81	78	413	合格
13	0811111	200811111	王 敏	女	85	96	74	85	94	434	合格
14	0811113	200811113	吴兰兰	女	75	82	77	98	77	409	合格
25											

图 3-41　两次筛选后的结果

3. 高级筛选

如果数据清单中需要筛选的字段比较多，且筛选条件比较复杂，则使用自动筛选的步骤就很烦琐，这时可以使用高级筛选功能进行数据的筛选以简化工作，提高效率。

使用高级筛选必须首先建立一个条件区域，用来指定筛选数据所需要满足的条件，这同 Excel 的数据库函数的应用较为相似，其实数据清单在 Excel 中本来就是被视为数据库进行操作的。与自动筛选不同的是，高级筛选将不会在字段名称右侧显示下拉按钮，其筛选条件是在一个独立的条件区域中输入的。条件区域允许设置复杂的筛选条件。需要注意的是，条件区域和数据清单的部分需要分开，中间必须要由空白行或列将两个区域隔开。一个条件区域通常包含两行，至少有两个单元格，第一行用来指定字段名称，第二行用于指定对该字段的筛选条件。

仍以上面的例子说明高级筛选的使用方法。例如需要查询总分在 400 分以上（包括 400 分）的女同学，其步骤如下。

第 1 步：在数据区域外建立条件区域，如图 3-42 所示。

0811116	200811116	姜玲燕	女	61	75	65	78	68
0811117	200811117	周兆平	男	78	88	97	71	91
0811118	200811118	赵永敏	男	100	82	95	89	90
0811119	200811119	黄永良	男	67	45	56	66	60
0811120	200811120	梁泉涌	男	85	96	74	79	86
0811121	200811121	任广明	男	68	72	68	67	75
0811122	200811122	郝海平	男	89	94	80	100	87
筛选条件		性别	总分					
		女	>=400					

图 3-42　建立筛选条件

第 2 步：选中需要筛选的数据清单中的任意一个单元格（Excel 可据此将表格的连续数据区域设置成数据的筛选区域，否则要在后面的操作步骤中指定筛选区域），然后选择"数据"选项卡，单击"排序和筛选"选项组中的"高级"按钮，打开"高级筛选"对话框。此时，对话框中的列表区域已自动搜索出了相应的数据清单$A$2：$K$24。

第 3 步：在"条件区域"文本框中输入刚才创建的筛选条件区域"$C$27：$D$28"，也可以单击"高级筛选"对话框中"条件区域"设置按钮后，用鼠标拖动选定条件区域中的条件。

图 3-43 "高级筛选"对话框

第 4 步：指定保存结果的区域。若筛选后要隐藏不符合条件的数据行，并让筛选的结果显示在表格或数据区域中，可打开"在原有区域显示筛选结果"单选按钮。若要将符合条件的数据行复制到工作表的其他位置，则需要打开"将筛选结果复制到其他位置"单选按钮，并通过"复制到"编辑框指定粘贴区域的左上角单元格位置的引用。Excel 会以此单元格为起点，自动向右，向下扩展单元格区域，直到完整的存入筛选后的结果。在本例中，选择"在原有区域显示筛选结果"，如图 3-43 所示，则筛选结果将显示在原来的数据区域中，同自动筛选结果一样。

第 5 步：全部设置完成后，单击"确定"按钮即可得到筛选结果，如图 3-44 所示。

	A	B	C	D	E	F	G	H	I	J	K	L
1					学生成绩表							
2	学号	新学号	姓名	性别	语文	数学	英语	信息技术	体育	总分	考评	
7	0811105	200811105	唐琳	女	98	96	89	99	80	462	合格	
10	0811108	200811108	凌晓婉	女	88	95	100	86	86	455	合格	
12	0811110	200811110	王丽	女	78	92	84	81	78	413	合格	
13	0811111	200811111	王敏	女	85	96	74	85	94	434	合格	
15	0811113	200811113	吴兰兰	女	75	82	77	98	77	409	合格	

图 3-44 筛选结果

3.1.5 数据分类汇总

分类汇总是对数据清单进行数据分析的重要方法。分类汇总能对数据清单中指定的字段进行分类，然后统计同一类记录的有关信息。汇总的内容可以由用户指定，即可以汇总同一类记录的数量，又可以对某些数值段进行求和、求平均值或是求极值。

使用分类汇总之前需要对作为汇总条件列的数据进行排序，然后才能依据数值列中的分类项目，对指定列的数据进行分类汇总。当对数据进行分类汇总后，Excel 将分级显示列表，以方便用户为每个分类汇总显示和隐藏数据行。

1. 创建分类汇总

由于 Excel 的分类汇总是按字段名进行的，所以进行分类汇总需要确保数据清单中的每一个字段都有字段名，即数据清单的每一列都有列标题。

现以学生成绩表为例来说明分类汇总的使用。

第 1 步：单击"性别"列中任意一个单元格，将其按升序排列，如图 3-45 所示。

	A	B	C	D	E	F	G	H	I	J	K	L
1					学生成绩表							
2	学号	新学号	姓名	性别	语文	数学	英语	信息技术	体育	总分	考评	
3	0811101	200811101	钱梅宝	男	88	98	82	85	90	443	合格	
4	0811102	200811102	张平光	男	100	98	100	97	87	482	合格	
5	0811103	200811103	许动明	男	89	87	87	85	70	418	合格	
6	0811106	200811106	宋国强	男	50	60	54	58	76	298	不合格	
7	0811120	200811120	梁泉涌	男	85	96	74	79	86	420	合格	
8	0811121	200811121	任广明	男	68	72	68	67	75	350	不合格	
9	0811122	200811122	郝海平	男	89	94	80	100	87	450	合格	
10	0811104	200811104	张云	女	77	76	80	78	85	396	合格	
11	0811105	200811105	唐琳	女	98	96	89	99	80	462	合格	
12	0811111	200811111	王敏	女	85	96	74	85	94	434	合格	
13	0811113	200811113	吴兰兰	女	75	82	77	98	77	409	合格	
14	0811116	200811116	姜玲燕	女	61	75	65	78	68	347	不合格	
15												

图 3-45 将"学生成绩表"按"性别"升序排列

　　第 2 步：选中数据区域中的任意一个单元格，切换到"数据"选项卡，单击"分类汇总"按钮，弹出"分类汇总"对话框。

　　第 3 步：将"分类字段"设置为"性别"，将"汇总方式"设置为"平均值"，并选中"选定汇总项"列表中的"总分"复选框，如图 3-46 所示。

　　第 4 步：设置完成后，单击"确定"按钮即可，分类汇总结果如图 3-47 所示。分类汇总完成后在工作表编辑区左侧出现了"分级"工具条，单击其中的数字"1"、"2"和"3"，即可按不同的级别查看相应的数据。

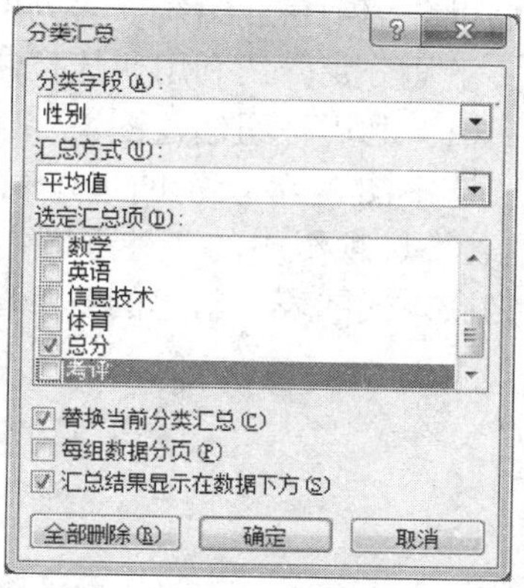

图 3-46　设置好的"分类汇总"对话框

2．删除分类汇总

如果由于某种原因，需要取消分类汇总的显示结果，恢复到数据区域的初始状态。其操作步骤如下。

　　第 1 步：单击分类汇总数据区域中任一单元格。

　　第 2 步：选择"数据"|"分级显示"|"分类汇总"命令，打开"分类汇总"对话框。

　　第 3 步：单击对话框中的"全部删除"按钮即可，参见图 3-46。

经过以上步骤后，数据区域中的分类汇总就被删除了，恢复成汇总前的数据，第 3 步中的"全部删除"只会删除分类汇总，不会删除原始数据。

	学号	新学号	姓名	性别	语文	数学	英语	信息技术	体育	总分	考评
					学生成绩表						
3	0811101	200811101	钱梅宝	男	88	98	82	85	90	443	合格
4	0811102	200811102	张平光	男	100	98	100	97	87	482	合格
5	0811103	200811103	许动明	男	89	87	87	85	70	418	合格
6	0811106	200811106	宋国强	男	50	60	54	58	76	298	不合格
7	0811120	200811120	梁泉涌	男	85	96	74	79	86	420	合格
8	0811121	200811121	任广明	男	68	72	68	67	75	350	不合格
9	0811122	200811122	郝海平	男	89	94	80	100	87	450	合格
10				男 平均值						408.7143	
11	0811104	200811104	张 云	女	77	76	80	78	85	396	合格
12	0811105	200811105	唐 琳	女	98	96	89	99	80	462	合格
13	0811111	200811111	王 敏	女	85	96	74	85	94	434	合格
14	0811113	200811113	吴兰兰	女	75	82	77	98	77	409	合格
15	0811116	200811116	姜玲燕	女	61	75	65	78	68	347	不合格
16				女 平均值						409.6	
17				总计平均值						409.0833	
18											

图 3-47　分类汇总的结果

3.1.6　建立图表

Excel 图表可以将数据图形化，更直观地显示数据，使数据的比较或趋势变得一目了然，从而更容易表达我们的观点。Excel 2010 中共设置了 11 大类 73 种图表类型供用户选择，对于相同的数据，如果选择不同的图表类型，那么得到的图表外观就有很大差别，所以选择恰当的图表类型对表达自己的观点很重要。

1．创建图表

Excel 2010 中图表的创建非常快速和简便。创建图表首先需要有与图表对应的源数据。

我们以分部销售业绩统计表为例，输入数据源如图 3-48 所示。

下面分别介绍利用快捷按钮和利用快捷键创建图表的方法。

（1）利用按钮创建图表

选中图 3-48 所示的工作表中需要创建图表的数据区域，切换到“插入”选项卡，单击“图表”选项组中的“柱形图”按钮，在其下拉列表中选择一种即可。用这种方式创建的图表为嵌入式图表。新建的条形图如图 3-49 所示。

	A	B
1	分部销售业绩统计	
2	部门名称	总销售额
3	市场1部	35336
4	市场2部	23452
5	市场3部	13836

图 3-48　输入源数据

图 3-49　利用按钮创建图表（嵌入式图表）

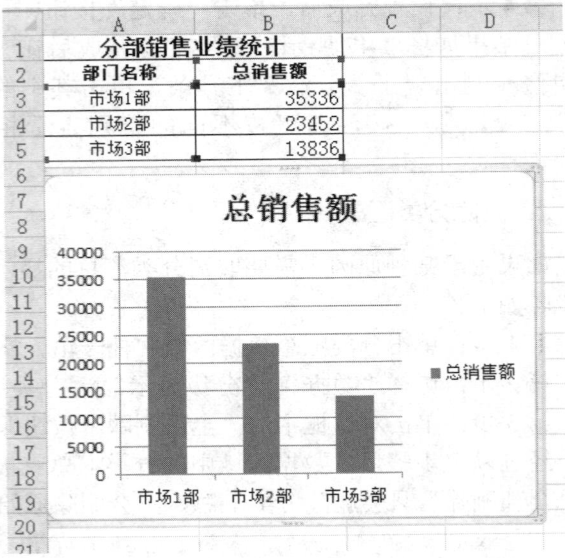

（2）利用快捷方式创建图表

同上面的方法一样，首先选中需要创建图表的数据区域，然后按快捷键 F11，则 Excel 会自动生成一个图表工作表，如图 3-50 所示。生成的图表类型为 Excel 的默认图表类型，这里的默认图表类型为簇状柱形图。

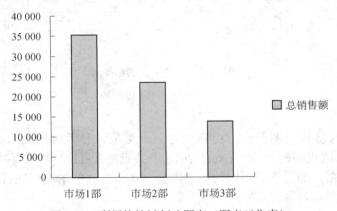

图 3-50　利用快捷键创建图表（图表工作表）

3.2　任务一　员工基本信息表的创建

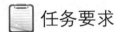 任务提出

在办公应用中，常常有大量的数据信息需要进行存储和处理，通常可以应用 Excel 表格进行数据存储。本任务利用 Excel 2010 软件提供的强大数据处理功能，记录公司员工的基本信息，不但可以提高工作效率，还可以使管理更加规范化。

任务完成效果如图 3-51 所示。

工号	姓名	性别	年龄	生日	身份证号	学历	专业
00110815	龙连杰	男	33	1983年2月5日	445744198302055000	本科	机电技术
00110816	陈明	男	32	1984年12月2日	523625198412026805	专科	计算机
00110817	王雪佳	女	31	1985年4月28日	410987198504288786	专科	信息工程
00110818	周诗诗	女	30	1986年2月1日	251188198602013708	本科	广告传媒
00110819	吴罡	男	31	1985年4月26日	381837198504262127	硕士	工商管理
00110820	李肖	男	32	1984年3月16日	536351198403169255	本科	电子商务
00110821	刘涛	男	32	1984年12月8日	127933198412082847	本科	广告传媒
00110822	高云	男	30	1986年7月16日	123813198607169113	本科	计算机
00110823	杨利瑞	女	32	1984年7月23日	431880198407232318	本科	文秘
00110824	赵强	男	31	1985年11月30日	216382198511301673	高中	财会
00110825	陈少飞	男	31	1985年8月13日	212593198508133567	本科	销售
00110826	房姗姗	女	31	1985年3月6日	142868198503069384	本科	广告传媒
00110827	尹柯	男	31	1985年3月4日	322420198503045343	职高	信息工程
00110828	肖潇	女	31	1985年10月3日	335200198510036306	中专	广告传媒
00110829	黄桃	女	32	1984年7月7日	406212198401019344	专科	工商管理
00110830	李锦涛	男	32	1984年10月31日	214503198410313851	职高	电子商务

今天是：2016年9月26日　员工基本信息表

图 3-51　员工基本信息表效果图

任务要求

1．更改"员工基本信息"工作表标签颜色为红色。

2．在"工号"列输入工号，工号从"00110815"号开始，不包括双引号。

3．在"性别"列同时输入"男"或"女"。

4．将"生日"列数据格式转换成"长日期格式"。

5．在 F3 单元格中添加批注，批注内容设为"本例中所用的身份证号纯属虚构，若有雷同，实属巧合"，并设置批注填充颜色为"浅绿"、"透明度"为 40%。

6．"学历"列设置"数据有效性"，为单元格提供序列选择和限制功能。

7．利用"NOW"函数计算"B1"单元格中的"当前日期"。

8．利用"YEAR"函数计算"年龄"列每位员工的年龄。

任务分析

任务要求中的 1 是关于工作表的标签颜色设置的操作。

任务要求中的 2 是关于单元格中文本类型数据的输入以及填充柄的应用。

任务要求中的 3 是关于在多个单元格中同时输入相同内容的操作。

任务要求中的 4 是关于单元格中数据格式的转换操作。

任务要求中的 5 是关于单元格中插入批注以及对批注进行格式设置。

任务要求中的 6 是关于数据有效性的设置操作。

任务要求中的 7 是关于 NOW 函数的计算操作。

任务要求中的 8 是关于 YEAR 函数的计算操作。

任务实施

第 1 步：更改工作表标签颜色。

在工作簿中有多个工作表要进行编辑，为区别不同的工作表，除要更改工作表名称外，还可以更改工作表标签的颜色，以突出显示该工作表。例如，本例将"员工基本信息"工作表标签设置为红色，具体操作如下。

右击要更改颜色的工作表标签，在菜单中选择"工作表标签颜色"选项，选择要应用的颜色"红色"，如图 3-52 所示。

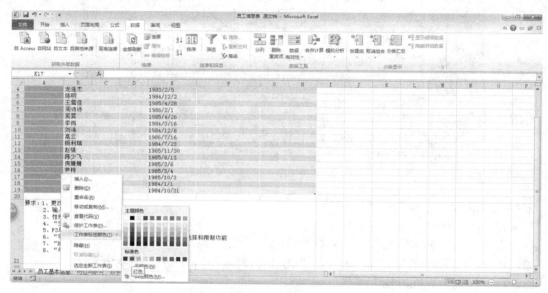

图 3-52　工作表标签颜色设置图

第 2 步：录入文本型数据。

在 Excel 中要输入数值内容时，Excel 会自动将其以标准的数值格式保存于单元格中，数值左侧或小数点后末尾的"0"将被自动省略，如"001"，则自动会将该值转换为常规的数值格式"1"；再如输入小数".0090"，会自动转换为"0.009"。若数值位数达到或超过 12 位，第 12 位的数字将被自动四舍五入，并以科学计数法进行表示，如输入"9.9876543216"将显示为"9.987654322"，如输入"987654321775"将显示为"9.87654E+11"，即表示 $9.87654×10^{11}$。若要使数字保持输入时的格式，需要将数值转换为文本，可在输入数值时先输入单引号（'）。例如，本例中要在"工号"列中需要输入工号其格式为"00*"，方法如下。

（1）先输入单引号

选择单元格 A4，在英文输入法状态下输入单引号"'"，如图 3-53 所示。

（2）输入具体数值

接着在引号后输入要显示的数字内容，输入完成后按 Enter 键即可。

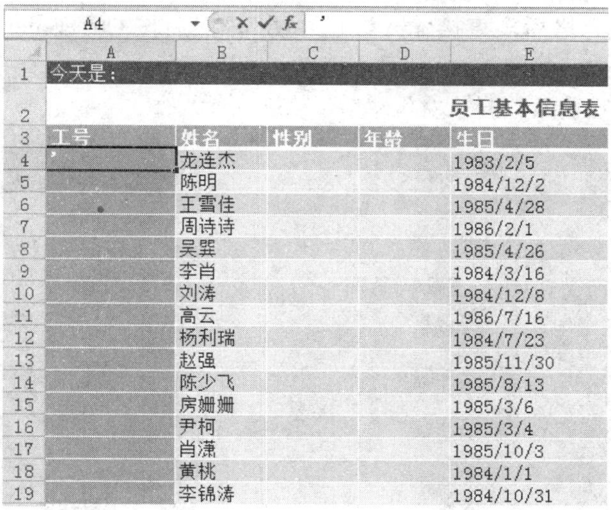

图 3-53　输入单引号 "'" 状态图

（3）快速填充文本型数值

本例中要输入的工号是连续的，则利用自动填充功能可以快速输入其他工号。选择第 1 个单元格后，将鼠标指针指向所选单元格右下角的填充柄，此时鼠标指针将变为实心十字形，向下拖动填充柄，将填充区域拖动至单元格 A19，如图 3-54 所示，即可完成连续编号的录入。

第 3 步：在多个单元格同时输入数据。

在输入表格数据时，若在某些单元格中需要输入相同的数据，此时可同时输入，即同时选择需要输入相同数据的多个单元格，输入数据后按 Ctrl+Enter 快捷键即可。例如，本例中使用该方式输入员工的性别数据，具体操作如下。

（1）选择第 1 个要输入性别 "男" 的单元格，按住 Ctrl 键逐个单击其他要输入相同数据的单元格，将所有需要输入 "男" 的单元格选中，如图 3-55 所示。

图 3-54　"工号" 列完成填充图

图 3-55　选择 "性别" 列 "男" 的区域

（2）选中这些单元格后，直接输入数据"男"，然后按 Ctrl+Enter 快捷键将该数据填充至所有选择的单元格中，如图 3-56 所示。

（3）用相同的方式输入数据"女"，如图 3-57 所示。

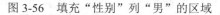

图 3-56 填充"性别"列"男"的区域   图 3-57 填充"性别"列"女"的区域

第 4 步：设置日期格式。

本例日期数据采用的是短日期格式，即使用"/"对日期中的年月日进行分隔，为使日期显示得更为详细，则需要使用长日期格式，具体设置方法如下。

（1）选择"生日"列中的单元格区域。

（2）单击"开始"选项卡 "数据"组中的"数据格式"下拉按钮。

（3）在下拉列表框中选择"长日期"选项，如图 3-58 所示。

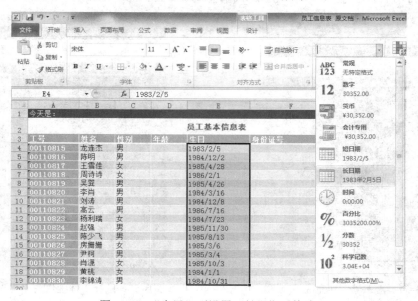

图 3-58 "生日"列设置"长日期"格式

第 5 步：插入批注，修改批注效果。

在 Excel 中，若要对表格或单元格中的数据添加一些说明信息，为了不影响单元格内原有的数据，可以在单元格上添加批注。批注框默认的颜色为淡黄色，为使其更加美观，可更改批注的填充颜色及边框样式，具体操作如下。

（1）选择要添加批注的单元格，单击"审阅"选项卡中的"新建批注"按钮。

（2）在出现的批注框中输入批注的内容，如图 3-59 所示。

（3）选择"员工基本信息表"中添加了批注的单元格"身份证号"，单击"审阅"选项卡中的"编辑批注"按钮，如图 3-60 所示。

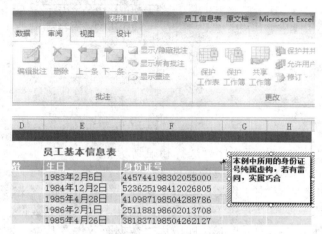

图 3-59　新建批注

图 3-60　"编辑批注"按钮

（4）在批注文本框边框上右击，在菜单中选择"设置批注格式"命令，如图 3-61 所示。

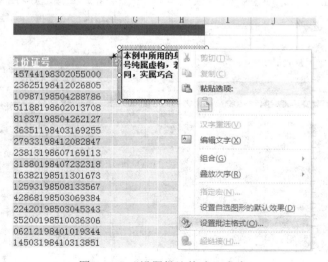

图 3-61　"设置批注格式"命令

（5）在打开的"设置批注格式"对话框中单击"颜色与线条"选项卡，设置填充颜色为"浅绿"、"透明度"为 40%，如图 3-62 所示。

（6）单击"确定"按钮，完成后的效果如图 3-63 所示。

图 3-62 填充设置　　　　　　　　　　图 3-63 填充效果

第 6 步：应用"数据有效性"功能为单元格提供序列选择和限制功能。

在表格中输入数据时，为保证数据的准确性，方便以后对数据进行查找，对相同的数据应使用相同的描述。例如，"学历"中需要应用的"大专"和"专科"有着相同的含义，在录入数据时，应使用统一的描述，如统一使用"专科"进行表示。因此，对于此类数据，可在单元格上加以限制，防止同一种数据有多种表现形式，即应用"数据有效性"功能，对单元格内容添加允许输入的数据序列，并提供下拉按钮进行选择，具体操作如下。

（1）从单元格 G4 拖动至 G19，再选择 G4 到 G19 之间的单元格区域，然后单击"数据"选项卡"数据工具"选项组中的"数据有效性"按钮，如图 3-64 所示。

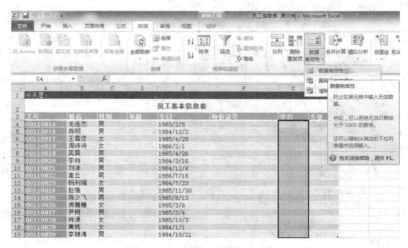

图 3-64 "数据有效性"按钮

（2）在打开的对话框中的"允许"下拉列表框中选择"序列"，在"来源"文本框中输入单元格内允许输入的数据，各数据之间使用英文逗号","进行分隔，即输入"职高，高中，中专，专科，本科，硕士"，如图 3-65 所示。

（3）选中"输入信息"选项卡，在"标题"文本框中输入提示信息的标题文字"学历"，在"输入信息"文本框中输入提示的正文内容，如图 3-66 所示。

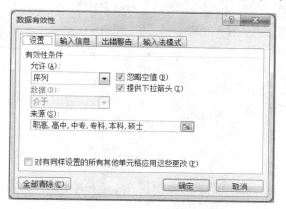 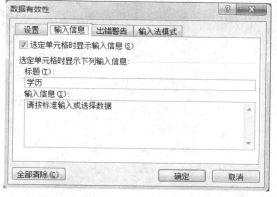

图 3-65　数据有效性"设置"选项卡的设置　　　图 3-66　数据有效性"输入信息"选项卡的设置

（4）选中"出错警告"选项卡，在"样式"下拉列表框中选择"停止"，即禁止有任何错误的信息输入，设置出错警告对话框中要显示的标题及提示信息，单击"确定"按钮完成有效性设置，如图 3-67 所示。

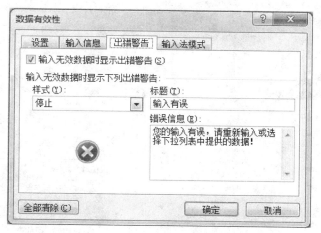

图 3-67　数据有效性"出错警告"选项卡设置

（5）选择"学历"列中的单元格区域"G4：G19"中的单元格后，将出现步骤（3）中设置的提示信息，当输入的值不符合规则时将弹出步骤（4）设置好的警告对话框。选择单元格后单击右侧出现的下拉按钮，从下拉列表框中选择正确的数据即可，如图 3-68 所示，完成整列数据的输入。

第 7 步：在表格中插入当前日期。

在对数据进行查询或修改时，常常需要查看当前日期，利用 Excel 中的 NOW 函数，可以获取当前的日期和时间，当公式被刷新或表格被重新打开时，该日期会自动更新为当前日期。本例将在"员工基本信息表"顶部显示当前的日期，具体操作如下。

（1）选择 B1 单元格，单击"公式"选项卡中的"日期和时间"按钮，在菜单中选择NOW 函数，如图 3-69 所示。

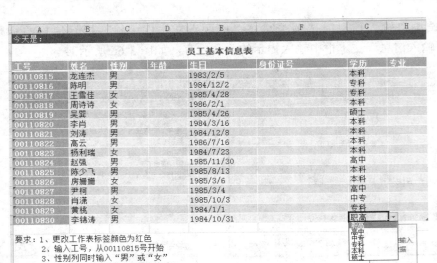

图 3-68　"学历"列填充完成效果图

（2）单击"函数参数"对话框中的"确定"按钮，如图 3-70 所示。

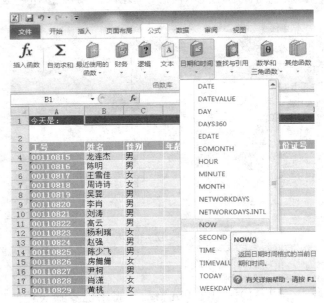

图 3-69　"NOW"函数选择

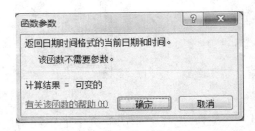

图 3-70　函数参数界面

（3）在"开始"选项卡中设置日期单元格的数字格式为"长日期"，单击"左对齐"按钮，设置单元格内容左对齐，当前日期计算结果如图 3-71 所示。

第 8 步：应用公式录入员工年龄。

员工的年龄数据可根据生日中的年份得出，即利用当前日期中的年份减去生日中的年份。要从日期数据中取出年份数，需要应用函数 YEAR，将要提取年份的日期作为函数的参数，即可得到日期中的年份数，具体操作如下。

（1）选择 D4 单元格，输入公式"=year（B1）-year（E4）"，即从 B1 单元格中的当前日期数据中提取出年份数，减去从 E4 单元格中的日期中提取出的年份数，如图 3-72 所示。

（2）选择公式中的单元格引用"B1"，按 F4 键将地址引用方式更改为绝对引用"$B$1"，如图 3-73 所示。

图 3-71　当前日期计算

图 3-72　公式输入

图 3-73　绝对引用转换

（3）公式输入和编辑完成后，按 Enter 键确认公式输入，因当前表格区域在套用格式时自动转换成了表元素，故当在表格数据区域中的第一行中输入公式后，会自动填充至整列，自动完成整列数据的录入，如图 3-74 所示。

	A	B	C	D	E
D4			f_x	=YEAR($B$1)-YEAR(E4)	
1	今天是：	2016年9月25日			
2					员工基本信息表
3	工号	姓名	性别	年龄	生日
4	00110815	龙连杰	男	33	1983/2/5
5	00110816	陈明	男	32	1984/12/2
6	00110817	王雪佳	女	31	1985/4/28
7	00110818	周诗诗	女	30	1986/2/1
8	00110819	吴巽	男	31	1985/4/26
9	00110820	李肖	男	32	1984/3/16
10	00110821	刘涛	男	32	1984/12/8
11	00110322	高云	男	30	1986/7/16
12	00110823	杨利瑞	女	32	1984/7/23
13	00110824	赵强	男	31	1985/11/30
14	00110825	陈少飞	男	31	1985/8/13
15	00110826	房姗姗	女	31	1985/3/6
16	00110827	尹柯	男	31	1985/3/4
17	00110828	肖潇	女	31	1985/10/13
18	00110829	黄桃	女	32	1984/1/1
19	00110830	李锦涛	男	32	1984/10/31

图 3-74　"年龄"列计算

3.3 任务二 产品销售统计与分析

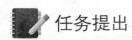 **任务提出**

在对销售情况进行分析和统计时，常常需要应用图表来表现销量的变化情况，或利用图表对各地区的销量进行对比分析，以及查看某一个销量数据在整个销量中所占的百分比等，本任务将利用现有的销量统计表，创建用于统计分析销量的图表。

任务完成效果如图 3-75 和图 3-76 所示。

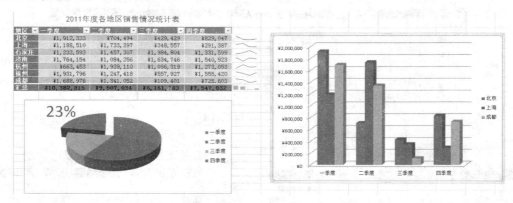

图 3-75 销售情况统计分析效果图

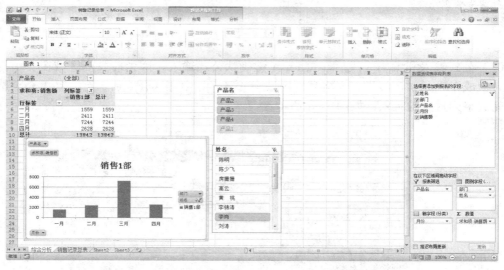

图 3-76 利用切片器分析各产品、各员工销售情况效果图

📋 **任务要求**

1．使用迷你图分析销量变化趋势。
2．创建销量对比图。
3．创建各季度总销量比例图。

4．创建综合分析数据透视图表，利用切片器查看各产品的销售情况，利用切片器查看各员工的销售情况。

任务分析

任务要求中的 1 是关于为各条数据创建折线迷你图以及为汇总数据创建柱形迷你图的操作。

任务要求中的 2 是关于创建三维簇状柱形图以及移动图表等的操作。

任务要求中的 3 是关于创建三维饼图以及图表布局和格式等设置的操作。

任务要求中的 4 是关于创建数据透视图以及切片器使用的操作。

任务实施

第 1 步：使用迷你图分析销量变化趋势。

在 Excel 2010 中，可以应用迷你图在单元格中创建出表现一组数据变化趋势的图表。本任务应用迷你图查看不同地区的销量及总销售额在 4 个季度的变化情况。

为查看各地区 4 个季度的销量变化情况，可针对每一条数据创建折线迷你图，具体步骤如下。

（1）打开"销售报表原文档"，选择素材文件的 F3 单元格，即用于显示迷你图的单元格，单击"插入"选项卡"迷你图"组中的"折线图"按钮，如图 3-77 所示。

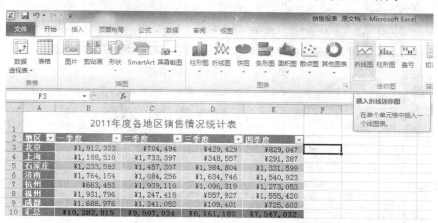

图 3-77　"折线图"按钮

（2）在打开的对话框中的"数据范围"文本框中选择单元格区域 B3：E3，即要创建为迷你图的数据区域，如图 3-78 所示。

（3）单击"创建迷你图"对话框中的"确定"按钮，即可在所选单元格内创建出迷你图，拖动该单元格右下角的填充柄将迷你图填充至 F9 单元格即可为各地区的数据添加迷你图，如图 3-79 所示。

为查看各地区在 4 个季度的总销量变化情况，并比较各季度的销量，可对汇总行的数据创建柱形迷你图，具体步骤如下。

（1）选择表格中的 F10 单元格，即用于显示迷你图的单元格，单击"插入"选项卡"迷你图”组中的“柱形图”按钮，如图 3-80 所示。

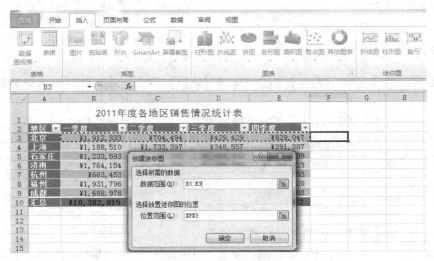

图 3-78　创建折线迷你图数据范围

2011年度各地区销售情况统计表

地区	一季度	二季度	三季度	四季度
北京	¥1, 912, 333	¥704, 494	¥429, 429	¥829, 047
上海	¥1, 188, 510	¥1, 733, 397	¥348, 557	¥291, 387
石家庄	¥1, 233, 593	¥1, 457, 307	¥1, 984, 804	¥1, 331, 599
济南	¥1, 764, 154	¥1, 084, 256	¥1, 634, 746	¥1, 540, 923
杭州	¥663, 453	¥1, 939, 110	¥1, 096, 319	¥1, 273, 053
福州	¥1, 931, 796	¥1, 247, 418	¥557, 927	¥1, 555, 420
成都	¥1, 688, 976	¥1, 341, 052	¥109, 401	¥725, 603
汇总	¥10, 382, 815	¥9, 507, 034	¥6, 161, 183	¥7, 547, 032

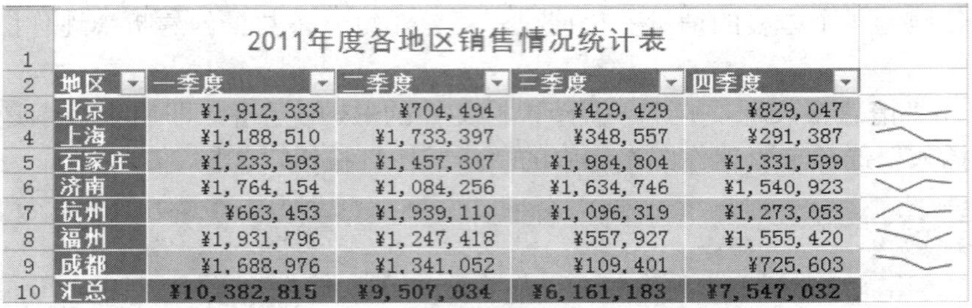

图 3-79　各地区创建迷你图

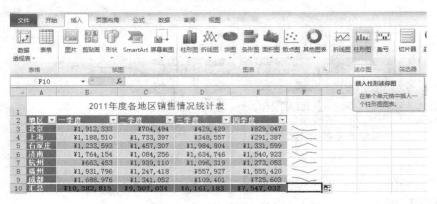

图 3-80　“柱形图”按钮

（2）在打开的对话框的“数据范围”文本框中选择单元格区域 B10：E10，即要创建为迷你图的数据区域，如图 3-81 所示。

（3）单击“创建迷你图”对话框中的“确定”按钮，即可在所选单元格内创建出迷你图，在“迷你图工具-设计”选项卡“样式”列表框中选择一个迷你图样式，完成迷你图的创建，如图 3-82 所示。

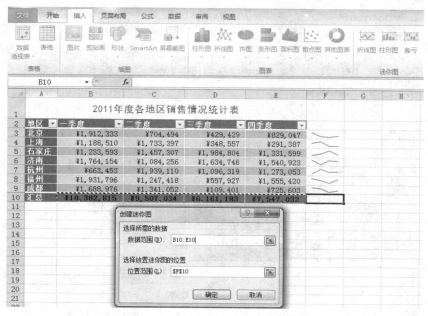

图 3-81　创建柱形迷你图数据范围

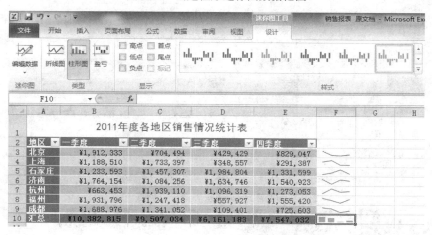

图 3-82　迷你图完成效果图

第 2 步：创建销量对比图。

在对数据进行分析时，常常需要将不同的数据值进行对比，例如，本例中需要对不同的地区同一季度的销量进行对比，此时可应用销售情况统计表中的数据创建出柱形图。

柱形图通常可用于对数据的趋势进行分析以及对数据值大小进行比较，本例将为各地区各季度的数据创建三维簇状柱形图，具体步骤如下。

（1）选择单元格区域 A2：E9，单击"插入"选项卡的"柱形图"按钮，在菜单中选择"三维簇状柱形图"选项，如图 3-83 所示。

（2）单击"图表工具-设计"选项卡中的"移动图表"按钮，在打开的对话框中单击"新工作表"单选按钮，并设置新工作表的名称为"销量对比图"，如图 3-84 所示。

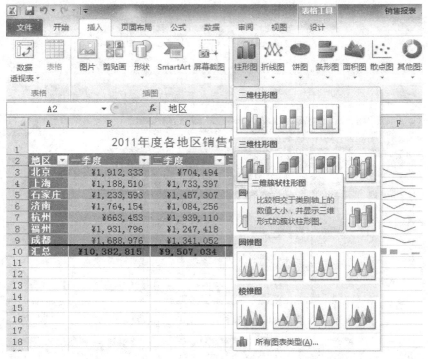

图 3-83　"三维簇状柱形图"选项

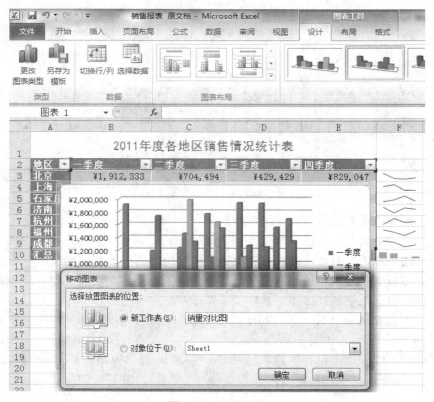

图 3-84　移动图表

（3）单击"移动图表"对话框中的"确定"按钮后即在新工作表"销量对比图"中创建出三维簇状柱形图，如图 3-85 所示。

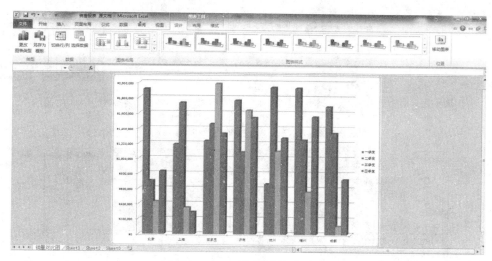

图 3-85　三维簇状柱形图

上一操作中创建出的图表适用于对同一地区不同季度的销量进行对比，为使图表能更清晰地对比同一季度中不同地区的销量，可切换图表的行列方向，具体操作为：选择图表后，单击"图表工具-设计"选项卡中的"切换行/列"按钮即可，如图 3-86 所示。

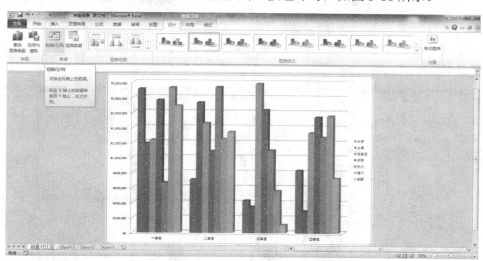

图 3-86　"切换行/列"后的三维簇状柱形图

为更清晰地对比图表中少量系列的数据，可将不需要显示的系列删除，例如，本例中只需要显示"北京"、"上海"和"成都"的销量，具体步骤如下。

（1）选择图表后，单击"图表工具-设计"选项卡中的"选择数据"按钮，如图 3-87 所示。

（2）在打开的"选择数据源"对话框的"图例项"列表框中选择要删除的系列，如"石家庄"，单击"删除"按钮即可将该系列删除，如图 3-88 所示。

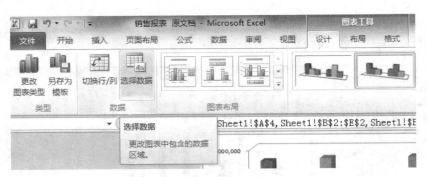

图 3-87 "选择数据" 按钮

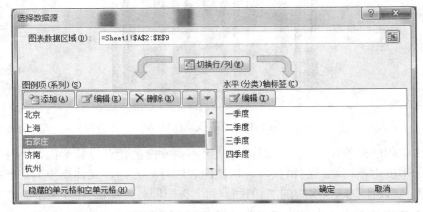

图 3-88 删除系列

（3）在"选择数据源"对话框中删除不需要的系列，单击"确定"按钮，即可得到三个地区的销量对比图，如图 3-89 所示。

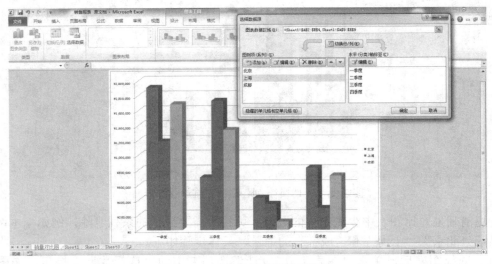

图 3-89 三个地区的销量对比图

第 3 步：创建各季度总销量比例图。

在分析销量数据时，常常需要查看总销量中各季度销量所占全年总销量的百分比，通常可以应用饼图来表现。本例应用各季度的汇总数据创建三维饼图，具体步骤如下。

（1）选择工作表 Sheet1 中的 B10：E10 单元格区域，单击"插入"选项卡的"饼图"按钮，在菜单中选择"三维饼图"选项，如图 3-90 所示。

图 3-90 "三维饼图"选项

（2）单击"图表工具-设计"选项卡中的"切换行/列"按钮更改系列的方向，更改后的效果如图 3-91 所示。

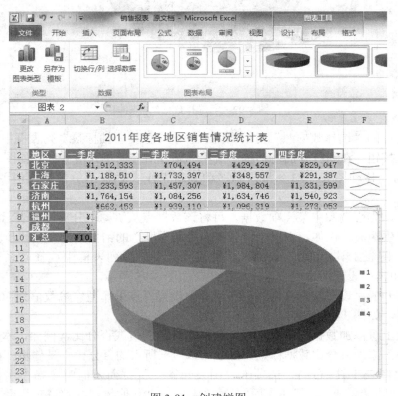

图 3-91 创建饼图

在上一操作中创建出的三维饼图中，各类数据均没有相应的名称，系统自动以数字1、2、3、4来代替，为使图表的数据更为清晰，现需要以确切的文字代替分类名称，即更改名称为"一季度"、"二季度"、"三季度"和"四季度"，具体步骤如下。

（1）选择图表后，单击"图表工具-设计"选项卡中的"选择数据"按钮，如图3-92所示。

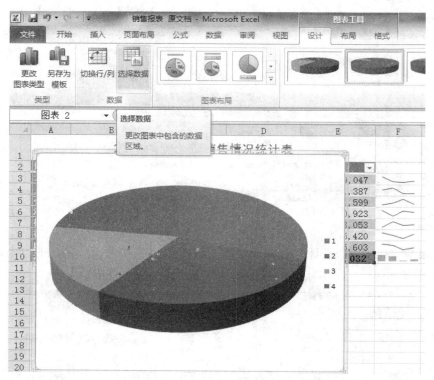

图 3-92   "选择数据"按钮

（2）在打开的"选择数据源"对话框的"水平（分类）轴标签"列表框中选择1选项，单击"编辑"按钮，在新打开的对话框中引用标题行所在的单元格区域，如图3-93所示。

（3）应用"移动图表"命令将饼图移动到新工作表"各季总销量比例图"，如图3-94所示。

在饼图中，为强调图中某一项数据，可将该数据点从饼图中分离，使表示数据的扇形与整体形状间产生距离，例如，本例中将分离出"四季度"的销量数据，具体步骤如下。

（1）在"图表工具-布局"选项卡"图表元素"下拉列表框中选择"系列1点'四季度'"选项，单击"设置所选内容格式"按钮，如图3-95所示。

（2）在打开的"设置数据点格式"对话框中设置"点爆炸型"参数值为30%，单击"关闭"按钮即可，如图3-96所示。

在数据点上可添加数据标签以显示该数据点具体的值或百分比，例如，本例中需要在分离出的数据点上添加百分比数据标签，以强调该数据所占的百分比，具体步骤如下。

（1）在"图表工具-布局"选项卡"图表元素"下拉列表框中选择"系列1点'四季度'"选项，单击"数据标签"按钮，在菜单中选择"其他数据标签选项"命令，如图3-97

所示，打开"设置数据标签格式"对话框。

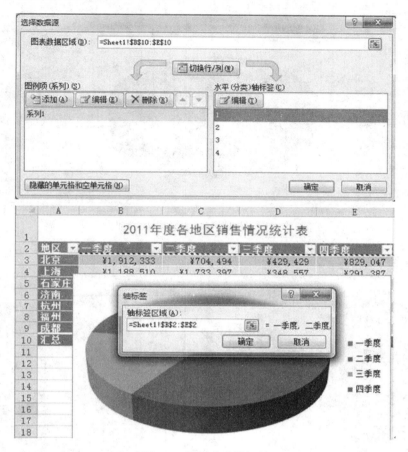

图 3-93　设置分类轴标签

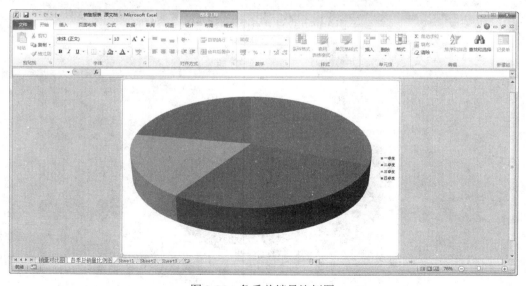

图 3-94　各季总销量比例图

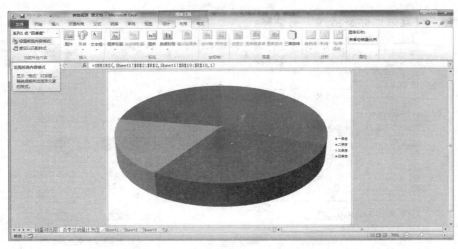

图 3-95　"设置所选内容格式"按钮

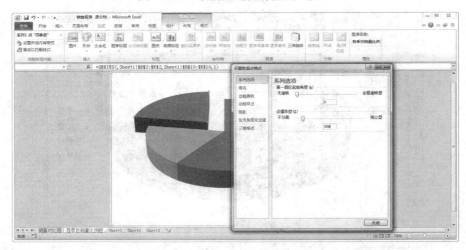

图 3-96　设置"点爆炸型"参数

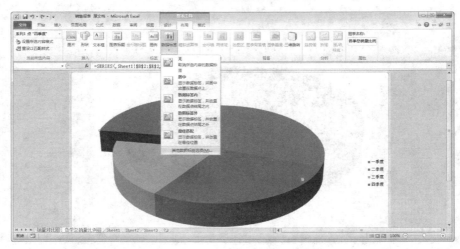

图 3-97　其他数据标签选项

（2）在对话框的"标签包括"组中取消选中"值"复选框并选中"百分比"复选框，在"标签位置"中单击"数据标签外"单选按钮，单击"关闭"按钮，如图 3-98 所示。

图 3-98　标签选项设置

（3）选择数据标签文字，在"开始"选项卡中设置文字字号及颜色，最终效果如图 3-99 所示。

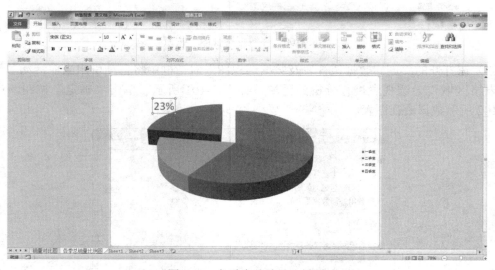

图 3-99　各季度总销量比例图

第 4 步：创建综合分析数据透视图。

在对数据进行深入分析时，可以使用数据透视表或数据透视图，数据透视表和数据透视图都是以交互方式以及交叉的方式显示数据表中不同类别数据的汇总结果。以下将应用数据透视图对"销售记录总表"中的数据进行分析。具体操作步骤如下。

（1）打开"销售记录总表"，选择"销售记录总表"数据区域中任意单元格，单击"插入"选项卡中的"数据透视表"下拉按钮，在菜单中选择"数据透视图"命令，如图 3-100 所示。

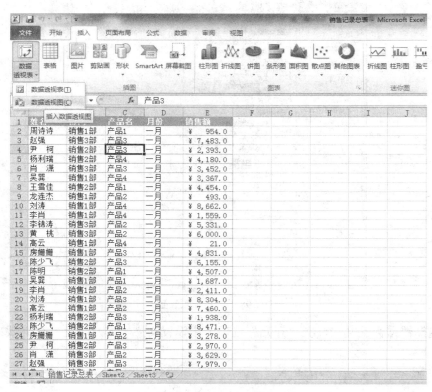

图 3-100 "数据透视图"按钮

（2）在打开的"创建数据透视表及数据透视图"对话框中将自动引用当前活动单元格所在的表格区域作为透视表进行分析的区域，如图 3-101 所示，单击"确定"按钮，产生如图 3-102 所示数据透视图表。

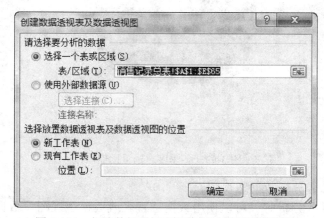

图 3-101 创建数据透视表及数据透视图区域设置

图 3-102　数据透视图表生成图

（3）修改工作表名称为"综合分析"，在右侧任务窗格中将"产品名"字段拖入"报表筛选"列表框中，将"部门"和"姓名"字段拖入"列标签"列表框中，将"月份"字段拖入到"行标签"列表框中，将"销售额"字段拖入到"数值"列表框中，如图 3-103 所示。

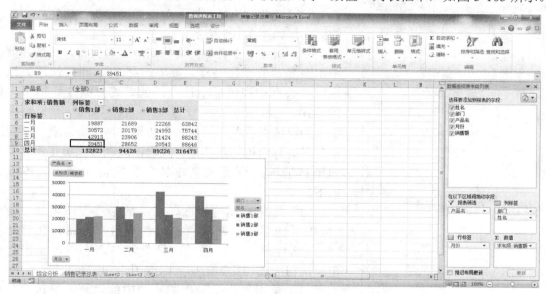

图 3-103　字段拖动分配图

在对数据透视图中的数据进行筛选时，除应用数据透视图上各分类字段的筛选功能外，还可以使用 Excel 2010 提供的切片器对单个数据的分析结果进行查看。以下将查看不同产品在各月各部门的销售情况，此时，可为"产品名"字段添加切片器，具体操作如下。

（1）选择数据透视图或数据透视表，单击"插入"选项卡中的"切片器"按钮，如图 3-104 所示。

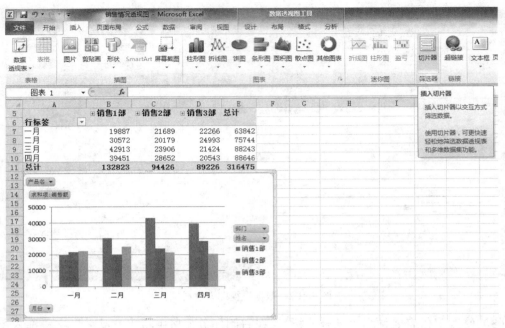

图 3-104　"切片器"按钮

图 3-105　"插入切片器"对话框

（2）在打开的"插入切片器"对话框中选中"产品名"字段选项前的复选框，单击"确定"按钮完成切片器的插入，如图 3-105 所示。

（3）调整工作表中出现的切片器的位置，在切片器中单击要显示的产品名称，如"产品 3"，即可使用数据透视图及数据透视表显示该产品的销售数据统计结果，如图 3-106 所示。

为快速查看各部门各员工的销售情况，即查看某员工在各月的总销售额及其变化过程，或查看该员工不同商品的销售情况，可插入"姓名"字段切片器，具体操作如下。

（1）定位数据透视图，在"数据透视图工具"中的"分析"选项卡下选择"插入切片器"按钮，在打开的"插入切片器"对话框中选择"姓名"字段，单击"确定"按钮完成切片器的插入，如图 3-107 所示。

（2）单击"产品名"切片器中的"清除筛选器"按钮，清除对"产品名"分类的筛选。单击"姓名"切片器中的选项可在数据透视图中查看该员工各月的销售情况，如选择"李肖"，即可查看"李肖"各月的销售情况，如图 3-108 所示。

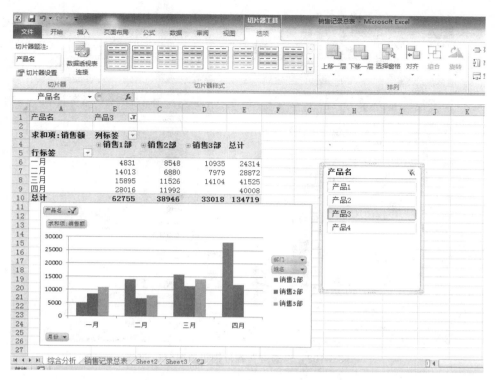

图 3-106　"产品 3"销售情况统计分析图

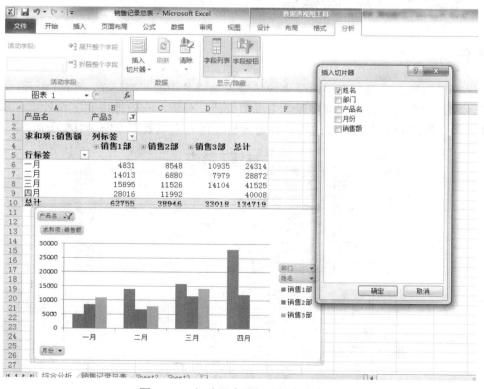

图 3-107　切片器中选择"姓名"字段

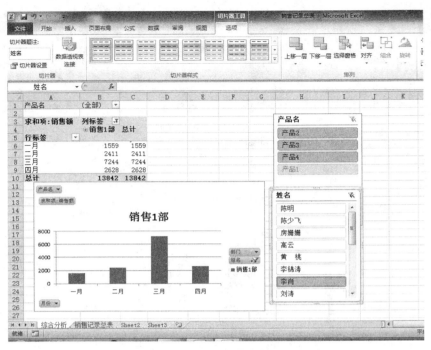

图 3-108　"李肖"各月销售情况分析图

3.4　任务三　学生成绩管理

任务提出

在学校日常教学管理工作中，学生成绩管理当属其中的重要环节。利用 Excel 的数据处理功能、内置函数以及公式，可实现学生成绩统计与分析，有效地提高工作效率。本任务将对软件技术 1 班的期末考试成绩进行统计与分析。任务完成效果如图 3-109 所示。

学生成绩汇总表

序号	学号	姓名	高数	英语	电工	三论	实训	实训成绩转换	平均成绩
1	31012101	王小丽	90	87	76	80	良	85	83.89
2	31012102	李芳	71	66	82	57	中	75	66.89
3	31012103	孙燕	83	55	93	79	良	85	76.78
4	31012104	李雷	83	80	85	91	优	95	86.56
5	31012105	刘明	51	70	87	62	及格	65	64.44
6	31012106	赵利	88	42	63	77	良	85	71.00
7	31012107	王一鸣	94	61	84	52	不及格	55	67.22
8	31012108	李大鹏	76	80	70	85	中	75	79.11
9	31012109	郑亮	89	92	96	93	优	95	92.44
10	31012110	孙志	78	94	89	90	良	85	87.56

课程名称	学分值		学生平均成绩分段统计		
高数	4		分数段	人数	比例
英语	4		90分以上	1	10.00%
电工	2		80-89分	3	30.00%
三论	6		70-79分	3	30.00%
实训	2		60-69分	3	30.00%
总学分	18		0-59分	0	0.00%
			总计	10	100.00%
			最高分	92.44	
			最低分	64.44	

图 3-109　平均分及分段统计效果图

任务要求

1. 实训成绩"五级制"转换为"百分制"。
2. 使用学校规定的公式，计算每位同学必修课程的加权平均成绩。
3. 统计不同分数段学生数以及最高分、最低分。
4. 按照德、智、体分数以 2 : 7 : 1 的比例计算每名学生的总评成绩，并进行排名。

任务分析

任务要求中的 1 是关于利用 IF 函数转换成绩的操作。

任务要求中的 2 是关于利用公式计算平均成绩以及相对引用和绝对引用的应用。

任务要求中的 3 是关于 COUNTIF 函数、MAX 函数、MIN 函数的应用。

任务要求中的 4 是关于利用公式计算学生总评成绩以及 RANK 函数的应用。

任务实施

Excel 具有强大的计算功能，借助于其中丰富的公式和函数，可以大大方便对工作表中数据的分析和处理。本任务中对学生成绩的统计与分析就是一个典型的案例。

利用 IF 函数转换成绩，IF 函数是 Excel 中常用的函数之一。它根据逻辑计算的真假值，以返回不同的结果。可以使用 IF 函数对数值和公式进行条件检测。IF 函数中包含 IF 函数的情况叫做 IF 函数的嵌套。

第 1 步：利用 IF 函数将实训成绩由五级制转换为百分制，具体操作如下。

打开素材中的"学生成绩单"，并将 Sheet1 工作表重命名为"原始成绩数据"。

（1）按住 Ctrl 键的同时拖动工作表标签，创建该工作表的副本，并将其重命名为"课程成绩"。

（2）在"课程成绩"工作表的"实训"列后添加列标题"实训成绩转换"，如图 3-110 所示。

（3）将光标移至 I3 单元格，并输入公式"=IF（H3="优"，95，IF（H3="良"，85，IF（H3="中"，75，IF（H3="及格"，65，55）)))"，按 Enter 键，将序号为"1"的学生的实训成绩转换成百分制。

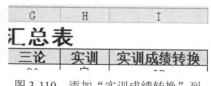

图 3-110　添加"实训成绩转换"列

（4）将鼠标移到 I3 单元格右下角，当鼠标变成黑色实心指针时，按住鼠标左键向下拖动至 I12 单元格，松开鼠标，利用控制句柄，将其他学生的实训成绩转换成百分制，如图 3-111 所示。

第 2 步：利用公式计算平均成绩。

公式是对单元格中的数据进行处理的等式，用于完成算术、比较或逻辑等运算。Excel 中的公式遵循一个特定的语法，即最前面是等号，后面是运算数和操作。每个运算数可以是数值、单元格区域的引用、标志、名称或函数。

按照学校的计算公式，学生的平均成绩是由每门课的成绩乘以对应的学分，相加求和之后除以总学分得到。操作步骤如下。

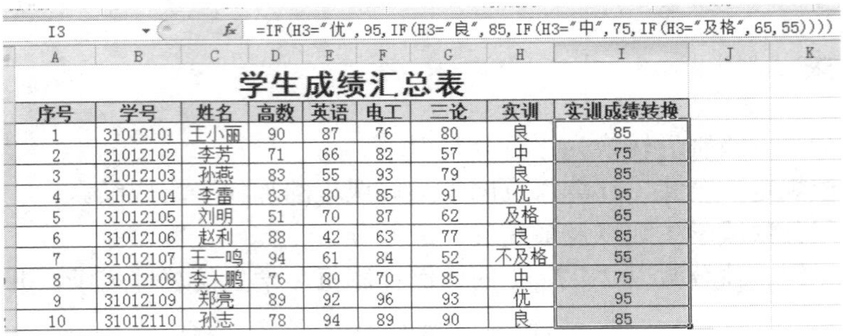

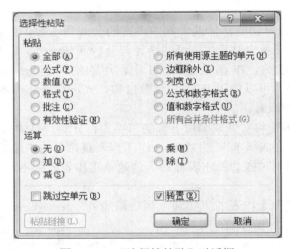

图 3-111　用 IF 函数转换后的效果图

（1）在单元格 A15、B15 中分别输入文本"课程名称"和"学分值"。

（2）选择 D2：H2 单元格区域，按 Ctrl+C 组合键，将其复制到剪贴板中。

（3）右击 A16 单元格，从快捷菜单中选择"选择性粘贴"命令，打开"选择性粘贴"对话框，选择"转置"复选框，如图 3-112 所示。单击"确定"按钮，将课程名称粘贴到单元格 A16 开始的列中连续的单元格区域，之后将这些单元格的填充颜色去掉，并在相应的单元格中输入学分。

图 3-112　"选择性粘贴"对话框

（4）在 A21 单元格中输入文本"总学分"，然后将光标置于单元格 B21 中，切换到"公式"选项卡，在"函数库"功能组中单击"自动求和"按钮，如图 3-113 所示。在 B21 单元格中显示"=SUM（B16：B20）"，按 Enter 键，实现用 SUM 求总学分。

（5）选中单元格区域 A15：B21，切换到"开始"选项卡，通过"字体"功能组中的"边框"按钮实现对此单元格区域添加边框，并设置其中的内容"居中"对齐，结果如图 3-114 所示。

（6）单击 J2 单元格并在其中输入文本"平均成绩"，按 Enter 键后 J3 单元格被选中，根据学生平均成绩计算公式，在其中输入公式"=（D3*\$B\$16+E3*\$B\$17+F3*\$B\$18+G3*\$B\$19+I3*\$B\$20）/\$B\$21"，按 Enter 键，计算出序号为"1"的学生的平均成绩。输入过程中可单击选中课程成绩、学分值所在的单元格，并将对学生的相对引用改为绝对引用（注：此处用了 Excel 中的相对引用与绝对引用）。

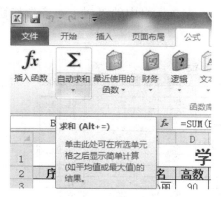

图 3-113　"自动求和"按钮

15	课程名称	学分值
16	高数	4
17	英语	4
18	电工	2
19	三论	6
20	实训	2
21	总学分	18

图 3-114　课程学分表

（7）利用控制句柄，计算出所有学生的平均成绩。

（8）选中单元格区域 A1：J1，单击"开始"→"对齐方式"→"合并后居中"按钮，实现表格标题的居中操作。

（9）选中单元格区域 A2：J12，单击"开始"→"字体"→"边框"按钮，选择"所有线框"为表格添加边框。

（10）选中单元格区域 A3：J12，单击"字体"功能组右下角的按钮，打开"设置单元格格式"对话框。切换到"数字"选项卡，选择"分类"列表框中的"数值"选项，其他设置保持默认值，单击"确定"按钮，将平均成绩保留两位小数。

（11）选中单元格区域 D3：G12，切换到"开始"选项卡，单击"样式"功能组中的"条件格式"按钮，从下拉列表中选择"清除规则"→"清除所选单元格的规则"选项，如图 3-115 所示，将考试成绩中的条件格式删除。

图 3-115　"清除规则"命令

（12）选中单元格区域 A2：J12，单击两次"对齐方式"组中的"居中对齐"按钮，使表格内容居中，如图 3-116 所示。

学生成绩汇总表

序号	学号	姓名	高数	英语	电工	三论	实训	实训成绩转换	平均成绩
1	31012101	王小丽	90	87	76	80	良	85	83.89
2	31012102	李芳	71	66	82	57	中	75	66.89
3	31012103	孙燕	83	55	93	79	良	85	76.78
4	31012104	李雷	83	80	85	91	优	95	86.56
5	31012105	刘明	51	70	87	62	及格	65	64.44
6	31012106	赵利	88	42	63	77	良	85	71.00
7	31012107	王一鸣	94	61	84	52	不及格	55	67.22
8	31012108	李大鹏	76	80	70	85	中	75	79.11
9	31012109	郑亮	89	92	96	93	优	95	92.44
10	31012110	孙志	78	94	89	90	良	85	87.56

图 3-116　表格内容格式化后效果图

第 3 步：利用 COUNTIF 函数统计分段人数以及求出最高分、最低分。

COUNTIF 函数是用来统计某个单元格区域中符合指定条件的单元格数目的函数。分段统计考试成绩的人数及比例，有助于班主任工展工作。操作步骤如下。

（1）在 D15 开始的单元格区域建立统计分析表，并为该区域添加边框、设置对齐方式，如图 3-117 所示。

（2）单击 F17 单元格，切换到"公式"选项卡，单击"插入函数"按钮，打开"插入函数"对话框。在"选择函数"列表框中选择"COUNTIF"选项，如图 3-118 所示。单击"确定"按钮，打开"函数参数"对话框，将对话框中"Range"框内显示的内容修改为"$J$3：$J$12"，接着在"Criteria"框中输入条件"">=90""，如图 3-119 所示，单击"确定"按钮，统计出 90 分以上的人数。

学生平均成绩分段统计

分数段	人数	比例
90分以上		
80-89分		
70-79分		
60-69分		
0-59分		
总计		
最高分		
最低分		

图 3-117　分段统计表

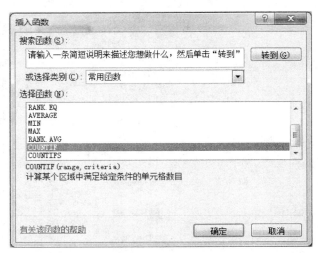

图 3-118　"插入函数"对话框

（3）利用填充柄将 F17 单元格中的公式复制到 F18 单元格，将公式中的">=90"改为">=80"，在公式后添加"-COUNTIF（$J$3：$J$12，"">=90""），按 Enter 键，统计出平均分在 80～89 之间的人数。

（4）将 F19、F20、F21 单元格中的公式分别设置为"=COUNTIF（$J$3：$J$12，

">=70"）-COUNTIF（$J$3：$J$12，">=80"）" "=COUNTIF（$J$3：$J$12，">=60"）-
COUNTIF（$J$3：$J$12，">=70"）" "=COUNTIF（$J$3：$J$12，"<60"）"，统计各分数段的
人数。

图 3-119　设置 COUNTIF 函数参数

（5）单击 F22 单元格，按 Alt+Enter 组合键，利用求和的快捷键求出总计。

（6）单击 G17 单元格，在其中输入公式 "=F17/$F$22"，按 Enter 键统计出 90 分以上所
占的比例。

（7）利用控制句柄，自动填充其他分数段的比例数据。

（8）选中单元格区域 G17：G22，切换到"开始"选项卡，单击"数字"功能组中的
"数字格式"按钮，从下拉列表中选择"百分比"选项，单击"确定"按钮，数值均以百分
比形式显示。

（9）将光标移到 F23 单元格中，单击"公式"→"函数库"→"自动求和"下的箭头，
在下拉列表中选择"最大值"选项，如图 3-120 所示。拖动鼠标选中平均成绩所在的单元格
区域 J3：J12，按 Enter 键计算出平均成绩的最高分。

（10）用同样的方法在 F24 单元格中求出平均成绩最低分，设置对齐效果后如图 3-121
所示。

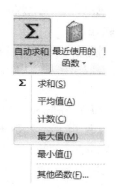

图 3-120　"最大值"命令

学生平均成绩分段统计		
分数段	人数	比例
90分以上	1	10.00%
80-89分	3	30.00%
70-79分	3	30.00%
60-69分	3	30.00%
0-59分	0	0.00%
总计	10	100.00%
最高分	92.44	
最低分	64.44	

图 3-121　分段统计效果图

第 4 步：计算总评成绩并进行排名。

学生的总评成绩是由德、智、体三方面的成绩以 2：7：1 的比例计算的。学生的德育分
数是以 100 分为基础，根据学生的出勤、参加集体活动、获奖等情况，以班级制定的加、减

分规则积累获得的。为了班级之间具有参照性，需要以班级德育分数最高的学生为 100 分，然后按比例换算得到其他同学的分数。操作步骤如下。

（1）打开工作簿文件"学生学期总评.xlsx"。

（2）右击 E 列，从快捷菜单中选择"插入"命令，在德育和文体之间插入一空列。

（3）单击 E2 单元格，输入文本"德育换算分数"，在 E3 单元格中输入公式"=D3/MAX（\$D\$3：\$D\$12）*100"，按 Enter 键，换算出该学生的德育分数。

（4）利用控制句柄，自动填充其他学生换算后的德育分数。

（5）用鼠标双击"学生学期总评"工作簿中的 Sheet2 工作表，将其重命名为"总评及排名"，并在 A1 单元格中输入文本"软件技术 1 班学生总评成绩及排名"。

（6）将工作表"德育文体分数"中单元格区域 A2：C12 的内容复制到工作表"总评及排名"中的以 A2 单元格开始的区域。

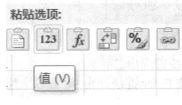

图 3-122　粘贴选项

（7）在 D2：H2 单元格区域中依次输入文本"德育"、"智育"、"文体"、"总评"、"排名"。

（8）选择"德育文体分数"工作表中的 E3：E12 单元格区域（即德育换算分数），按 Ctrl+C 组合键进行复制，右击"总评及排名"工作表中的 D3 单元格，在弹出的快捷菜单中选择"粘贴"选项中的"值"按钮，如图 3-122 所示。实现德育分数的复制操作。

（9）选择"学生成绩单"工作簿中"课程成绩"工作表的单元格区域 J3：J12，用同样的方法，将数值复制到"学生学期总评"工作簿中"总评及排名"工作表的以 E3 单元格开始的区域。

（10）将工作表"德育文体分数"中的文体分数复制到工作表"总评及排名"中单元格 F3 开始的区域。

（11）在工作表"总评及排名"的单元格 G3 中输入公式"=D3*0.2+E3*0.7+F3*0.1"，按 Enter 键，计算出序号为"1"的学生的总评成绩。

（12）利用控制句柄，填充其他学生的总评成绩。

RANK 函数的功能是返回某数字在一列数字中相对于其他数值的大小排位。学生总评成绩出来之后就可以利用 RANK 函数对其进行排序了，操作步骤如下。

（13）单击 H3 单元格，单击"名称框"右侧的插入函数按钮 ，如图 3-123 所示。

（14）在弹出的"插入函数"对话框中选择函数"RANK"，如图 3-124 所示，单击"确定"按钮，打开"函数参数"对话框。

（15）在"函数参数"对话框中分别输入各参数，当光标位于 Number 参数框时，单击单元格 G3 选中序号为"1"的学生的总评成绩。之后将光标移至 Ref 参数框，选定区域 G3：G12，并按 F4 键将其修改为绝对引用。最后将光标移至 Order 参数框，输入"0"，如图 3-125 所示。单击"确定"按钮，计算出序号为"1"的学生的排名。

（16）利用控制句柄填充其他学生的排名。

（17）将 A1：H1 单元格进行合并居中，并设置文本字体为"黑体"，20 号字。

（18）选中单元格区域"A2：H12"，为其设置边框，并将其中的内容"居中"对齐。

（19）选中单元格区域"D3：G12"，为其设置数字格式，将数值保留两位小数。效果如图 3-126 所示。

图 3-123 "插入函数"按钮

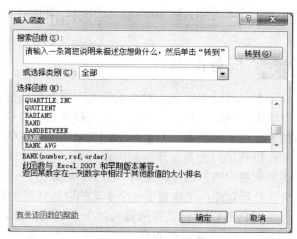

图 3-124 "插入函数"对话框

图 3-125 "函数参数"对话框

图 3-126 计算学生总评、排名后的效果图

3.5 任务四 个人理财辅助分析

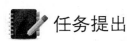 任务提出

个人理财主要是指对个人收入、资产、负债等数据进行分析整理的基础上，根据客户的资产状况与风险偏好，以规范的模式提供财务建议，为客户寻找最适合的理财方式，包括保险、储蓄、股票、债券、基金等，确保其资产的保值、增值。随着生活水平提高和收入渠道增多，家庭投资理财的观念逐渐被大众接受。但是个人理财不能盲目进行，它不仅需要清晰的头脑，还需要相应的辅助分析工具。由于一般家庭的计算机都安装了 Excel，它不仅提供了完整的财务会计处理功能，更包含了一个丰富的财务处理函数，为我们提供了简便易行的投资理财工具。

本任务以普通工薪家庭为对象，针对保险、储蓄、固定资产投资等个人理财方式，介绍 Excel 2010 投资理财的方法与技巧。通过本任务的学习，可以掌握 Excel 2010 在财务方面的应用，并解决日常的家庭理财问题。

任务要求

1．陈先生想要购买一辆 15 万元左右的汽车，首付为 5 万元，另外 10 万元采用分期付款的方式，采用等额本息还款法，贷款期限为 5 年，年利率为 4.98%，试分别计算按年和按月偿还贷款的金额，并制定按月还款计划。具体要求为：

（1）计算"贷款偿还"表中"按年偿还贷款金额（年末）"，填入 E2 单元格中。

（2）计算"贷款偿还"表中"按月偿还贷款金额（月末）"，填入 E3 单元格中。

（3）计算"贷款偿还"表中"第 9 个月的贷款利息金额"，填入 E4 单元格中。

2．陈先生购买的价值 15 万元的汽车，计划使用 10 年，10 年后，该车的价值大约在 3 万元，试计算该车在 10 年使用期内的折旧值。具体要求为：

（1）计算"资产折旧"表中的"每天折旧值"，填入 E2 单元格中。

（2）计算"资产折旧"表中的"每月折旧值"，填入 E3 单元格中。

（3）计算"资产折旧"表中的"每年折旧值"，填入 E4 单元格中。

3．陈先生计划为他的孩子在 10 年后准备一笔较大的学习费用，因此陈先生计划一次性存入账户 1 万元，并计划从现在起每月末存入 2000 元，如果按年利 5%，按月计息（月利为 5%/12），那么 10 年以后该账户的存款额会是多少呢？具体要求如下：

使用 FV 函数，计算"投资收益"表中的"投资情况表 1"，填入 B7 单元格中。

4．保险员向陈先生推荐了一份保险年金，该保险可以在今后 20 年内于每月末回报 ¥600。此项年金的购买成本为 80000，假定投资回报率为 8%，试问陈先生购买此份保险年金是否合算？具体要求如下：

（1）使用 PV 函数，计算"投资收益"表中的"投资情况表 2"，填入 E7 单元格中。

（2）判断该投资是否合算。

任务分析

任务要求 1 中的第（1）小题和第（2）小题是关于财务函数 PMT 的使用。

任务要求 1 中的第（3）小题是关于财务函数 IPMT 的使用。

任务要求中的 2 是关于财务函数 SLN 的使用。

任务要求中的 3 是关于财务函数 FV 的使用。

任务要求中的 4 是关于财务函数 PV 的使用。

任务实施

第 1 步：计算"按年偿还贷款金额（年末）"。

（1）选中"贷款偿还"表中的 E2 单元格，单击 f_x 插入函数按钮。在弹出的"插入函数"对话框中，在"或选择类别"下拉列表中选择"财务"，在"选择函数"列表中选择"PMT"函数，系统弹出"PMT 函数参数"对话框。

（2）在"Rate"输入框中输入年利率"B4"。

（3）在"Nper"输入框中输入贷款期限"B3"。

（4）在"Pv"输入框中输入贷款金额"B2"。

（5）在"Fv"输入框中输入"0"，即付完最后一次贷款后余额为 0。

（6）在"Type"输入框中输入期初付款（1）还是期末付款（0），这里输入"0"，即采用期末付款方式。单击"确定"按钮完成设置，效果如图 3-127 所示。

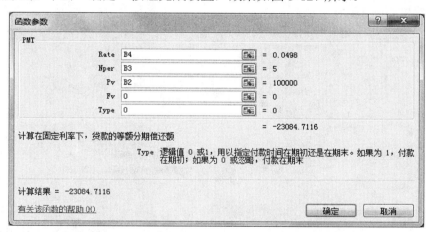

图 3-127　PMT 函数参数（按年）对话框

（7）编辑栏显示"=PMT（B4，B3，B2，0，0）"。

第 2 步：计算"按月偿还贷款金额（月末）"。

按月偿还贷款金额的计算方式与按年偿还贷款金额的计算方式相同，只是在参数设定的过程中，将参数"Rate"设置为月利率，即"B4/12"，将贷款期限参数"Nper"设置为 60 个月，即"5*12"，其他参数设置相同，如图 3-128 所示。

第 3 步：计算"第 9 个月的贷款利息金额"。

（1）选中"贷款偿还"表中的"E4"单元格，单击 f_x 插入函数按钮。在弹出的"插入函数"对话框中，在"或选择类别"下拉框中选择"财务"，在"选择函数"列表框中选择"IPMT"函数，系统弹出"IPMT 函数参数"对话框。

（2）在"Rate"输入框中输入月利率"B4/12"。

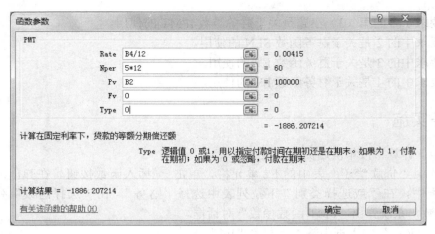

图 3-128　PMT 函数参数（按月）对话框

（3）在"Per"输入框中输入利息期次"9"。

（4）在"Nper"输入框中输入贷款期限"5*12"，即 60 个月。

（5）在"Pv"输入框中输入贷款金额"B2"。

（6）在"Fv"输入框中输入"0"，即付完最后一次贷款后余额为 0，单击"确定"按钮完成设置，效果如图 3-129 所示。

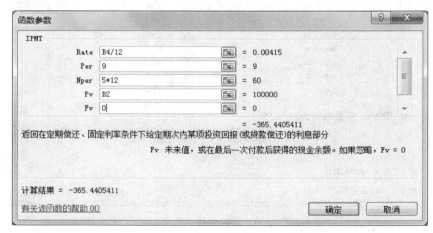

图 3-129　IPMT 函数参数对话框

（7）编辑栏显示"=IPMT（B4/12，9，5*12，B2，0）"。

第 4 步：计算资产每天折旧值。

（1）选中"资产折旧"表中的"E2"单元格，单击 f_x 插入函数按钮。在弹出的"插入函数"对话框中，在"或选择类别"下拉框中选择"财务"，在"选择函数"列表框中选择"SLN"函数，系统弹出"SLN 函数参数"对话框。

（2）在"Cost"输入框中输入固定资产的原值"B2"。

（3）在"Salvage"输入框中输入固定资产的估计残值"B3"。

（4）在"Life"输入框中输入固定资产的生命周期"10*365"，即 3650 天，单击"确定"按钮完成设置，效果如图 3-130 所示。

（5）编辑栏显示"=SLN（B2，B3，10*365）"。

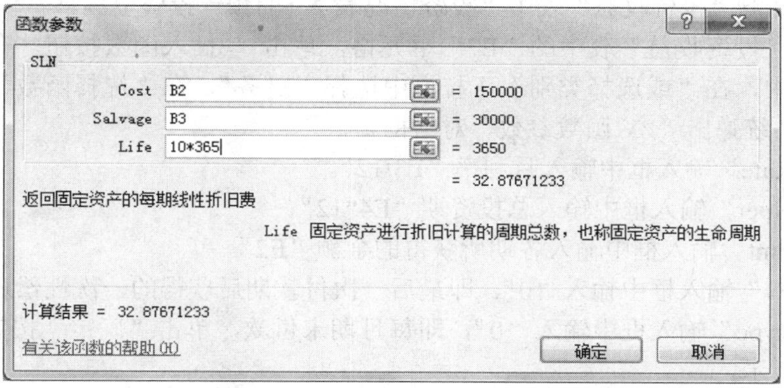

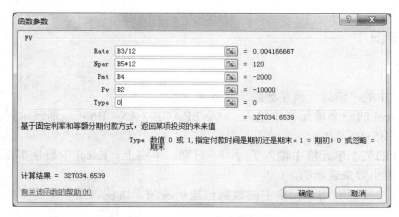

图 3-130　SLN 函数参数设置（按天）对话框

第 5 步：计算资产每月和每年折旧值。

资产每月折旧值和每年折旧值的计算方法同每天折旧值，只是参数"Life"的设置不同，每月折旧值的"Life"参数设置为"10*12"，而每年折旧值的"Life"参数设置为"B4"。

设置完成后"E3"单元格在编辑栏中显示"=SLN（B2，B3，10*12）"，"E4"单元格在编辑栏中显示"=SLN（B2，B3，B4）"。

第 6 步：计算"投资收益"表中"投资情况表 1"的投资收益。

（1）选中"投资收益"表中的"B7"单元格，单击 f_x 插入函数按钮。在弹出的"插入函数"对话框中，在"或选择类别"下拉框中选择"财务"，在"选择函数"列表框中选择"FV"函数，系统弹出"FV 函数参数"对话框。

（2）在"Rate"输入框中输入月利率"B3/12"。

（3）在"Nper"输入框中输入总投资期"B5*12"。

（4）在"Pmt"输入框中输入各期支出金额"B4"。

（5）在"Pv"输入框中输入先期投资金额"B2"。

（6）在"Type"输入框中输入"0，即每月期末付款，单击"确定"按钮完成设置，效果如图 3-131 所示。

图 3-131　FV 函数参数设置

（7）编辑栏显示"=FV（B3/12，B5*12，B4，B2，0）"。

第 7 步：计算"投资收益"表中"投资情况表 2"的预计投资金额。

（1）选中"投资收益"表中的"E7"单元格，单击 f_x 插入函数按钮。在弹出的"插入函数"对话框中，在"或选择类别"下拉框中选择"财务"，在"选择函数"列表框中选择"PV"函数，系统弹出"PV 函数参数"对话框。

（2）在"Rate"输入框中输入月利率"E3/12"。

（3）在"Nper"输入框中输入总投资期"E4*12"。

（4）在"Pmt"输入框中输入各期所获得的金额"E2"。

（5）在"Fv"输入框中输入"0"，即最后一次付款期后获得的一次性偿还额为 0。

（6）在"Type"输入框中输入"0"，即每月期末付款，单击"确定"按钮完成设置，效果如图 3-132 所示。

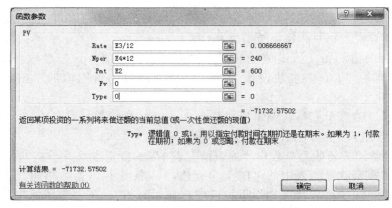

图 3-132　PV 函数参数设置对话框

（7）编辑栏显示"=PV（E3/12，E4*12，E2，0，0）"，单元格"E7"中显示的数值为"¥71732.58"。这说明陈先生购买此份保险年金的现值小于购买的成本 8 万元，因此不建议陈先生购买此份保险年金。

 习题

一、基础知识

1．判断题

（1）Excel 中的"清除"就是删除选定的单元格。（　　）

（2）在 Excel 的一个单元格中输入"=AVERAGE（A5：B6）"，则该单元格显示的结果必是（A5+A6+B5+B6）/4。（　　）

（3）Excel 的某个单元格中输入了时间、日期。事实上，Excel 中日期都是用整数来表示的，时间都是用小数来表示的。（　　）

（4）Excel 中要以利用单元格中的数据创建折线图、饼图、面积图等多种不同类型的图表。（　　）

（5）在 Excel 中，当数字格式代码定义为"####.##"，则 1234.529 显示为 1234.53。
（　　）

（6）在 Excel 中，可以选择一定的数据区域建立图表。当该数据区域的数据发生变化时，图表保持不变。（　　）

（7）电子表格软件是对二维表格进行处理并可制作成报表的应用软件。（　　）

2．单选题

（1）在 Excel 中，当用户希望使标题位于表格中央时，可以使用_____。
　　A．置中　　　　　　B．合并及居中　　C．分散对齐　　　D．填充

（2）Excel 电子表格应用软件中，具有数据_____的功能。
　　A．增加　　　　　　B．删除　　　　　　C．处理　　　　　D．以上都对

（3）在 Excel 环境中用来存储并处理工作表数据的文件称为_____。
　　A．单元格　　　　　B．工作区　　　　　C．工作簿　　　　D．工作表

（4）Excel 的工作簿窗口最多可包含_____张工作表。
　　A．1　　　　　　　B．8　　　　　　　C．16　　　　　　D．255

（5）在 Excel 中，当公式中出现被零除的现象时，产生的错误值是_____。
　　A．#N/A！　　　　B．#DIV/0！　　　C．#NUM！　　　D．#VALUE！

（6）在 Excel 中，运算符&表示_____。
　　A．逻辑值的与运算　　　　　　　　　B．子字符串的比较运算
　　C．数值型数据的无符号相加　　　　　D．字符型数据的连接

（7）在 Excel 的单元格中输入日期时，年、月、日分隔符可以是_____。
　　A．"/"或"-"　　　B．"."或"|"　　　C．"/"或"\"　　　D．"\"或"-"

（8）在 Excel 中，下列叙述中不正确的是_____。
　　A．Excel 是一种表格数据综合管理与分析系统，并实现了图、文、表的完美结合
　　B．在 Excel 的数据库工作表中，"记录单"可以修改记录数据，但不能直接修改公式字段的值
　　C．在 Excel 中，图表一旦建立，其标题的字体、字型是不可改变的
　　D．在 Excel 中，工作簿是由工作表组成的

（9）在单元格中输入时，若要在同一个单元格内换行，则_____。
　　A．按 Ctrl+Enter 键　　　　　　　　B．按 Shift+Enter 键
　　C．按 Enter 键　　　　　　　　　　　D．按 Alt+Enter 键

（10）选取多个不连续单元格区域时，可先选取一个区域后，按住_____键不放，然后选取其他区域。
　　A．Esc　　　　　　B．Tab　　　　　　C．Ctrl　　　　　D．Shift

3．多选题

（1）在 Excel 的列表中，如果要以"姓名"字段作为关键字进行排序，系统可以按"姓名"的_____之一为序重排数据。
　　A．拼音字母　　　　B．笔画　　　　　　C．部首偏旁　　　D．输入码

（2）在 Excel 中，假定从 A1 到 C2 的矩形区域内各单元格均有数值存在，则公式=SUM

（B1：B4）等价于_____。

    A．=SUM（B1+B2，B3+B4）   B．=SUM（B1+B4）

    C．=SUM（A1：B4 B1：C4）   D．=SUM（B1，B2，B3，B4）

（3）Excel 中提供了数据合并功能，可以将多张工作表的数据合并计算存放到另一张工作表中。合并计算支持的函数有_____。

    A．平均值   B．计数   C．最大值   D．求和

（4）在 Excel 中，若只需打印工作表的一部分数据时，可以_____。

    A．直接使用工具栏中的打印按钮

    B．隐藏不要打印的行或列，再使用工具栏中的打印按钮

    C．先设置打印区域，再使用工具栏中的打印按钮

    D．先选中打印区域，再使用工具栏中的打印按钮

（5）Excel 的主要功能是_____。

    A．电子表格   B．文字处理   C．图表   D．数据库

二、实训练

实训 1：

1．求出 Sheet1 表中每个月的合计数并填入相应单元格中。

2．将 Sheet1 复制到 Sheet2 中。

3．求出 Sheet2 表中每个国家的月平均失业人数（小数取 2 位）填入相应单元格中。

4．将 Sheet1 表的 A3：A15 和 L3：L15 区域的各单元格"水平居中"及"垂直居中"。

5．在 Sheet2 表的月平均后增加一行"平均情况"（A17 单元格），该行各对应单元格内容为：如果月平均失业人数>5 万，则显示"高"，否则显示"低"（不包括引号）。要求利用公式。

6．在 Sheet2 工作表后添加工作表 Sheet3，将 Sheet1 的第 3 行到第 15 行复制到 Sheet3 中 A1 开始的区域。

7．对 Sheet3 的 B2：K13 区域，设置条件格式：对于数值小于 1 的单元格，使用红、绿、蓝颜色成分为 100、255、100 的背景色填充；对于数值大于等于 7 的，数据使用红色加粗效果。

实训 2：

1．将 Sheet1 复制到 Sheet2 中，并将 Sheet1 更名为"进货单"。

2．将 Sheet2 中"名称"、"单价"和"货物量"三列复制到 Sheet3 中。

3．对 Sheet3 中的内容按"单价"升序排列。

4．将 Sheet2 中的"波波球"的"单价"改为 38.5，并重新计算"货物总价"。

5．在 Sheet2 中，利用公式统计低于 50 元（不含 50 元）的货物种类数，并把数据存入 I2 单元格。

6．在 Sheet3 工作表后添加工作表 Sheet4，将 Sheet2 的 A 到 F 列复制到 Sheet4。

7．对 Sheet4，设置 B 列宽度为 28，所有行高为"自动调整行高"；对"货物总价"列设置条件格式：凡是小于 10000 的，一律显示为红色；凡是大于等于 100000 的，一律填

充黄色背景色。

实训 3：

1．删除 Sheet1 表"平均分"所在行。

2．求出 Sheet1 表中每位同学的总分并填入"总分"列相应单元格中。

3．将 Sheet1 表中 A3：B105 和 I3：I105 区域内容复制到 Sheet2 表的 A1：C103 区域。

4．将 Sheet2 表内容按"总分"列数据降序排列。

5．在 Sheet1 的"总分"列后增加一列"等级"，要求利用公式计算每位学生的等级。

6．要求：如果"高等数学"和"大学语文"的平均分大于等于 85，显示"优秀"，否则显示为空。

说明：显示为空也是根据公式得到的，如果修改了对应的成绩使其平均分大于等于85，则该单元格能自动变为"优秀"。

7．在 Sheet2 工作表后添加工作表 Sheet3，将 Sheet1 复制到 Sheet3。

8．对 Sheet3 各科成绩设置条件格式，凡是不及格（小于 60 分）的，一律显示为红色，加粗；凡是大于等于 90 的，一律使用浅绿色背景色。

实训 4：

打开 Excel 高级应用素材文件夹中的"练习题 1.xls"文件，按下面的操作要求进行操作，并把操作结果存盘。

注意：在做题时，不得将数据表进行更改。操作要求如下：

1．在 Sheet4 的 A1 单元格中设置为只能录入 5 位数字或文本，当录入位数错误时，提示错误原因，样式为"警告"，错误信息为"只能录入 5 位数字或文本"。

2．在 Sheet4 中，使用函数，将 B1 的时间四舍五入到最接近的 15 分钟的倍数，结果放在 C1 单元格中。

3．使用 REPLACE 函数，对 Sheet1 中"员工信息表"的员工代码进行升级。要求：

（1）升级方法：在 PA 后面加上 0。

（2）将升级后的员工代码结果填入表中的"升级员工代码"列中。

（3）例如：PA125，修改后为 PA0125。

4．使用时间函数，计算 Sheet1 中"员工信息表"的"年龄"列和"工龄"列。要求：

（1）假设当前时间是"2009-11-15"，结合表中的"出生年月"、"参加工作时间"列，对员工"年龄"和"工龄"进行计算。

（2）计算方法为两年份之差，并将结果保存到表中的"年龄"列和"工龄"列中。

5．使用统计函数，根据 Sheet1 中"员工信息表"的数据，对以下条件进行统计。

（1）统计男性员工的人数，结果填入 N3 单元格中。

（2）统计高级工程师人数，结果填入 N4 单元格中。

（3）统计工龄大于等于 10 的人数，结果填入 N5 单元格中。

6．使用逻辑函数，判断员工是否有资格评"高级工程师"。要求：

（1）评选条件为：工龄大于 20，且为工程师的员工。

（2）将结果保存在"是否资格评选高级工程师"列中。

（3）如果有资格，保存结果为 TRUE；否则为 FALSE。

7．将 Sheet1 的"员工信息表"复制到 Sheet2 中，并对 Sheet2 进行高级筛选。要求：

（1）筛选条件为："性别"-男，"年龄">30，"工龄">＝10，"职称"-助工。

（2）将结果保存在 Sheet2 中。

注意：

① 无须考虑是否删除或移动筛选条件。

② 复制过程中，将标题项"员工信息表"连同数据一同复制。

③ 复制数据表后，粘贴时，数据表必须顶格放置。

8．根据 Sheet1 中的数据，创建一个数据透视图 Chart1。要求：

（1）显示工厂中各种职称人数的汇总情况。

（2）X 坐标设置为"职称"。

（3）计数项为"职称"。

（4）数据区域为"职称"。

（5）将对应的数据透视表保存在 Sheet3 中。

实训 5：

打开 Excel 高级应用素材文件夹中的"练习题 2.xls"文件，按下面的操作要求进行操作，并把操作结果存盘。

注意：在做题时，不得将数据表进行更改。操作要求如下：

1．在 Sheet1 中，使用条件格式将性别列中为"女"的单元格中字体颜色设置为红色、加粗显示。

2．使用 IF 函数，对 Sheet1 中的"学位"列进行自动填充。要求：填充的内容根据"学历"列的内容来确定（假定学生均已获得相应学位）：

① 博士研究生-博士。

② 硕士研究生-硕士。

③ 本科-学士。

④ 其他-无。

3．使用数组公式，在 Sheet1 中计算：

（1）计算笔试比例分，并将结果保存在"公务员考试成绩表"中的"笔试比例分"中。

计算方法：笔试比例分 ＝（笔试成绩 /3）* 60%

（2）计算面试比例分，并将结果保存在"公务员考试成绩表"中的"面试比例分"中。

计算方法：面试比例分 ＝ 面试成绩 * 40%

（3）计算总成绩，并将结果保存在"公务员考试成绩表"中的"总成绩"中。

计算方法：总成绩 ＝ 笔试比例分+面试比例分

4．将 Sheet1 中的"公务员考试成绩表"复制到 Sheet2 中，根据以下要求修改"公务员考试成绩表"中的数组公式，并将结果保存在 Sheet2 中相应列中。要求：

修改"笔试比例分"的计算，计算方法为：笔试比例分=（笔试成绩/2）*60%，并将结果保存在"笔试比例分"列中。

注意：

① 复制过程中，将标题项"公务员考试成绩表"连同数据一同复制。

② 复制数据表后，粘贴时，数据表必须顶格放置。

5．在 Sheet2 中，使用 RANK 函数，根据"总成绩"列对所有考生进行排名。

要求：将排名结果保存在"排名"列中。

6．将 Sheet2 中的"公务员考试成绩表"复制到 Sheet3，并对 Sheet3 进行高级筛选。要求：

① 筛选条件为："报考单位"——中院、"性别"-男、"学历"-硕士研究生。

② 将筛选结果保存在 Sheet3 中。

注意：

● 无需考虑是否删除或移动筛选条件。

● 复制过程中，将标题项"公务员考试成绩表"连同数据一同复制。

● 复制数据表后，粘贴时，数据表必须顶格放置。

7．根据 Sheet2 中的"公务员考试成绩表"，在 Sheet4 中创建一张数据透视表。要求：

（1）显示每个报考单位的人的不同学历的人数汇总情况。

（2）行区域设置为"报考单位"。

（3）列区域设置为"学历"。

（4）数据区域设置为"学历"。

（5）计数项为"学历"。

实训 6：

打开 Excel 高级应用素材文件夹中的"练习题 18.xls"文件，按下面的操作要求进行操作，并把操作结果存盘。

注意：在做题时，不得将数据表进行更改。操作要求如下：

1．在 Sheet5 的 A1 单元格中设置为只能录入 5 位数字或文本，当录入位数错误时，提示错误原因，样式为"警告"，错误信息为"只能录入 5 位数字或文本"。

2．在 Sheet5 的 B1 单元格中输入分数 1/3。

3．使用数组公式，根据 Sheet1 中"教材订购情况表"的订购金额进行计算。

（1）将结果保存在该表的"金额"列当中。

（2）计算方法：金额=订数*单价。

4．使用统计函数，对 Sheet1 中"教材订购情况表"的结果按以下条件进行统计，并将结果保存在 Sheet1 中的相应位置。要求：

（1）统计出版社名称为"电子工业出版社"的书的种类数，并将结果保存在 Sheet1 中的 L2 单元格中。

（2）统计订购数量大于 110 且小于 850 的书的种类数，并将结果保存在 Sheet1 中的 L3 单元格中。

5．使用函数，计算每个用户所订购图书所需支付的金额总数，并将结果保存在 Sheet1 中"用户支付情况表"的"支付总额"列中。

6．使用函数，判断 Sheet2 中的年份是否为闰年，如果是，结果保存"闰年"，如果不是，则结果保存"平年"，并将结果保存在"是否闰年"列中。

7．把 Sheet1 中的"教材订购情况表"复制到 Sheet3 中，对 Sheet3 进行高级筛选。要求：

（1）筛选条件为："订数>=500 且金额总数<=30000"。

（2）将筛选结果保存在 Sheet3 中。

注意：

- 无须考虑是否删除或移动筛选条件。
- 复制过程中，将标题项"教材订购情况表"连同数据一同复制。
- 复制数据表后，粘贴时，数据表必须顶格放置。

8．根据 Sheet1 中的"教材订购情况表"，在 Sheet4 中新建一张据透视表。要求：

（1）显示每个客户在每个出版社所订的教材数目。

（2）行区域设置为"出版社"。

（3）列区域设置为"客户"。

（4）求和项为订数。

（5）数据区域设置为"订数"。

第4章　演示文稿制作 PowerPoint 2010

PowerPoint 2010 是一款强大的、专业的幻灯片制作软件，是 Office 2010 的重要组成部分。利用它能够制作出集文字、图形、图像、声音、动画及视频等多媒体元素为一体的演示文稿。本章首先介绍下面几个主要知识点，最后通过几个典型的实例加深对演示文稿的理解。

- 演示文稿创建和保存，演示文稿文字或幻灯片的插入、修改、删除、选定、移动、复制、查找、替换、隐藏；幻灯片次序更改、项目的升降级。
- 文本、段落的格式化，主题的使用，幻灯片母版的修改，幻灯片版式、项目符号的设置，编号的设置，背景的设置，配色的设置。
- 图文处理：在幻灯片中使用文本框、图形、图表、表格、图片、艺术字、SmartArt 图形等添加特殊效果，当前演示文稿中超链接的创建与编辑。
- 建立自定义放映，设置排练计时，设置放映方式。
- 模板与配色方案的使用、幻灯片的放映方式以及演示文稿的输出方法。

4.1　知识要点

4.1.1　演示文稿的基本操作

启动 PowerPoint 2010 应用程序后，会打开演示文稿的工作界面，由"文件"选项卡、快速访问工具栏、标题栏、功能区、"幻灯片/大纲"窗格、"帮助"按钮、"幻灯片"窗格、状态栏和"备注"窗格等组成，如图 4-1 所示。

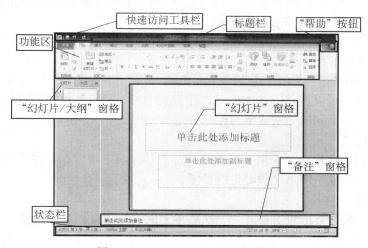

图 4-1　PowerPoint 2010 工作界面

1. PowerPoint 2010 窗口的基本组成

（1）快速访问工具栏

快速访问工具栏位于 PowerPoint 2010 工作界面左上角，由最常用的工具按钮组成，如"保存"按钮、"撤销"按钮等。单击这些按钮，可以快速实现其相应的功能。

（2）标题栏

标题栏位于快速访问工具栏的右侧，主要用于显示图 4-1 中正在使用的程序名称是 Microsoft PowerPoint 文档、正在使用的文档名称是"演示文稿 1"以及窗口的"最大化"、"最小化"和"关闭"等控制按钮。

（3）功能区

功能区由多个选项卡组成，可以单击选项卡标签在不同的选项卡之间切换。根据不同的功能，分为 9 个选项卡，即"文件"、"开始"、"插入"、"设计"、"转换"、"动画"、"幻灯片放映"、"审阅"和"视图"选项卡。当切换到某个选项卡后，可以看到该选项卡又被分为几个部分，这些部分通常依据不同功能进行划分，在每个组中都排列着数量不等的命令。

（4）"幻灯片/大纲"窗格

"幻灯片/大纲"窗格位于工作界面的左侧，用于显示幻灯片的缩略图和大纲内容，通过这个窗格可以方便地查看幻灯片的数量和结构。

（5）"幻灯片"窗格

"幻灯片"窗格位于 PowerPoint 2010 工作界面的中间，用于显示和编辑当前的幻灯片。

（6）"备注"窗格

"备注"窗格是在普通视图中显示的用于键入关于当前幻灯片的备注，可以将这些备注打印为备注内容。

（7）状态栏

状态栏是显示现在正在编辑的幻灯片所在状态，用于显示当前文档页、总页数、语言状态和视图状态等。

2. 演示文稿的视图

在 PowerPoint 2010 程序中提供了普通视图、幻灯片浏览视图、备注页视图、阅读视图、幻灯片放映视图和母版视图 6 种方式。

（1）普通视图

普通视图是主要的编辑视图，可以撰写和设计演示幻灯片。

（2）幻灯片浏览视图

幻灯片浏览视图可以查看缩略图形式。在视图中可以轻松地组织幻灯片的排序，同时也可以添加节，然后按不同的类别或节对幻灯片进行排序。

（3）备注页视图

在"备注"窗格中输入要应用于当前幻灯片的备注后，可以在备注页视图中显示出来，也可以打印出来并在放映演示文稿时进行参考。

（4）阅读视图

阅读视图是一种特殊的查看模式，使在屏幕上阅读扫描文档更为方便。

（5）幻灯片放映视图

幻灯片放映视图可用于向观众放映演示文稿，它会占据整个计算机屏幕，可以看到图形、电影、动画效果和切换效果在实际演示中的具体效果。

（6）母版视图

母版视图包括幻灯片母版视图、讲义母版视图和备注母版视图。使用母版视图可以对与演示文稿关联的每个幻灯片、备注页或讲义的样式进行全局更改。

3．创建和编辑演示文稿

（1）创建演示文稿

在启动 PowerPoint 2010 应用程序后，会自动创建一个空白演示文稿，其中包含一张幻灯片。用户也可以利用已存在的演示文稿的模板来创建新的演示文稿，还可以通过按 Ctrl+N 组合键快速创建空白的文档。

（2）保存演示文稿

保存演示文稿可以单击快速访问工具栏中"保存"按钮，或者单击"文件"按钮，然后在弹出的菜单中选择"保存"命令，即打开"另存为"对话框，如图 4-2 所示。选择文档的保存位置，然后设置"保存类型"为"PowerPoint 演示文稿"，接着在"文件名"文本框中输入文档的名称，再单击"保存"按钮，即完成演示文稿的保存。

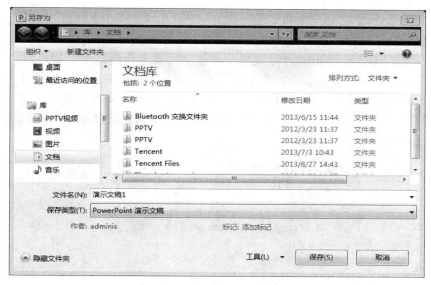

图 4-2　"另存为"对话框

（3）打开已保存的演示文稿

要打开已保存的演示文稿，可以通过以下几种方法来实现。

① 先启动 PowerPoint 2010 应用程序，然后单击应用程序窗口左上角的"文件"按钮，然后在弹出的菜单中选择"打开"命令，在弹出的对话框中选择要打开的演示文稿，然后单击"打开"按钮即可。

② 直接双击该 PowerPoint 文档图标，将其打开。

③ 通过"文件"选项卡选择"最近使用文件"命令，在中间的窗格中会列出最近使用过的文件的链接，直接单击即可打开，如图 4-3 所示。

图 4-3 最近使用的文件链接

（4）关闭演示文稿

演示文稿编辑完成后，就可以关闭演示文稿了。如果关闭时演示文稿已经保存，则直接单击"文件"选项卡，在弹出的下拉菜单中选择"关闭"命令即可。如果演示文稿还未保存，在选择"关闭"命令后，会弹出提示是否保存演示文稿的对话框，如图 4-4 所示。如果需要保存，则单击"保存"按钮，选择保存位置及输入名称。如果不需要保存，则直接单击"不保存"按钮。单击"取消"按钮，则是放弃关闭演示文稿的操作，可以继续进行其他的操作。

图 4-4 "是否保存"对话框

4.1.2 幻灯片的基本操作

1. 新建幻灯片

图 4-5 根据"开始"选项卡新建幻灯片

演示文稿中的每一页叫做幻灯片，每张幻灯片都是演示文稿中既相互独立又相互联系的内容。用户可以通过以下三种方式创建新的幻灯片。

① 通过功能区的"开始"选项卡，在"幻灯片"组中单击"新建幻灯片"按钮，如图 4-5 所示，即可新建一张幻灯片，在新建时可以选择所需要的相应版式。

② 使用"幻灯片/大纲"窗格的"幻灯片"选项下的缩略

图上或空白位置右击，在弹出的快捷菜单中选择"新建幻灯片"选项，如图 4-6 所示。

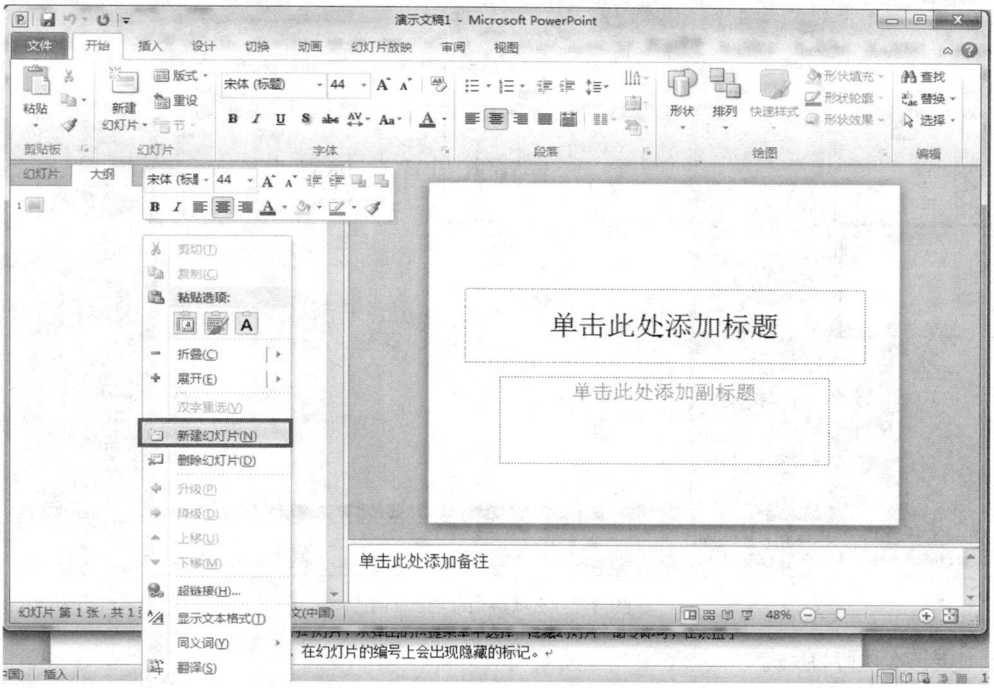

图 4-6　通过右击选择新建幻灯片

③ 使用 Ctrl+M 组合键也可以快速创建新的幻灯片。

2. 删除幻灯片

当多余的幻灯片需要删除时，可以右击该幻灯片，从弹出的快捷菜单中选择"删除"命令将其删除，或者选中要删除的幻灯片，按 Delete 键将其删除。

3. 隐藏/显示幻灯片

如果需要将一张幻灯片放在演示文稿中，却不希望在幻灯片放映中可以将此幻灯片隐藏。通过"幻灯片放映"选项卡，在"设置"组中选中"隐藏幻灯片"命令，也可以右击要隐藏的幻灯片，从弹出的快捷菜单中选择"隐藏幻灯片"命令即可，在设置了"隐藏幻灯片"后，在幻灯片的编号上会出现隐藏的标记，如图 4-7 所示。

如果要将一张已经隐藏的幻灯片重新显示出来，选择被隐藏的幻灯片右击，从弹出的快捷菜单中选择"隐藏幻灯片"命令即可，幻灯片的编号上的隐藏标记消失。

4. 移动与复制幻灯片

当用户需要在两个演示文稿之间复制（或移动）幻灯片时，可以在选中幻灯片后，右击，选择"复制"（或"剪切"）命令，将其移动到剪贴板中，接着在目标文件中单击"粘贴"按钮，将其复制（或移动）过来。若是在同一个文档中需要移动时，按住鼠标左键不放，直接将其拖动到所需的位置即可实现。若是在同一个文档中需要复制幻灯片时，同时按住鼠标左键和 Ctrl 键，拖动到所需的位置即可实现。

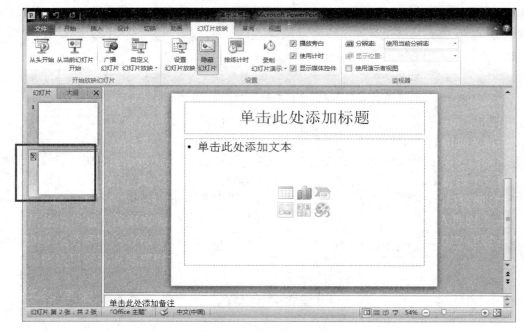

图 4-7　幻灯片的隐藏标记

5. 更改幻灯片版式

不同的幻灯片版式决定了幻灯片不同的应用布局，例如，在新建演示文稿时，将自动创建一张版式为"标题幻灯片"的幻灯片。

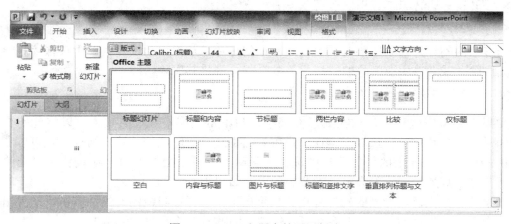

图 4-8　Office 主题中的不同版式

在创建新幻灯片时，在弹出的下拉菜单中可以选择所要使用的 Office 主题中的不同版式，也可以根据需要随时改变幻灯片的版式，选中要更改版式的幻灯片，单击功能区中的"开始"选项，选择"幻灯片"组中的"版式"命令，或者右击该幻灯片，在弹出的快捷菜单中选择"版式"，从其子菜单中选择要应用的新的布局，如图 4-8 所示，列出了 Office 主题的不同版式。

4.1.3　幻灯片格式设置

1. 文本的字体格式设置

文字在 PowerPoint 2010 中是很好的表达方法，适当修饰文字可以突出重点。字体的格式包括文字的字体类型、字体大小、字体颜色、是否加粗、是否倾斜、是否带有下划线、是否带有阴影等特殊效果。

如果要对幻灯片中的某些文字进行格式化，其方法与 Word 操作一样，可以先选择文字，单击功能区的"开始"选项卡，再选择"字体"组中的相应命令即可，如图 4-9 所示。

图 4-9　文字的字体格式设置

2. 文本的段落格式设置

对于幻灯片中的文本来说，除了字体格式外，还可以为段落设置段落格式。

（1）设置段落对齐方式

PowerPoint 2010 一共提供了 5 种段落对齐方式，除了左对齐以外，还包括居中对齐、右对齐、两端对齐和分散对齐。将光标定位在需要设置对齐方式的某一段落中，单击功能区的"开始"选项卡，选择"段落"组中相应的对齐方式，即可更改段落的对齐方式。

（2）设置段落缩方式

单击"段落"组右下角的 按钮，在弹出的"段落"对话框中可以设置以下选项，如图 4-10 所示。

对齐方式区域中可以对段落进行对齐方式的设置。缩进区域可以设定缩进的具体数值，可以设置左缩进、右缩进、悬挂缩进和首行缩进。

（3）设置段落行间距和段落间距

间距区域可以设定段前距、段后距和行距。段前距、段后距是用来设置一个段落前、段落后和其他段落之间的距离。行距是用来设置行与行之间的距离。

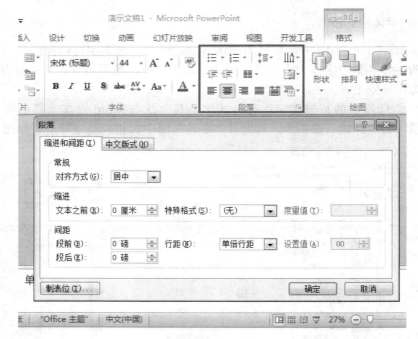

图 4-10　段落格式设置

3. 项目符号与编号的设置

当幻灯片中有多个段落时，可以为这些段落添加项目符号，使文本更具有层次感，能够使用户更好地阅读和理解。PowerPoint 提供了多种项目符号、编号形式，用户可以修改它们的格式，或者使用图形项目符号。为文本添加项目符号与编号的具体操作方法如下：

先选中需要添加的文本行，选择"段落"组中相应的项目符号与编号，如图 4-11 所示，如需要选择更多的符号或者编号，单击下面的"项目符号和编号"命令，进入"项目符号和编号"对话框进行选择。

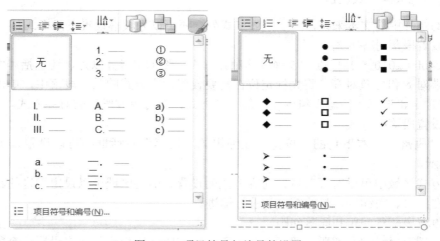

图 4-11　项目符号与编号的设置

4．幻灯片的背景设置

为了美化幻灯片的外观，可以为一张幻灯片设置背景，也可以为演示文稿中的所有幻灯片设置背景，背景包含很多种类型，可以使用单一的颜色，也可以使用图片，还可以使用图案。

（1）使用纯色填充

纯色填充是最简单的一种填充，通过"设计"选项卡，在"背景"组中单击"背景"命令。在打开的"设置背景格式"对话框中单击"纯色填充"单选按钮，然后单击下面的"颜色"按钮，选择一种颜色进行填充即可，还可以通过拖动透明度滑块来设置颜色的透明效果，如图 4-12 所示。

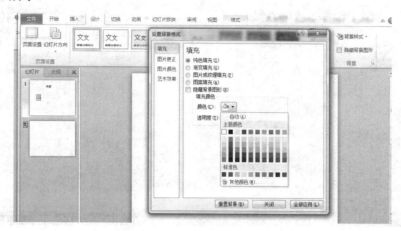

图 4-12　使用纯色填充

（2）使用渐变色填充

在"设置背景格式"对话框中单击"渐变填充"单选按钮，如图 4-13 所示，可以根据渐变效果的需要，设置数量不等的光圈，光圈的设置方法主要是指定光圈的颜色、位置和透明度。

图 4-13　使用渐变色填充

（3）使用预置背景

使用预置的背景，单击"功能区"中的"设计"选项卡，在"背景"组中单击"背景样式"按钮，在打开的列表中选择一种背景。当单击某个背景后，演示文稿中的每一张幻灯片都会自动设置所选的背景。如果只是设置某一张幻灯片的背景，那么需要在选中的某一背景样式右击要使用的背景，在弹出的快捷菜单中选择"应用于所选幻灯片"命令即可，如图4-14所示。

图4-14　使用预置背景

（4）使用图片或纹理填充

可以使用指定的图片或者纹理进行填充，此时需要单击"图片或纹理填充"单选按钮，如图4-15所示，可以单击"纹理"按钮选中内置的纹理图案。如果使用图片，可以单击"文件"按钮，从计算机中选择对应的图片文件，也可以使用剪贴画作为幻灯片的背景。

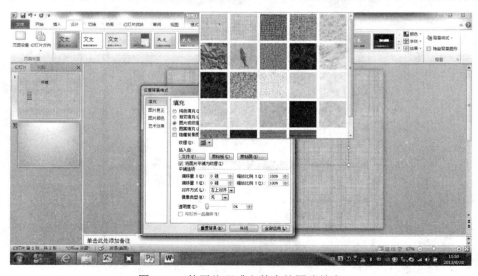

图4-15　使用纹理或文件中的图片填充

（5）使用图案填充

可以使用 PowerPoint 2010 中内置的一些图案作为幻灯片背景，当鼠标移动到图案上，即会出现该图案的相应名称，如图 4-16 所示。

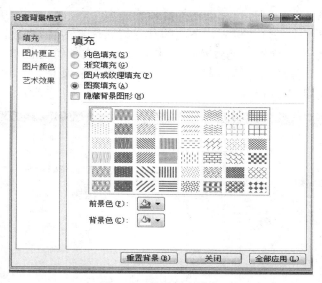

图 4-16　使用图案填充

5．使用幻灯片主题

PowerPoint 2010 中提供了大量的主题样式，这些主题样式设置了不同的颜色、字体样式和对象样式。可以根据不同的需求选择不同的主题，选择完成后即可直接应用于演示文稿中，如图 4-17 所示。单击"功能区"中的"设计"选项卡，再选择"主题"组中的"其他"按钮，打开主题下拉列表，选择所要使用的主题样式即可。

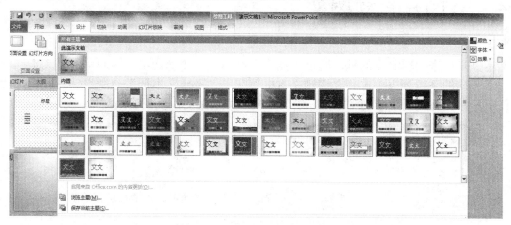

图 4-17　使用幻灯片主题

6．幻灯片母版的修改

母版是演示文稿中重要的组成部分，使用母版可以使整个幻灯片具有统一的风格和样式。在 PowerPoint 2010 中，母版分为幻灯片母版、讲义母版和备注母版，幻灯片母版是幻灯片层次结构中的顶层幻灯片，用于存储有关演示文稿的主题和幻灯片版式的信息，包括背景、颜色、字体、效果、占位符大小和位置。下面介绍一下幻灯片母版，单击"功能区"中的"视图"选项，再选择"母版视图"组中的"幻灯片母版"按钮，出现如图 4-18 所示的幻灯片母版视图。第 1 张幻灯片比下面的幻灯片稍微大一点，它表示的就是幻灯片母版，每个演示文稿至少包含一个幻灯片母版，下面的几张幻灯片表示与母版相关联的幻灯片版式。通过这个母版视图即可进行修改幻灯片的文本的字体、占位符的位置、背景设计、配色方案、日期区设置和页码区的设置等。单击"幻灯片母版"选项卡"关闭"组中的"关闭母版视图"按钮，即可关闭幻灯片母版。

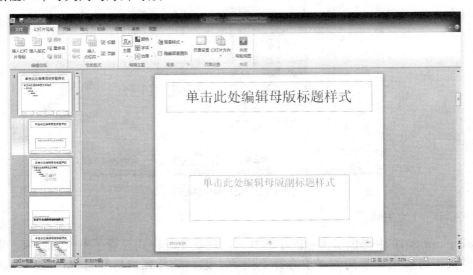

图 4-18　幻灯片母版视图

4.1.4　在幻灯片中添加对象

1. 添加文本框

文本框是用来编辑文字的框，通过"插入"选项卡，在"文本"组中单击"文本框"下拉按钮。在弹出的下拉列表中选择"横排文本框"或者"竖排文本框"命令，然后在幻灯片空白处按住鼠标左键并拖动来绘制文本框，绘制完成后可以在文本框中输入文本，如图 4-19 所示。

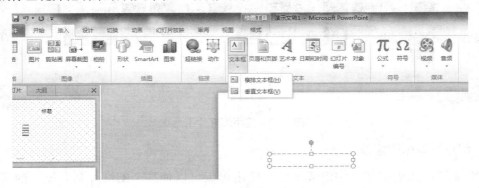

图 4-19　插入文本框

2. 添加图像及插图

（1）插入图片

在演示文稿中选择需要插入图片的幻灯片，然后在"插入"选项卡中，选择"图像"组中的"图片"按钮，在弹出的对话框中选择需要插入的图片即可。插入的图片根据用户的需要可以进行拖动选择图片位置和缩放来设置图片的大小。

（2）插入剪贴画

在 PowerPoint 2010 中自带了丰富的剪贴画库，其中包含的剪贴画可以很好地表达各种不同的思想。通过"插入"选项卡中，选择"图像"组中的"剪贴画"按钮，在打开的"剪贴画"任务窗格中，输入要搜索的文字，比如，在"搜索文字"中，输入"房子"，再单击"搜索"按钮，在下面会出现很多有关房子的剪贴画，选择要插入的剪贴画进行单击，即插入到幻灯片中，如图 4-20 所示。

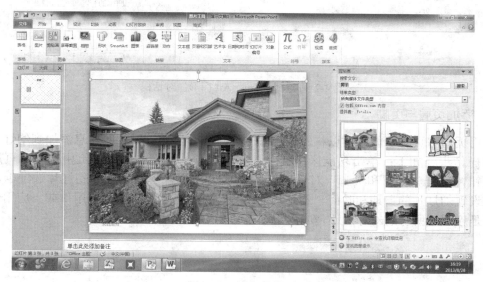

图 4-20　插入剪贴画

（3）插入形状图形

PowerPoint 2010 提供了强大的绘图工具，包括线条、基本形状、箭头、公式形状、流程图形状、星、旗帜和标注，可供用户随意绘制到幻灯片中。要绘制一个形状，可以通过"插入"选项卡，在"插图"组中选择"形状"，在打开的列表中选择所需的图形，选中后，鼠标将变为十字形，此时在幻灯片中拖动鼠标即可绘制出所需要的形状。

（4）插入艺术字

具有个性特征的文字效果，既能突出主题，又能美化幻灯片，通过"插入"选项卡中，选择"文本"组中的"艺术字"按钮，在弹出的下拉列表中选择艺术字的样式。在添加的文本框中输入文字，也可以对输入的文字的进行字体、字号、字形等的设置。

（5）插入 SmartArt 图形

SmartArt 图形是一种矢量图形对象，使用 SmartArt 图形能够快捷直观地表现层次结构、组织结构、并列关系及循环关系等常见的关系结构，同时还可以获得具有立体感的并且漂亮精美的图片。用户根据需要选择任意一种类别，首先选择要创建 SmartArt 图形的幻灯片，单击功能区中的"插入"选项卡，选择"插图"组中的"SmartArt"按钮，在弹出的对话框中进行选择相应的 SmartArt 图形，单击"确定"按钮即可，在插入的 SmartArt 图形中可以输入所对应的文字，如图 4-21 所示。

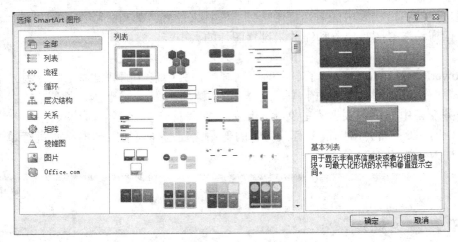

图 4-21　选择"SmartArt 图形"对话框

3．添加页眉与页脚

使用页眉和页脚功能，可以将幻灯片编号、时间和日期、页脚等信息添加到幻灯片的底部，其操作步骤如下：单击功能区中的"插入"选项卡，在"文本"组中选择"页眉和页脚"按钮，打开"页眉和页脚"对话框，如图 4-22 所示。单击相应的幻灯片选项卡，可以在这里设置幻灯片的日期和时间、幻灯片的编号、页脚。通过"全部应用"或"应用"按钮来选择是应用于所有的幻灯片还是应用于选中的某一张幻灯片。

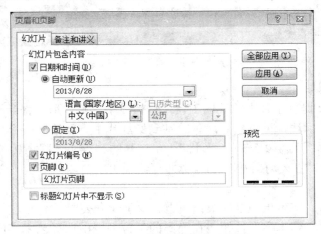

图 4-22　"页眉和页脚"对话框

4.1.5　设置动画效果及超链接

"动画"就是预先定义的一系列对象出现和显示的格式，可以为整个幻灯片设置切换动画，也可以为幻灯片中的占位符、文本框、图形、图片、SmartArt 图形等多种对象设置动画效果。

1. 给幻灯片设置动画效果

（1）幻灯片切换效果

幻灯片的切换动画是指从一张幻灯片跳转到下一张幻灯片之间的衔接的特殊效果，通过"切换"选项卡，选择"切换到此幻灯片"组中打开幻灯片切换动画列表，可以为一张、多张或所有幻灯片设置切换动画，如图 4-23 所示。为幻灯片选择好切换动画后，可以单击旁边的效果选项，再选择相对应的效果。还可以为此幻灯片设置切换时的声音，PowerPoint 2010 提供了爆炸、抽气、打字机、风铃、鼓掌等等的声音。通过"持续时间"可以设置幻灯片的切换速度。通过换片方式可以选择通过鼠标单击还是设置自动换片时间。

图 4-23　幻灯片切换设置

（2）为对象应用动画样式

为对象设置动画，可以设置包括进入、强调、退出及路径等不同类型的动画效果。在设置前都需要选中该对象，通过"动画"选项卡中的"动画"组中，单击动画样式的"其他"按钮，弹出如图 4-24 所示的下拉列表。选择动画效果后，再单击"效果选项"按钮，选择相应的方式。

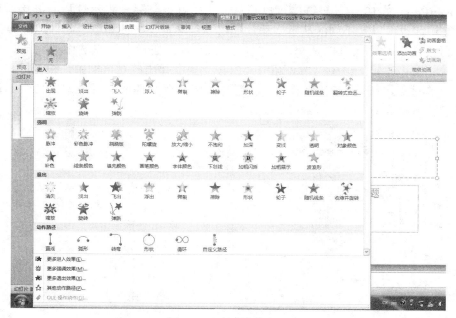

图 4-24　动画效果选项

（3）添加动作按钮

使用动作按钮可以实现各个幻灯片之间的切换，具体操作步骤如下：选择要添加动作按钮的幻灯片，然后在"插入"选项卡的"插图"组中，单击"形状"按钮，从弹出的下拉列表中选择所需要的动作按钮，在幻灯片中拖动鼠标指针，添加动作按钮，如图 4-25 所示。放开鼠标后，会弹出"动作设置"对话框，如图 4-26 所示，可以设置超链接到哪一张幻灯片，运行程序以及设置播放声音。

图 4-25　动作按钮　　　　　　　　　　图 4-26　"动作设置"对话框

2．使用超链接

在 PowerPoint 2010 中，超链接可以是从一张幻灯片到另一张幻灯片的链接，可以是同一个演示文稿，也可以是不同的演示文稿，还可以是网页、文件和电子邮件地址等。

添加超级链接的对象可以是文本、图形、图像等，在设置前先选中该对象，通过"插入"选项卡，在"链接"组中单击"超链接"按钮。在弹出的对话框中，根据用户需要选择链接到不同的对象，如图 4-27 所示，可以超链接到现有文件或网页、本文档中的位置、新建文档和电子邮件地址。

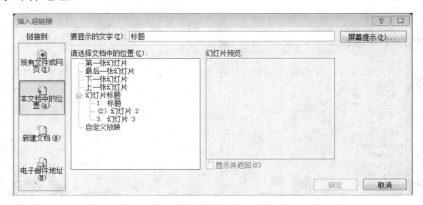

图 4-27　"插入超链接"对话框

4.1.6　放映幻灯片

为了能够使演示文稿正常播放，最好在正式播放前进行必要的检查和设置，以便在正式播放时不会出现差错。

1. 建立自定义放映

在实际的应用中，用户可能要将不同类型的内容放映给不同的人看，可以通过自定义放映将不同的幻灯片组合起来，在演示过程中按照需要跳转到相应的幻灯片上。通过"幻灯片放映"选项卡，在"开始放映幻灯片"组中，选择"自定义幻灯片放映"，弹出"自定义放映"对话框。单击"新建"按钮，新建自定义放映。如图 4-28 所示，在定义自定义放映中，按用户需求添加幻灯片，在"幻灯片放映名称"中输入"自定义放映 1"，单击"确定"按钮即可。

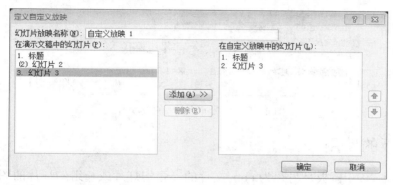

图 4-28　"定义自定义放映"对话框

2. 设置排练计时

当演示文稿需要自动播放时，用户可以通过排练计时设置每张幻灯片的播放时间。通过"幻灯片放映"选项卡，在"设置"组中单击"排列计时"按钮，将出现幻灯片放映视图，同时出现"录制"时提示框，如图 4-29 所示。幻灯片演示播放时间开始计时，单击鼠标切换到下一张幻灯片进行排练计时，每一张幻灯片依次排练计时到最后一张幻灯片，出现保留排练时间提示框，如图 4-30 所示，单击"是"按钮，保留排练时间。

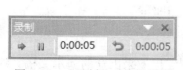

图 4-29　"录制"时间提示框

图 4-30　排练计时保留提示框

3. 设置放映方式

演示文稿的放映方式有三种类型，如图 4-31 所示，根据用户不同的需要进行不同放映类型的选择。通过"放映选项"可以设置循环放映，还可以在放映时设置旁白、动画。通过"放映幻灯片"可以选择所要播放的幻灯片以及换片方式。

（1）"在展台浏览（全屏幕）"是为避免现场人员干扰画面，只能通过幻灯片设置好的按钮控制换片。

（2）"观众自行浏览（窗口）"幻灯片不整屏显示，用户可以根据需要进行查看、打印，甚至 Web 浏览演示文稿，通过鼠标单击来人工换片，还可以对幻灯片设定时间来定时自动换片。

（3）"演讲者放映（全屏幕）"可以通过人工按键盘或者设定时间换片，也可以两个组合进行换片。

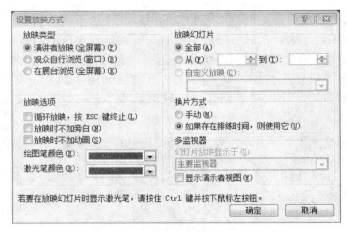

图 4-31　设置演示文稿的放映方式

4.1.7　模板的使用

PowerPoint 2010 模板是另存为.potx 文件的一张幻灯片或一组幻灯片的图案或蓝图。模板可以包含版式、主题颜色、主题字体、主题效果和背景样式，甚至还可以包含内容。

用户可以创建自己的自定义模板，然后存储、重用以及与他人共享，也可以获取多种不同类型的 PowerPoint 内置模板，还可以在 Office.Com 和其他网站上获取可以应用于演示文稿的数百种免费模板。

1. 自定义模板

启动 PowerPoint，建立新的空白演示文稿，并设置背景、版式、字体等参数。完成设置后，依次单击"文件"选择"另存为"命令，打开"另存为"对话框。在该对话框中指定保存位置并输入文件名。然后单击"保存类型"右侧的下拉三角按钮，在下拉菜单中单击"演示文稿设计模板（*.potx）"选项。最后单击"保存"按钮即可。

2. 使用内置模板

根据不同的题材需要选择相应的模板类型，从而创建出效果出众的演示文稿。通过"文件"选项卡，在左侧单击"新建"按钮，在"可用的模板和主题"列表中选择一种模板类型，最后单击"创建"按钮，如图 4-32 所示。若要使用最近用过的模板，单击"最近打开的模板"；若要使用先前安装到计算机上的模板，单击"我的模板"，再单击所需模板。

3. 使用网络模板

在有网络支持的情况下，可以从 Office. Com 网站上下载，在"Office. Com 模板"下单击所需要的模板类别，选择一个模板后，单击"下载"即可。

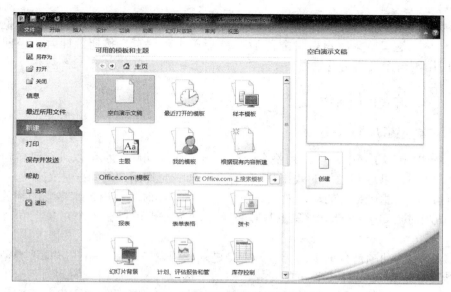

图 4-32　使用内置模板创建演示文稿

4.1.8　配色方案的使用

如果用户对于内置的主题颜色都不满意，则可以自定义主题的配色方案，并可以将其保存下来供以后的演示文稿使用，具体操作如下。

在"设计"选项卡中单击"颜色"按钮，从展开的下拉列表中单击"新建主题颜色"选项，如图 4-33 所示。

弹出"新建主题颜色"对话框，在该对话框中可以对幻灯片中各个元素的颜色进行单独设置。例如，单击"文字/背景-深色 1"右侧的下三角按钮，从展开的下拉列表中选择颜色，如图 4-34 所示。

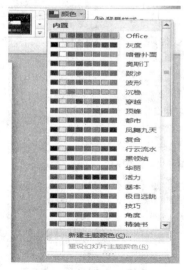

图 4-33　新建主题颜色

图 4-34　"新建主题颜色"对话框

采用相同的方法，更改其他背景或文字颜色，设置完毕后，在"名称"文本框中输入新建主题的名称，这里输入"自定义配色1"，然后单击"保存"按钮。此时，当前演示文稿即会自动应用刚自定义的主题颜色。

4.1.9　幻灯片的动画设置

1. 为对象设置动画

在PowerPoint 2010中，可以为整个幻灯片设置切换动画，也可以进行"自定义动画"选项来设置动画，以达到播放的效果。"自定义动画"允许用户对每一张幻灯片中的对象分别设置不同的、功能更强大的动画效果。在放映演示文稿时呈现出丰富多彩的播放效果。在设置对象动画时，可以在一个对象上只设置一个动画，也可以在一个对象上同时设置多个动画。

动画列表中的动画被分成了四类，分别是进入、强调、动作、路径。每种类型又可以选择几种效果。用户需要选中要设置的对象，然后对这个对象添加相应的动画。给不同的对象设置不同的效果，安排不同的播放时间点、播放长度、播放效果能够突出演示文稿的重点，增加演示文稿的趣味性。

① "进入"型动画：如果设置了"进入"型动画，则演示文稿页面出现后，幻灯片中的对象在页面中会有一个从无到有的移动过程。进入动画效果分为基本型、细微型、温和型、华丽型四类52种效果，如图4-35所示。

② "强调"型动画：通常用于对某个对象进行突出、强化表达。幻灯片中某个对象在页面上出现时，此对象需要强调而设置的动画和操作。强调型动画主要包含放大、字体、颜色更改等31种效果，如图4-36所示。

图4-35　"进入"型动画效果

图4-36　"强调"型动画效果

③ "退出"型动画：指对象从页面离开幻灯片时的移动过程，它是进入动画的逆过程，同样也有基本型、细微型、温和型、华丽型四类 52 种效果，如图 4-37 所示。

④ "动作路径"动画：不同于上述三种动画效果，它是 PPT 动画中自由度最大的动画效果，它在进入、强调和退出时均可使用。用户可根据系统自带的基本、直线和曲线、特殊三类 64 种效果，也可绘制自定义路线实现路径动画，如图 4-38 所示。

除了设置对象的 4 种动效果外，还可以设置动画效果、动画的持续时间、延迟时间、播放速度和幻灯片切换等参数。

图 4-37 "退出"型动画效果

图 4-38 "动作路径"动画效果

2. 触发器的使用

动画触发器是用于触发一种动作的对象，也就是说，触发器是通过单击一个指定的对象来播放指定的动画、声音或电影。触发器可实现与用户之间的双向互动。一旦某个对象设置为触发器，单击后就会引发一个或一系列动作。该触发器下的所有对象能根据预先设定的动画效果开始运动，并且设定好的触发器可以多次重复使用。利用触发器可以制作出具有良好交互性的演示文稿。

图 4-39 设置触发器选项

设置触发器，可先选中动画对象，然后单击"动画"选项卡，选择"动画"组中的"效果选项"。单击"显示其他效果选项"，在弹出的对话框中，单击"计时"选项卡的"触发器"按钮，并选中"单击下列对象时启动效果"，并在对象列表中选择作为触发器的对象。对象旁边有图标，表示触发效果设置成功，如图 4-39 所示。

4.1.10　演示文稿的输出

1. 打包演示文稿

如果需要将制作好的演示文稿在其他计算机中可以正常播放，最好的办法是将演示文稿打包，这样可以将与演示文稿相关的内容都集中到一起，便于携带，尤其对于以链接形式插入到演示文稿中的媒体文件。

打包演示文稿，首先要打开该演示文稿，单击"文件"选项卡，选择"保存并发送"命令，然后双击"将演示文稿打包成 CD"命令，如图 4-40 所示。

图 4-40　"将演示文稿打包成 CD"命令

打开"打包成 CD"对话框，如图 4-41 所示。如果要直接将演示文稿打包成 CD 光盘中，修改"将 CD 命名为"文本框的名称，然后单击"复制到 CD"按钮，即可将演示文稿打包到 CD 光盘中。

在"打包成 CD"对话框中可以根据要打包的文件的具体情况执行以下不同的操作。

◆　"添加"按钮：将额外的演示文稿添加到当前打包环境中，这样可以将多个相关的演示文稿打包在一起。

◆　"删除"按钮：将已经添加到打包队列中没有用的文件删除。

◆　"选项"按钮：单击该按钮将在打开的对话框中设置与打包相关的一些选项，可以设置打开和修改演示文稿的密码以及检查演示文稿是否包含隐私数据。

◆　"复制到文件夹"按钮：通过这个按钮，可以将演示文稿打包到计算机硬盘上。

打包完成后，将自动打开打包文件所在的文件夹，可以看到打包后的内容，如图 4-42 所示。

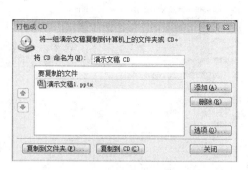

图 4-41　"打包成 CD"对话框

图 4-42　打包后的内容

2．将演示文稿发布成其他格式

为了适合不同的需要，可以将制作好的演示文稿以不同的形式发布出去，具体以哪种形式需要由实际环境和需要来决定。

（1）将演示文稿保存为可放映文档

用户希望在文件夹中双击演示文稿时直接播放，那么就需要将演示文稿转换成可放映的格式。打开演示文稿，单击"文件"选项卡，在弹出的菜单中选择"保存并发送"选项下的"更改文件类型"命令，接着双击"PowerPoint 放映"命令，如图 4-43 所示。打开"另存为"对话框，在"保存类型"中自动选择"PowerPoint 放映"类型，在"文件名"文本框中输入一个名称，单击"保存"按钮。

图 4-43　"PowerPoint 放映"命令

（2）将演示文稿创建为视频

如果计算机中没有安装 PowerPoint 应用程序，也希望正常观看演示文稿，那么就需要将演示文稿转换为视频格式。可以通过"文件"选项卡下"保存并发送"中的"创建视频"命令来执行，如图 4-44 所示。

图 4-44　展开创建视频的选项面板

面板右侧的第 1 个选项可以选择创建视频的质量，如图 4-45 所示。

- 计算机和 HD 显示：将创建质量很高的视频，但这种视频文件最大。
- Internet 和 DVD：将创建中等质量的视频。
- 便携式设备：将创建低质量的视频。

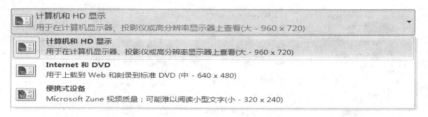

图 4-45　调整视频质量的选项

面板右侧的第 2 个选项可以选择在创建的视频中是否包含已录制的旁白和激光笔动作。如果没有录制旁白等内容，或者不希望在视频中播放旁白，则选择"不要使用录制的计时和旁白"选项，如果希望在视频中播放它们，则选择"使用录制的计时和旁白"选项。

面板右侧的第 3 个选项可以在"放映每张幻灯片的秒数"文本框中设定视频中自动放映每张幻灯片的时间长度。

全部设置好后，单击面板下方的"创建视频"按钮，在"另存为"对话框中输入视频名称并选择保存位置，单击"保存"按钮即可将当前演示文稿创建为视频文件。

（3）将演示文稿创建为 PDF 文档

用户希望保护演示文稿的内容而不会被他人随意改动，那么可以将演示文稿转换为 PDF 格式或图片。可以通过"文件"选项卡下"保存并发送"中的"创建 PDF/XPS"命令来设置，如图 4-46 所示。

图 4-46　"创建 PDF 或 XPS"命令

　　打开"发布为 PDF 或 XPS"对话框，选择保存位置并输入一个文件名。可以选择 PDF 文档的大小，如果希望创建尽可能小的 PDF 文档，则需要单击下面的"最小文件大小（联机发布）"单选按钮，如图 4-47 所示。单击"选项"按钮，可以对发布的选项进行更详细的设置，如图 4-48 所示，主要是对将要发布的演示文稿进行范围、发布选项、包括非打印信息、PDF 选项设置。单击"确定"按钮，返回"发布为 PDF 或 XPS"对话框，然后单击"发布"按钮。

图 4-47　将演示文稿保存为 PDF 格式

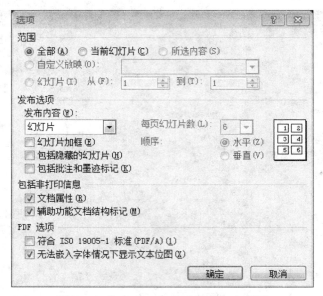

图 4-48　发布成 PDF 格式的进一步设置

（4）将演示文稿保存为图片

用户希望保护演示文稿的内容不会轻易被他人修改，而且希望每张幻灯片的内容转换为图片的形式，这样幻灯片无法修改，起到了保护演示文稿的作用。那么可以将演示文稿保存为图片文件。打开要转换为图片的演示文稿，然后单击"文件"选项卡，选择"更改文件类型"命令，然后双击右侧的"PowerPoint 图片演示文稿"按钮，如图 4-49 所示。

图 4-49　"PowerPoint 图片演示文稿"命令

　　打开"另存为"对话框，在"保存类型"下拉列表中自动选择"PowerPoint 图片演示文稿"，选择保存的位置并输入一个名称，单击"保存"按钮，即可完成转换操作。

4.2　任务一　"野生动物大熊猫"幻灯片的制作

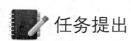 **任务提出**

　　本任务要求制作出一个图文并茂、声色俱佳的"野生动物大熊猫"宣传演示文稿。通过本任务的学习，可以了解 PowerPoint 2010 演示文稿制作软件的基本功能，熟悉演示文稿制作的基本方法，掌握格式设置、版式设计、动画效果设计、页面设置、版式设置、超链接、幻灯片切换效果设置等操作。

　　任务完成效果如图 4-50 所示。

图 4-50　任务一效果图

任务要求

　　1．将第 1 张幻灯片的主标题"大熊猫"的字体设置为"黑体"，字号 60，文字效果为"阴影"。副标题"哺乳动物"的字体设置为"隶书"，字号 48，倾斜。

　　2．将第 2 张幻灯片的文本区，设置行距为 1.2 行。

　　3．将第 3 张幻灯片的版式设置为"垂直排列标题与文本"。

　　4．将第 3 张幻灯片的"化石分布区"、"历史分布区"、"现代分布区"建立超链接，分别链接到第 4 张、第 5 张、第 6 张幻灯片。

5．为第 9 张幻灯片的剪贴画建立超链接，链接到第 2 张幻灯片。

6．为第 9 张幻灯片中的"中国野生动物保护协会举报联系方式！"建立 E-Mail 超链接，E-Mail 地址为 cwca@public3.bta.net.cn。

7．设置页脚，使除标题版式幻灯片外，所有的幻灯片的页脚文字为"野生动物保护协会"（不包括引号）。

8．将第 2 张幻灯片的背景设置为"信纸"纹理。

9．将第 7、8 张幻灯片的切换效果设置为"立方体"，"自左侧"持续时间为"02.00"。

10．将第 6 张幻灯片的剪贴画设置动画效果为进入时"形状"。

11．将第 5 张幻灯片取消幻灯片隐藏（即不隐藏）。

12．将第 4 张幻灯片的背景渐变填充颜色预设为"麦浪滚滚"，类型为"标题的阴影"。

13．在最后添加一张"空白"版式的幻灯片。

14．在新添加的幻灯片上插入一个文本框，文本框的内容为"The End"，字体为"Times New Roman"，字号为 32。

15．将整个幻灯片的宽度设置为"28.8 厘米（12 英寸）"。

16．将第 7 张幻灯片中的"也减少了为吃喝而到处奔波所耗费的能量"上升到上一个较高的标题级别。

17．第 7 张幻灯片的右下角建立一个"自定义"动作按钮，使其链接到第 2 张幻灯片。

任务分析

任务要求 1 是关于"开始"选项卡下"字体"的设置。

任务要求 2 是关于"开始"选项卡下"段落"的设置。

任务要求 3 是关于"开始"选项卡下"幻灯片"组中"幻灯片版式"的设置。

任务要求 4、5、6 是关于"插入"选项卡下"链接"组中的"超链接"设置。

任务要求 7 任务要求是关于"插入"选项卡下"文本"组中"页眉和页脚"的设置。

任务要求 8 是关于"设计"选项卡下"背景"的设置。

任务要求 9 是关于"切换"选项卡下"切换到此幻灯片"的设置。

任务要求 10 是关于"动画"选项卡下"动画"的设置。

任务要求 11 是关于"幻灯片放映"选项卡下"设置"组中"隐藏幻灯片"设置。

任务要求 12 是关于"设计"选项卡下"背景"的设置。

任务要求 13 是关于"开始"选项卡下"幻灯片"组中"新建幻灯片"的设置。

任务要求 14 是关于"插入"选项卡下"文本"组中"文本框"的设置。

任务要求 15 是关于"设计"选项卡下"页面设置"的设置。

任务要求 16 是关于"开始"选项卡下"项目符号与编号"的设置。

任务要求 17 是关于"插入"选项卡下"形状"的设置。

任务实施

第 1 步：打开演示文稿的素材文件"野生动物大熊猫.PPTX"。选择第 1 张幻灯片，单击主标题区的文字"大熊猫",选择"开始"选项卡,在"字体"组中直接设置字体为"黑体",在字号下拉框中选择"60",并单击"文字阴影"命令。单击副标题区的文字"哺乳动物",选择"开始"选项卡,在"字体"组中直接设置字体为"隶书",在字号下拉框中选择"48",并单击"字体倾斜"命令。也可进入"字体"对话框中进行设置,如图 4-51 所示。

图 4-51　"字体"对话框

第 2 步:选择第 2 张幻灯片,选中此幻灯片中的文本区,单击在"开始"选项卡"段落"组中的 按钮,进入"段落"对话框,进行行距的设置,选择"多倍行距",设置值为"1.2",如图 4-52 所示。

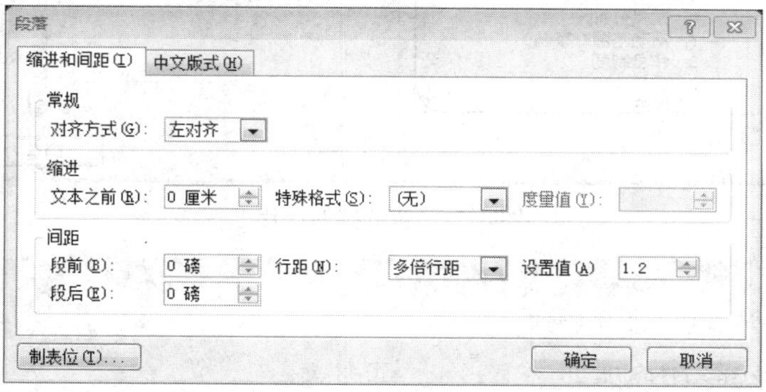

图 4-52　"段落"对话框

第 3 步:选择第 3 张幻灯片,单击"开始"选项卡,在"幻灯片"组中选择"幻灯片版式"设置命令,在打开的版式窗口中,选择"垂直排列标题与文本",如图 4-53 所示。

第 4 步:选择第 3 张幻灯片,选中文字"化石分布区",单击"插入"选项卡,选择"超链接"命令,打开"编辑超链接"对话框。选择链接到"本文档中的位置",选择第 4 张幻灯片,"历史分布区"、"现代分布区"的超链接按照上面步骤依次进行操作,如图 4-54所示。

第 5 步:选择第 9 张幻灯片,选中剪贴画,单击"插入"选项卡,选择"超链接"命令,打开"插入超链接"对话框。选择链接到"本文档中的位置",选择第 2 张幻灯片,如

图 4-55 所示。

图 4-53　幻灯片版式窗口

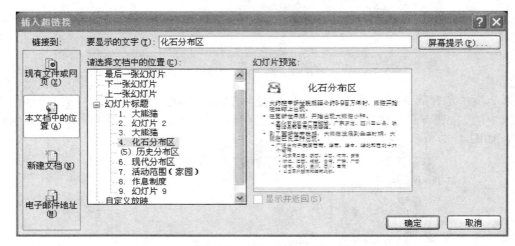

图 4-54　超链接幻灯片 1

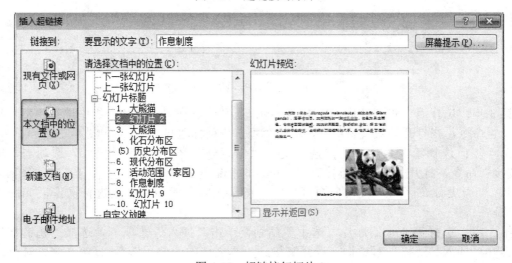

图 4-55　超链接幻灯片 2

第 6 步：选择第 9 张幻灯片，选择"中国野生动物保护协会联系方式！"文字，单击"插入"选项卡，选择"超链接"命令，打开"插入超链接"对话框。选择链接到"电子邮件地址"，在地址处输入："cwca@public3.bta.net.cn"，如图 4-56 所示。

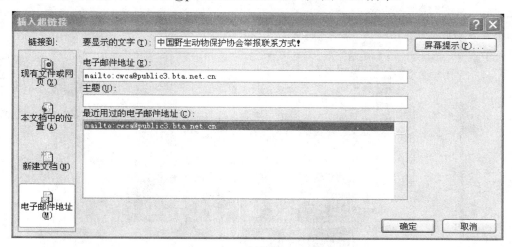

图 4-56　超链接电子邮件

第 7 步：单击"插入"选项卡，选择"文本"组中的"页眉和页脚"，弹出"页眉和页脚"对话框。选中"页脚"复选框，输入"野生动物保护协会"，选中"标题幻灯片中不显示"复选框，单击"全部应用"按钮，如图 4-57 所示。

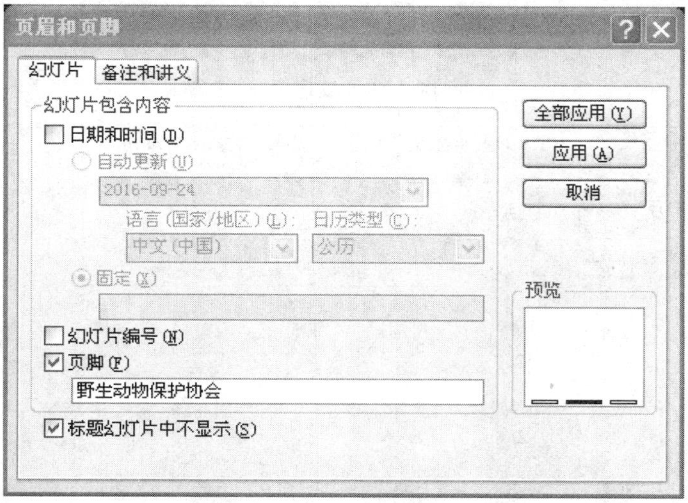

图 4-57　"页眉和页脚"对话框

第 8 步：选择第 2 张幻灯片，单击"设计"选项卡，在"背景"组中，单击"背景样式"，选择"设置背景格式"命令，弹出"设置背景格式"对话框。选择"图片或纹理填充"，在"纹理"下拉框中，选择"信纸"，单击"关闭"按钮，如图 4-58 所示。

第 9 步：选择第 7 张幻灯片，单击"切换"选项卡，选择"切换到此幻灯片"组中的"切换方案"命令，在打开的切换方案窗口中，选择"立方体"，再单击旁边的"效果选项"

选择"自左侧",在持续时间框中输入"02.00",第 7 张幻灯片设置完毕。接着选择第 8 张幻灯片,重复上面的步骤进行设置,如图 4-59、图 4-60 所示。

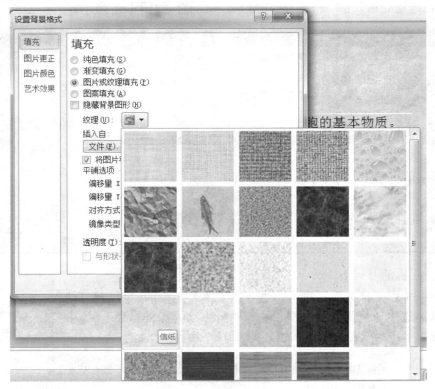

图 4-58　纹理填充

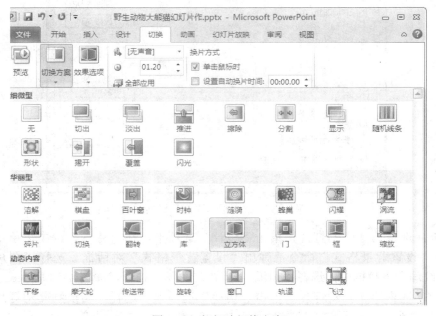

图 4-59　幻灯片切换方案

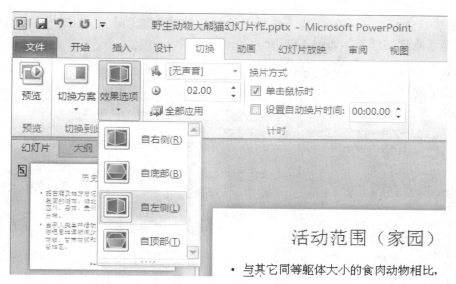

图 4-60　幻灯片切换效果选项

第 10 步：选择第 6 张幻灯片，单击幻灯片中的"剪贴画"，选择"动画"选项卡，再单击"动画"组中的"动画样式"，选择"形状"，如图 4-61 所示。

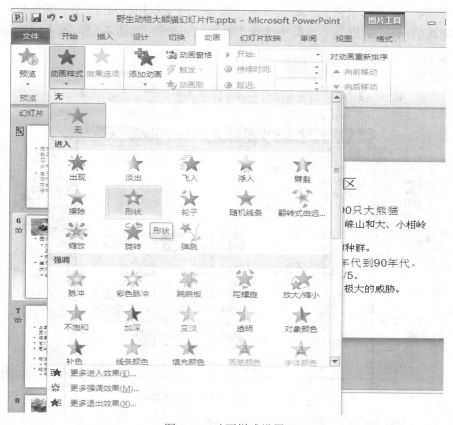

图 4-61　动画样式设置

第 11 步：选择第 5 张幻灯片，选择"幻灯片放映"选项卡，单击"隐藏幻灯片"命令，即取消了隐藏幻灯片，如图 4-62 所示。

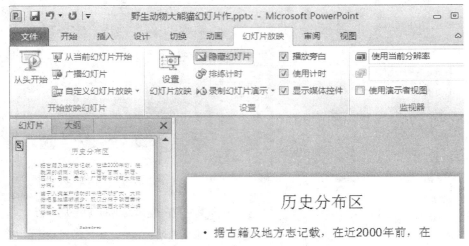

图 4-62　取消隐藏幻灯片

第 12 步：选择第 4 张幻灯片，单击"设计"选项卡，选择"背景"组中的"背景样式"。在弹出的"设置背景格式"对话框中，选择"渐变填充"，在"预设颜色"下拉框中选择"麦浪滚滚"，在"类型"下拉框中选择"标题的阴影"，如图 4-63、图 4-64 所示。

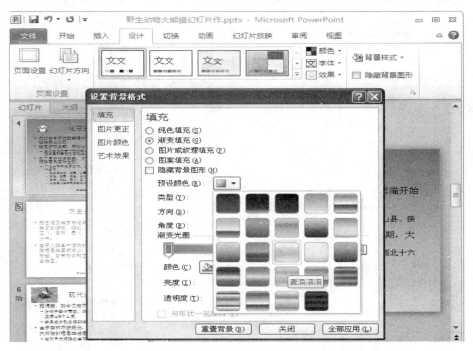

图 4-63　渐变填充预设颜色

第 13 步：选择最后一张幻灯片，选择"开始"选项卡，单击"幻灯片"组中的"新建幻灯片"，选择"空白"版式即可。

第 14 步：选择刚刚添加的幻灯片，单击"插入"选项卡，再单击"文本"组中的"文本框"，选择"横排文本框"，在幻灯片中插入文本框，输入"The End"，修改字体为"Times New Roman"。

第 15 步：选择"设计"选项卡，单击"页面设置"，弹出"页面设置"对话框。在"宽度"选项上输入"28.8 厘米或者 12 英寸"，如图 4-65 所示。

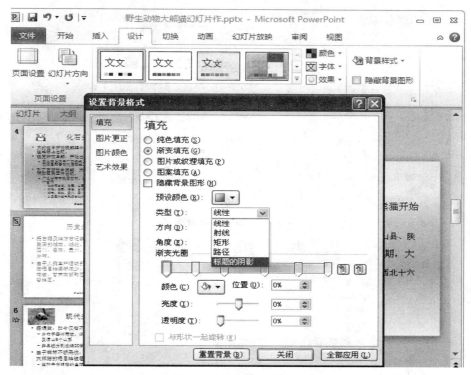

图 4-64　渐变填充类型

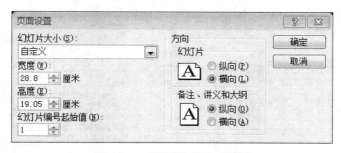

图 4-65　"页面设置"对话框

第 16 步：选择第 7 张幻灯片，在文本区中找到"也减少了为吃喝而到处奔波所耗费的能量"文本并选中，单击"开始"选项卡，在"段落"组中选择"减少缩进级别"命令，如图 4-66 所示。

第 17 步：选择第 5 张幻灯片，单击"插入"选项卡，选择"形状"命令。在打开的窗口中，单击"自定义动作"按钮，在弹出的"超链接到幻灯片"对话框中选择第 2 张幻灯片"2. 幻灯片 2"，如图 4-67 所示。

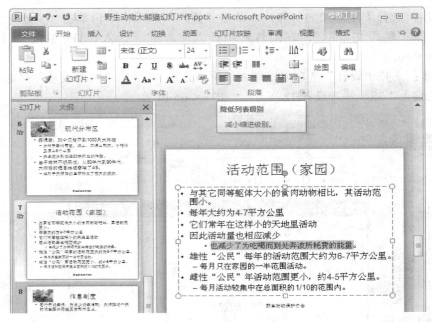

图 4-66　减少缩进级别

图 4-67　动作按钮设置

4.3 任务二 "圆锥曲线教学"幻灯片的制作

任务提出

本任务要求制作出一个图文并茂、动感效果的"圆锥曲线教学幻灯片"的演示文稿。通过本任务的学习，可以了解 PowerPoint 2010 演示文稿制作软件的高级应用功能。掌握 PowerPoint 高级应用技术，能够熟练掌握模板、幻灯片放映、多媒体效果和演示文稿的输出。

任务完成效果如图 4-68 所示。

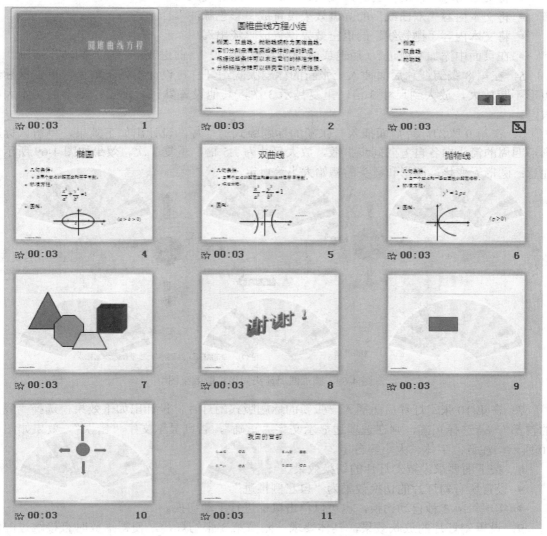

图 4-68 任务二效果图

任务要求

1．将第1张页面的设计模板设为"沉稳"，其余页面的设计模板设为"暗香扑面"。

2．对第7张含有4幅图片的幻灯片，按照图片三角形、多边形、梯形、正方体的顺序，设置该4张图片的动画效果为：每张图片均采用"翻转式由远及近"。

3．给所有幻灯片插入日期（自动更新，格式为×年×月×日星期×）。

4．设置幻灯片的动画效果，要求针对第3页幻灯片，按顺序设置以下的自定义动画效果：

- 将文本内容"椭圆"的进入效果设置成"自顶部飞入"。
- 将文本内容"双曲线"的强调效果设置成"彩色脉冲"。
- 将文本内容"抛物线"的退出效果设置成"淡出"。
- 在页面中添加"前进"（后退或前一项）与"后退"（前进或下一项）的动作按钮。

5．在第8张幻灯片后面插入一张新的标题版式幻灯片，设计出如下效果，单击鼠标，矩形不断放大，放大到尺寸3倍，重复显示3次，其他设置默认。注意：矩形的初始大小自定。

6．在第9张幻灯片后面插入一张新的标题版式幻灯片，设计出如下效果，单击鼠标，圆形四周的箭头向各自方向同步扩散，放大尺寸为1.5倍，重复3次。效果如图4-69所示。注意：圆形无变化，圆形和箭头的初始大小等自定。

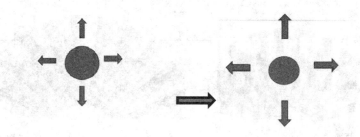

图（1）-初始界面　　　　　　图（2）-单击鼠标后，四周箭头同步扩散，放大。重复3次。

图4-69　圆形四周箭头同步扩散效果图

7．在第10张幻灯片后面插入一张新的标题版式幻灯片，设计出如下效果，选择"我国的首都"，若选择正确，则在选项边显示文字"正确"，否则显示文字"错误"。效果如图4-70所示。注意：字体、大小等自定。

8．按下面要求设置幻灯片的切换效果。

- 设置所有幻灯片的切换效果为"自左侧推进"。
- 实现每隔3秒自动切换，也可以单击鼠标进行手动切换。

9．设置幻灯片的放映效果，具体要求：隐藏第3张幻灯片，使得播放时直接跳过隐藏页。选择第1张至第11张幻灯片进行循环放映。

10．传输演示文稿，将演示文稿打包成CD，并将CD命名为"我的CD演示文稿"，并将其复制到桌面上，文件夹名和CD命名相同。

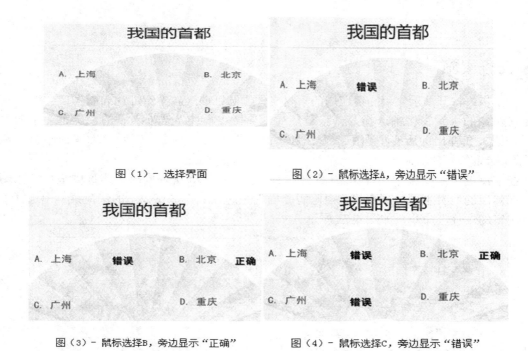

图（1）- 选择界面　　　　　　　　图（2）- 鼠标选择A，旁边显示"错误"

图（3）- 鼠标选择B，旁边显示"正确"　　　　图（4）- 鼠标选择C，旁边显示"错误"

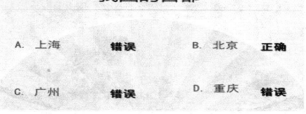

图（5）- 鼠标选择D，旁边显示"错误"

图 4-70　"我国的首都"选择效果图

任务分析

任务要求 1 是关于"设计"选项卡下"主题"的设置。

任务要求 2 是关于"动画"选项卡下"动画"组中的设置。

任务要求 3 是关于"插入"选项卡下"文本"组中的"页眉和页脚"的设置。

任务要求 4 是关于"动画"选项卡下"动画"的设置和"插入"选项卡下的"形状"设置。

任务要求 5～7 是关于"开始"选项卡下"新建幻灯片"的设置和"动画"选项卡下的"动画"的设置。

任务要求 8 是关于"切换"选项卡下"切换到此幻灯片"的设置。

任务要求 9 是关于"幻灯片放映"选项卡下"设置"组中"隐藏幻灯片"的设置。

任务要求 10 是关于"文件"选项卡下"保存并发送"的"将演示文稿打包成 CD"

设置。

任务实施

第1步：打开演示文稿高级应用的素材文件"圆锥曲线教学幻灯片.pptx"。

在左侧的大纲窗格中选择第一张幻灯片，选择"设计"选项卡下的"主题"中的"其他"按钮，在弹出的所有主题中，查找到"沉稳"主题，右击，在弹出的快捷菜单中选择"应用于选定幻灯片"命令。

在左侧的大纲窗格中选择第2张幻灯片，再按住Shift键，同时单击选中最后一张幻灯片，在弹出的所有主题中，查找到"暗香扑面"主题，右击，在弹出的快捷菜单中选择"应用于选定幻灯片"命令，如图4-71所示。

图4-71　幻灯片主题设置

第2步：选择第7张幻灯片，再选中第1张三角形图片，单击"动画"选项卡，在"动画"选项中选择"翻转式由远及近"，设置完第1张图片，依次设置2、3、4图片即可，如图4-72所示。

第3步：选择任意一张幻灯片，选择"插入"选项卡下"文本"组中的"页眉和页脚"命令。在弹出的"页眉和页脚"对话框中，选择复选框"日期和时间"下的"自动更新"按钮，在下拉菜单下选择"×年×月×日星期×"的日期格式，单击"全部应用"按钮，如图4-73所示。

图 4-72　动画样式设置

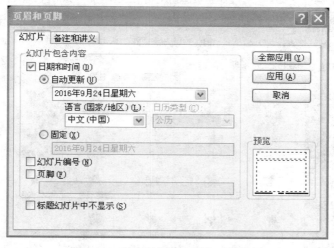

图 4-73　自动更新的日期和时间设置

　　第 4 步：选择第 3 张幻灯片，选中第一行文本"椭圆"，单击"动画"选项卡下"动画"组中的"动画样式"命令，选择进入效果中的"飞入"效果，在旁边的效果选项中选择"自顶部"。

　　选中第二行文本"双曲线"，同样在"动画样式"命令中，选择强调效果中的"彩色脉冲"效果，如图 4-74 所示。

　　选中第三行文本"抛物线"，在"动画样式"命令中，选择退出效果中的"淡出"效果，如图 4-75 所示。

计算机应用基础模块化教程

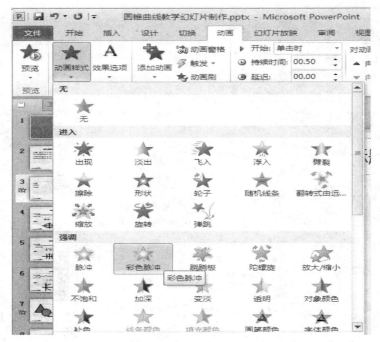

图 4-74　动画样式强调效果

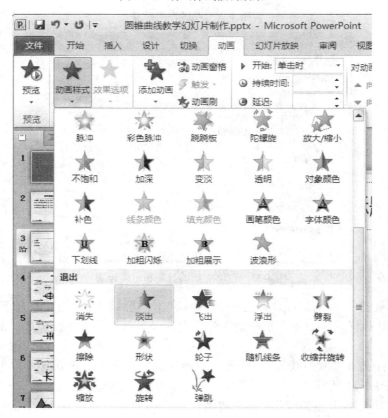

图 4-75　动画样式退出效果

　　单击"插入"选项卡，选择"形状"命令，在弹出的形状图中选择最下面的"动作按钮"组中的"后退或前一项"，在幻灯片页面的右下角拖动鼠标建立"前进"动作按钮，弹出"动作设置"对话框。选择相应的选项后，单击"确定"按钮即可，使用同样的方法，在"前进"动作按钮旁边插入一个"后退"动作按钮。

　　第 5 步：选中第 8 张幻灯片，单击"开始"选项卡中的"新建幻灯片"命令，插入一张标题版式的幻灯片。在新插入的幻灯片中，通过"插入"选项中的"形状"命令，插入一个矩形，初始大小自定。

　　选中刚刚插入的矩形，单击"动画"选项卡中"动画"组中"放大/缩小"命令。在旁边的效果选项中，单击 ![] "显示其他选项"按钮，在弹出的"放大/缩小"对话框中，选择"效果"选项的自定义尺寸设置 300%，如图 4-76 所示，注意：输入完 300%，一定要按回车键确认。在"计时"选项的"重复"次数设置为"3"，单击"确定"按钮。

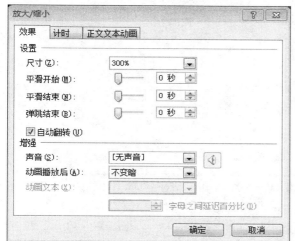
（a）效果设置

（b）计时设置

图 4-76　动画效果选项"放大/缩小"对话框

　　第 6 步：选中第 9 张幻灯片，单击"开始"选项卡中的"新建幻灯片"命令，插入一张标题版式的幻灯片。这一题设置项比较多，下面再细分成几个小步骤。

　　（1）在新插入的幻灯片中，通过"插入"选项中的"形状"命令，插入一个矩形，插入 4 个上下左右箭头，初始大小自定，如题效果图。

　　（2）选中第一个向上的箭头，首先单击"动画"选项卡中的"动画样式"，再选择"动作路径"中的"直线路径"。在旁边的"效果选项"中，选择方向"上"，如图 4-77、图 4-78 所示。

　　（3）单击"高级动画"组中的"添加动画"，在打开的窗口中选择"强调"里的"放大/缩小"。

　　（4）单击"高级动画"组中的"动画窗格"按钮，显示出"动画窗格"窗口。

　　（5）选择设置路径效果的"上箭头"，右击，在菜单中选择"计时"，如图 4-79 所示，

　　（6）在弹出的"向上"对话框中，选择"开始"下拉选项的"与上一动画同时"，在"计时"选项的"重复"次数设置为"3"，单击"确定"按钮，如图 4-80 所示。

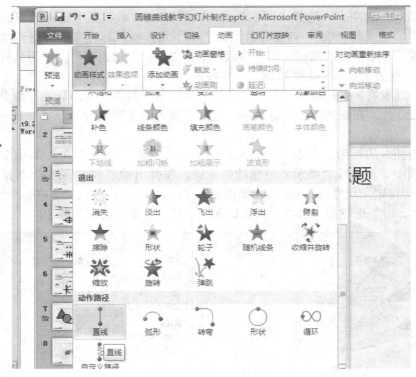

图 4-77　动画样式窗口

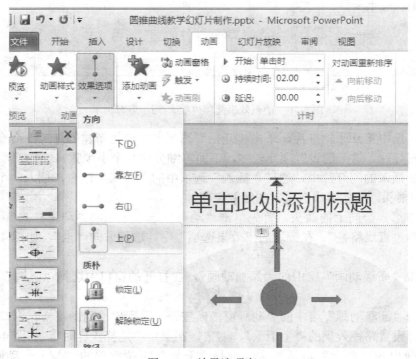

图 4-78　效果选项窗口

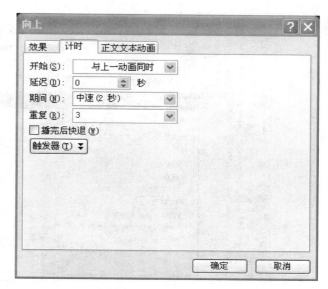

图 4-79　动画窗格　　　　　　　　　　　　图 4-80　"向上"对话框

（7）选择设置放大/缩小效果的"上箭头"，右击，在菜单中选择"效果选项"。在打开的"放大/缩小"对话框中，自定义尺寸设置成 300%，注意：输入完 300%，一定要按回车键确认。在"计时"选项的"重复"次数设置为"3"，选择"开始"下拉选项的"与上一动画同时"。

（8）再根据上面的步骤，依次设置下箭头、左箭头、右箭头。

第 7 步：选中第 10 张幻灯片，单击"开始"选项卡中的"新建幻灯片"命令，插入一张标题版式的幻灯片。在新插入的幻灯片中，通过"插入"选项卡中 "文本"组中的文本框，插入文本框，输入"我国的首都"，再如任务要求所示，依次插入另外 8 个文本框，上海、北京、重庆、广州、正确、错误等。

选中其中 1 个文本框"错误"，在"动画"选项中，设置动画效果为"进入时出现"，依次设置其他 3 个"错误"、"正确"的文本框，都设置成"进入时出现"。

单击"高级动画"组中的"动画窗格"按钮，显示出"动画窗格"窗口。在"动画窗格"选中第一个动画设置，右击，在菜单中选择"计时"。在打开的对话框中，单击"触发器"，选择"单击下列对象时启动效果"，第一个"错误"选择"Textbox 4： A.上海"，单击"确定"按钮，如图 4-81 所示。其他几个文本框也依次进行"触发器"的设置。

第 8 步：单击"切换"选项卡，选择"切换到此幻灯片"组中的"切换方案"命令。在幻灯片的切换方案中选择"推进"切换，在旁边的"效果选项"中选择"自左侧"选项，在"计时"组中的"换片方式"下选中下方的"单击鼠标时"复选框和"设置自动换片时间"复选框，并设置时间为"3 秒"。再单击"全部应用"命令，如图 4-82 所示。

第 9 步：选中第 3 张幻灯片，单击"幻灯片放映"选项卡，再选择"设置"组中的"隐藏幻灯片"命令，即可成幻灯片的隐藏。

选择"幻灯片放映"选项卡下的"设置幻灯片放映"命令，弹出"设置放映方式"对话框。在"放映选项"中选中"循环放映，按 ESC 键终止"复选框，在"放映幻灯片"中设置从"从 1 到 11"，如图 4-83 所示。单击"确定"按钮即可。

计算机应用基础模块化教程

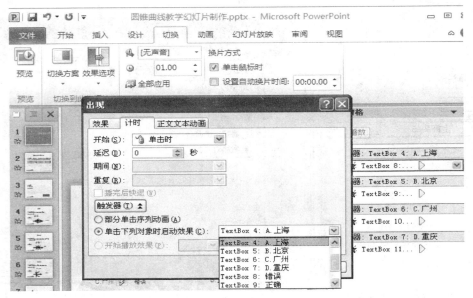

图 4-81　触发器设置

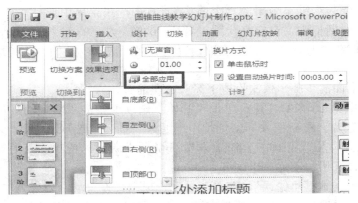

图 4-82　幻灯片切换设置

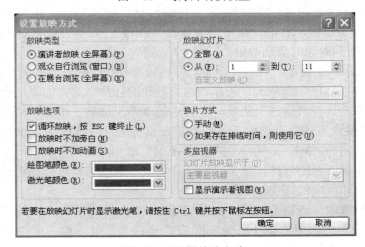

图 4-83　设置放映方式

218

第 10 步：选择"文件"选项卡，单击"保存并发送"，选择"将演示文稿打包成 CD"并单击"打包成 CD"命令，弹出"打包成 CD"对话框。

单击对话框中的"复制到文件夹"按钮，弹出"复制到文件夹"对话框。设置"文件夹名称"为"我的 CD 演示文稿"，"位置"选择桌面，如图 4-84 所示，单击"确定"按钮即完成任务。

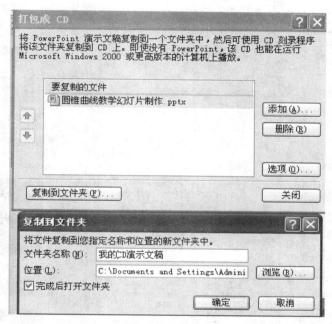

图 4-84 "打包成 CD"和"复制到文件夹"对话框

4.4 任务三 "里约奥运会"幻灯片的制作

 任务提出

制作一个以里约奥运会为主题的演示文稿短片，简要介绍奥运会的新格言，里约奥运会的介绍、吉祥物等奥运知识；呈现我国在奥运历史上的获奖情况；2016 年里约奥运会各国的奖牌排名；重点展示中国运动员在 2016 年里约奥运会上的冠军风采图片。参考效果如图 4-85 所示。

任务要求与分析

1. 第 1 张幻灯片，是整个演示文稿的封面，在封面幻灯片上添加背景音乐，在播放幻灯片时隐藏音乐图标，音乐在放映过程中始终播放。

2. 第 2、3 张幻灯片，为奥运会新格言简介、里约奥运会的介绍，主要以文字形式表现，并插入 SmartArt 图形以增强视觉吸引力。

3. 第 4 张幻灯片，介绍里约奥运会吉祥物，图文结合。

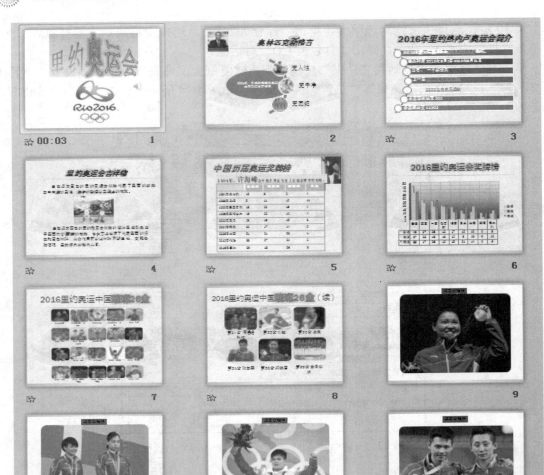

图 4-85　任务三效果图

4．第 5 张幻灯片，表现中国历届奥运会的奖牌及排名情况，从 1984 年许海峰获得第一块金牌开始，相关的内容主要用表格展示。

5．第 6 张幻灯片，用图表呈现 2016 年里约奥运会各国的奖牌获得及排名情况。

6．第 7 张和第 8 张张幻灯片，是中国奥运冠军图片导航。

7．第 9 ~ 34 张幻灯片，是对导航图片的放大展示，并提供返回功能。

8．最后一张幻灯片通常用于致谢。

任务实施

根据任务要及分析，我们分以下步骤来完成。

第 1 步：新建演示文稿并选择主题模板。

（1）新建空白演示文稿

创建一个空白演示文稿，保存为"走近里约奥运.pptx"文件名。

（2）选择主题模板

选择"设计"选项卡，单击"主题"下拉按钮，选择一个主题模板。本案例中选择了"暗香扑面"主题。

第 2 步：制作封面页。

（1）插入艺术字

第 1 张幻灯片的版式为"空白"，在"插入"选项卡的"文本"选项组中，单击"艺术字"下方的按钮，如图 4-86 所示。选择一种艺术字样式，在自动弹出的"请在此放置您的文字"框中，输入标题文字。选中艺术字，设置字体、字号、颜色等。单击艺术字所在区域，打开"绘图工具"的"格式"选项卡，如图 4-87 所示。单击"形状样式"分类中的"其他"下拉按钮，设置艺术字的样式效果。单击"形状填充"下拉按钮，设置艺术字背景的填充效果。单击"形状效果"下拉按钮，设置"阴影"、"映像"、"发光"等效果。

图 4-86　插入"艺术字"

图 4-87　"格式"选项卡

（2）插入图片

在"插入"选项卡的"图像"分类中，单击"图片"按钮，打开"插入图片"对话框。选择文件，然后调整图片的大小和位置。本例插入的是"里约奥运五环"。

（3）插入音频并设置背景音乐

在"插入"选项卡的"媒体"分类中，单击"音频"下拉按钮，选择"文件中的音频"命令，将声音嵌入到幻灯片中，在幻灯片中会出现一个喇叭图标和下方的播放控制条。单击选中小喇叭，打开"音频工具"的"播放"选项卡，在"音频选项"组中的"开始"下拉列表框中选择"跨幻灯片播放"，让音乐在幻灯片换片时能继续播放，选中"循环播放，直到停止"复选框，可以确保在音乐文件播放一遍后，若演示文稿还没有播放结束，音乐自动循环播放，选中"放映时隐藏"，在播放幻灯片时自动隐藏小喇叭，如图 4-88 所示。

（4）设置动画效果

切换到"动画"选项卡下，选中对象后，单击"动画"的下拉按钮选择一种动画，打开"效果选项"进行进一步的设置。

第 3 步：制作"奥林匹克新格言"幻灯片。

图 4-88 　"音频"高级工具

（1）新建一个"标题与内容"的幻灯片，在版式为"标题和内容"的幻灯片里，在标题中输入"奥林匹克新格言"，进行相应的文字设置，接着单击内容占位符中的"插入SmartArt 图形"按钮。在打开的对话框中选择"射线图片列表"按钮，如图 4-89 所示，并在该射线图片的中心圆中输入文字。这种图形用于按升序显示一系列带有描述性文字的图片，适用于少量文本的内容展示。

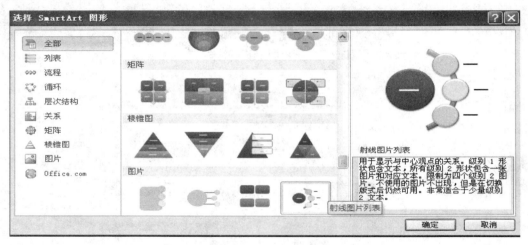

图 4-89 　SmartArt 图形"射线图片列表"窗口

（2）单击图形中的"插入图片"按钮，打开"插入图片"对话框。选择一个合适的图片插入（可以参考效果图），以美化幻灯片。

第 4 步：制作"2016 年里约奥运会简介"幻灯片。

新建一张幻灯片，版式为"标题与内容"，输入文字"2016 年里约热内卢奥运会简介"。

（1）插入 SmartArt 图形

在版式为"标题和内容"幻灯片中单击内容占位符中的"插入 SmartArt 图形"按钮。在打开的对话框中插入"垂直曲形列表"图形，自动出现三条列表，右击其中一条列表，在快捷菜单中单击"添加形状"命令可添加形状相同的列表，如图 4-90 所示。

单击其中任意一个列表，在"SmartArt 工具"的"格式"选项卡下，单击"形状填充"的下拉按钮，设置列表区的背景填充效果。

单击内容占位符左侧的 标志，打开如图 4-91 所示的"在此键入文字"窗口，这里的每个圆点项目符号对应一个列表。

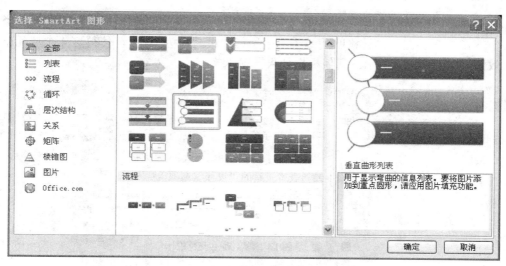

图 4-90　"选择 SmartArt 图形"对话框

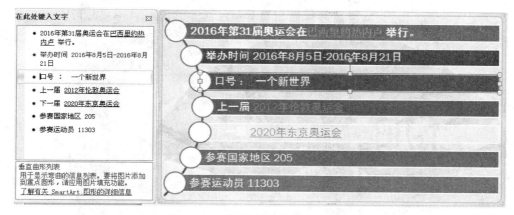

图 4-91　"在此处键入文字"窗口

（2）设置 SmartArt 图形的动画效果

单击 SmartArt 图形中的内容占位符，设置它的动画进入效果"轮子"，在动画窗格双击内容占位符的动画标志。在打开的对话框中双击"SmartArt 动画"选项卡，在"组合图形"下拉列表中选择"逐个"，放映该幻灯片时，列表中的内容将逐条出现。

第 5 步：制作"奥运吉祥物"幻灯片。

新建一张幻灯片，选择"只有标题"版式，标题设置完成后，插入一张与主题相关的奥运吉祥物图片，以丰富幻灯片内容。在图片上方和下方各插入一个"横排文本框"，输入文本框内容。利用绘图工具"格式"设置文字效果。

第 6 步：制作"中国历届奥运会奖牌榜"幻灯片。

（1）新建一张"标题与内容"版式的幻灯片，在内容占位符中单击"插入表格"按钮。在打开的对话框中输入表格的行数和列数。本案例中选择 10 行 5 列，单击"确定"按钮后表格就生成了。通过鼠标拖动改变表格的大小、宽度、高度和位置。

（2）在表格所在区域内单击定位，单击"表格工具"的"设计"选项卡，如图 4-92 所示，可对表格进行整体或局部设置。在本例中，第一行单元格底纹的"主体颜色"为"蓝—

灰，淡色 60%"，如图 4-93 所示。选中第一行的后 4 个单元格，单击"表格样式"分类中的
"效果"下拉按钮，在"单元格凹凸效果"中选择"棱台"为"圆"，使得这 4 个单元格呈现
"凸出效果"，如图 4-94 所示。其他根据效果图输入文字。

图 4-92　表格工具的"设计"选项卡

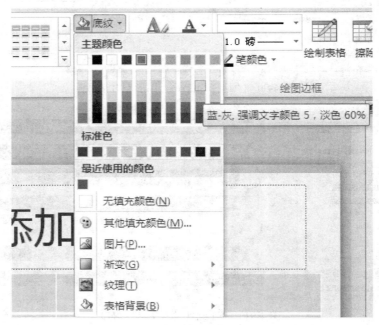

图 4-93　底纹设置

图 4-94　表格"凸出效果"设置

第 7 步：制作"里约奥运奖牌榜"幻灯片。

（1）插入图表

① 新建一个"标题与内容"的幻灯片，在版式为"标题和内容"的幻灯片里，单击内容占位符中的"插入图表"按钮。在打开的对话框的左侧"模板"→"柱形图"→"三维簇状柱形图"，在幻灯片中插入一个自带的图表，并同时打开 Excel 窗口。在 Excel 窗口中显示的数据表，将作为 PowerPoint 的图表数据源，如图 4-95 所示。

	A	B	C	D	E	F
1		系列 1	系列 2	系列 3		
2	类别 1	4.3	2.4	2		
3	类别 2	2.5	4.4	2		
4	类别 3	3.5	1.8	3		
5	类别 4	4.5	2.8	5		
6						
7						
8		若要调整图表数据区域的大小，请拖拽区域的右下角。				

图 4-95　与图表关联的 Excel 窗口

② 在 Excel 中进行数据更改，PowerPoint 幻灯片中的图表便会同步更新。更改完毕，关闭 Excel 窗口，如图 4-96 所示。

	A	B	C	D
1		金牌	银牌	铜牌
2	美国	46	37	38
3	英国	27	23	17
4	中国	26	18	26
5	俄罗斯	19	18	19
6	德国	17	10	15
7	日本	12	8	21
8	法国	10	18	14
9	韩国	9	3	9
10	意大利	8	12	8

图 4-96　更改后的数据

（2）图表样式设计

① 单击图表区边界，再在"图表工具"的"设计"选项卡的"图表样式"选项中选择一种图表样式。

② 右击图表中任意国家的铜牌的柱形，在快捷菜单中选择"设置数据系列格式"命令，如图 4-97 所示。在打开的"设置数据系列格式"对话框中选择左侧 "形状"分类，然后将右侧形状的默认选项从"方框"更改成"圆柱图"选项，图表中铜牌的形状即变成圆柱形，如图 4-98 所示。

（3）图表布局

① 单击图表区边界，再单击"图表工具"→"布局"→"标签"，然后在"图例"下拉列表中单击"在右侧显示图例"，再双击图例中表示金牌的方块，打开"设置图例项格式"对话框。设置"填充"为"纯色填充"的金色。用同样的方法设置银牌和铜牌的图例颜色分别为银色和铜色，如图 4-99 所示。

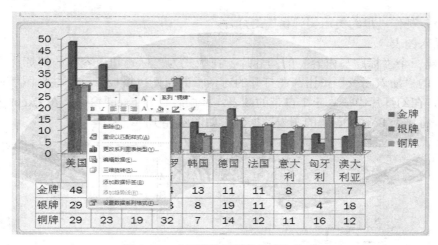

	美国			罗	韩国	德国	法国	意大利	匈牙利	澳大利亚
金牌	48			4	13	11	11	8	8	7
银牌	29			3	8	19	11	9	4	18
铜牌	29	23	19	32	7	14	12	11	16	12

图 4-97　"设置数据系统格式"选项

图 4-98　"设置数据系统格式"对话框

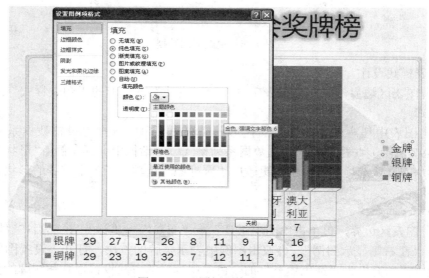

| 银牌 | 29 | 27 | 17 | 26 | 8 | 11 | 9 | 4 | 16 |
| 铜牌 | 29 | 23 | 19 | 32 | 7 | 12 | 11 | 5 | 12 |

图 4-99　"图例项格式"设置

（4）设置图例项标示

在"标签"选项卡中，单击"模拟运算表"下拉按钮，再选择"显示模拟运算表和图例项标示"，在图表的下方添加带有图例项标示的数据表，如图 4-100 所示。

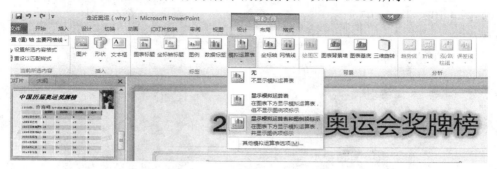

图 4-100　显示模拟运算表和图例项标示

（5）设置背景墙格式

在"背景"分类中，单击"图表背景墙"下拉按钮，选择"其他背景墙选项"命令。在打开的对话框中把背景墙填充设置为"渐变填充"，将下方"光圈 1"的颜色设置为"浅蓝"，将"光圈 2"的颜色设置为"蓝色"，将"光圈 3"的颜色设置为"蓝色"，如图 4-101 所示。

图 4-101　"背景墙格式"设置

第 8 步：制作"里约奥运中国璀璨 26 金"幻灯片。

（1）设置发光变体文字效果

新建一张幻灯片，版式为"仅标题"，在标题占位符中输入文字"2016 里约奥运中国璀璨 26 金"。为了突出"璀璨 26 金"。选中文字，"开始"→"字体"→"微软雅黑（标题）"、48 磅→"加粗"→"字体颜色"→"金色"。打开"绘图工具"→"格式"→"艺术字样式"→"其他"按钮，选择第 4 行第 5 列的样式"渐变填充-褐色，强调文字颜色 4，映像"应用于选定的文字。单击"文字效果"下拉按钮→"发光"→"发光变体"中第 4 行第 6 列的"金色，18pt 发光"。"璀璨 26 金"这几个文字呈现出金光灿灿、发光变体的艺术效果，如图 4-102、图 4-103 所示。

图 4-102 "艺术字样式"设置

图 4-103 "文字效果"设置

（2）插入图片题注列表

选择"插入"选项卡中的"插图"组，单击"SmartArt"按钮，在打开的"选择 SmartArt 图形"对话框中，选择"图片题注列表"项目，生成一个初始的图片题注列表，只有 4 项列表。单击"SmartArt 工具"的"设计"选项卡，在"创建图形"分类中单击"添加形状"按钮，重复多次单击，直到足够的列表数目，如图 4-104 所示。单击图形中的插入图片按钮，打开"插入图片"对话框，选择合适的图片插入（可以参考效果图），按第 1 金，第 2 金……的顺序插入，并在该图片的下方输入文字或单击内容占位符左侧的 标志，打开"在此键入文字"窗口，这里的每个圆点项目符号对应一个列表，完成后如图 4-105 所示。

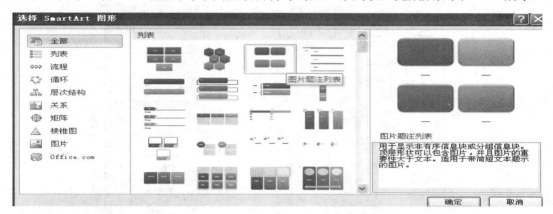

图 4-104　"SmartArt 图形"设置

图 4-105　图片题注列表完成效果图

第9步：制作"冠军相册"。

（1）建立"冠军相册"文件。利用"相册"可以快速插入大量图片，在"插入"→"相册"下拉按钮→"新建相册"命令→弹出"相册"窗口。单击"文件/磁盘"按钮，打开"插入新图片"对话框，选择图片，单击下方的"插入"按钮返回"相册"对话框。选中某个图片，可以利用下方的"上移"或"下移"按钮调整图片在幻灯片中的顺序。"图片版式"→"1张图片"→"相框形状"→"图片选项"区选中"圆角矩形"复选框。单击对话框的"创建"按钮，生成一个新的演示文稿。其第一张幻灯片相当于封面，标题是"相册"，如图4-106、图4-107所示。

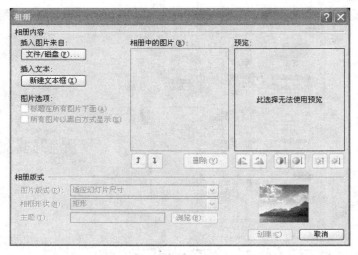

图4-106　"初始相册"对话框

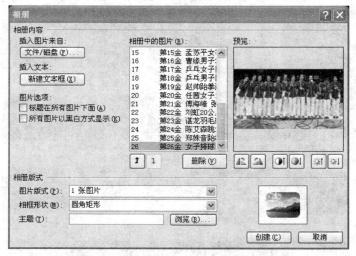

图4-107　"插入图片"后的"相册"对话框

将演示文稿保存文件名为"冠军相册"。

（2）使用"冠军相册"文件。打开"走近里约奥运"演示文稿，单击第8张幻灯片，在"开始"选项卡中单击"新建幻灯片"下拉按钮，再单击"幻灯片（从大纲）"命令，在打开的对话框的"文件类型"下拉框中选择"所有文件",找到"冠军相册.pptx"文件,并单击"插入"按钮。

删除标题为"相册"的幻灯片,并选中其后续的 26 张幻灯片,在"设计"选项卡下,选用另一个主题。

(3)建立链接。右击金牌榜上的图片→"超链接",在打开的"插入超链接"对话框的"链接到"中选择"本文档中的位置",在"请选择文档中的位置"列表中单击相应的幻灯片,并确定。重复上面的操作,直到 26 金的小图片都链接到对应的大图所在幻灯片,如图 4-108 所示。

图 4-108　"超链接"设置

(4)使用母版。选择"视图"→"母版视图"→"幻灯片母版",切换到母版视图下,在左侧窗格中找到一张名为"空白版式:由幻灯片 9-34 使用"的母版,选中该母版。

切换到"插入"选项卡下→"文本框",并输入文字内容"返回金牌榜"。对文本框进行相应的设置后,对"文本框"建立链接,使之链接到第 7 张幻灯片,退出幻灯片母版视图,即后面的 26 张幻灯片中的"返回奖牌榜"与第 7 张幻灯片都进行了链接。

第 10 步:制作尾页。

新建一张空白版式幻灯片,右击幻灯片,选择"设置背景格式"命令,再选择"图片或纹理填充",并插入并设置艺术字"谢谢观看!"。

 习题

一、基础知识

1. 单选题

(1)PowerPoint 中提供安全性方面的功能,可以_____。

　　A．清除引导扇区/分区表病毒　　　　　B．清除感染可执行文件的病毒

　　C．清除任何类型的病毒　　　　　　　　D．防止宏病毒

(2)PowerPoint 文件的扩展名是_____。

　　A．.xlsx　　　　　B．.ppt　　　　　C．.pptx　　　　　D．.docx

（3）PowerPoint 属于_____。

    A．高级语言 　　　B．操作系统 　　　C．语言处理软件 　　D．应用软件

（4）PowerPoint 中，"打包"的含义是_____。

    A．压缩演示文稿便于存放

    B．将嵌入的对象与演示文稿压缩在同一个 U 盘上

    C．压缩演示文稿便于携带

    D．将一组演示文稿（包括视频等）复制到文件夹或 CD，以便在大多数计算机上
      观看此文稿

（5）PowerPoint 的主要功能是_____。

    A．文字处理 　　　　　　　　　　B．表格处理

    C．图表处理 　　　　　　　　　　D．电子演示文稿处理

（6）在 PowerPoint 中建立的文档文件，不能用 Windows 中的记事本打开编辑，这是因
为_____。

    A．文件是以.pptx 为扩展名

    B．文件中含有汉字

    C．文件中含有特殊控制符

    D．文件中的西文有"全角"和"半角"之分

（7）_____不是 PowerPoint 允许插入的对象。

    A．图形、图表 　　　　　　　　　B．表格、声音

    C．视频剪辑、数学公式 　　　　　D．数据库

（8）在 PowerPoint 中，要设置字符颜色，应先选定文字，再选择"开始"功能
区_____分组中的命令。

    A．段落 　　　　B．字体 　　　　C．样式 　　　　D．颜色

（9）PowerPoint 文档不可以保存为_____文件。

    A．演示文稿 　　　B．文稿模板 　　C．PDF 文件 　　D．纯文本

（10）以下_____文件类型属于视频文件格式且被 PowerPoint 所支持。

    A．avi 　　　　　　　　　　B．wpg 　　　　　　　C．jpgD．winf

（11）在 PowerPoint 中，"视图"这个名词表示_____。

    A．一种图形 　　　　　　　　　　B．放映幻灯片的方式

    C．编辑演示文稿的方式 　　　　　D．一张正在修改的幻灯片

（12）PowerPoint 中可以对幻灯片进行移动、删除、添加、复制、设置切换效果，但不
能编辑幻灯片具体内容的是_____。

    A．普通视图 　　　　　　　　　　B．幻灯片浏览视图

    C．幻灯片窗格 　　　　　　　　　D．大纲窗格

（13）下列不属于 PowerPoint 2010 中超级链接的链接对象的是_____。

    A．现有文件或网页 　　　　　　　B．文件夹

    C．本文档中的位置 　　　　　　　D．电子邮件

（14）在 PowerPoint 2010 中为某个对象设置添加动画效果，使用的方法是_____。

    A．选择"动画"选项卡下的"添加动画"按钮，插入动画

    B．选择"插入"选项卡下的"动画"按钮，插入动画

    C．对该对象右击，选择"插入动画"

    D．选择"插入"菜单下的"动作"选项，插入动画

（15）在 Power Point 2010 用户按哪一个键可以删除所选择的标题内容_____。

    A．Delete 键　　　　B．Backspace 键　　　C．以上两者都是　　　D．以上两者都不是

（16）在 Power Point 2010 中不属于动画切换效果的是_____。

    A．进入　　　　　　B．动作窗格　　　　　C．退出　　　　　　　D．动作路径

（17）在演示文稿放映过程中，可使用_____键终止放映，回到原来的视图中。

    A．Ctrl　　　　　　B．Enter　　　　　　　C．Esc　　　　　　　D．Space

（18）新建 PowerPoint 2010 文稿，第一张幻灯片的默认版式是_____。

    A．标题和内容　　　B．两栏内容　　　　　C．比较　　　　　　　D．标题幻灯片

（19）在 PowerPoint 2010 中，将某张幻灯片版式更改为"标题和竖排文字"，则应选择的选项卡是_____。

    A．开始　　　　　　B．插入　　　　　　　C．设计　　　　　　　D．视图

（20）在 PowerPoint 2010 中，用户不能设置幻灯片的_____。

    A．行距　　　　　　B．字符间距　　　　　C．段前间距　　　　　D．段后间距

2．多选题

（1）下列软件属于 Microsoft Office 套件的有_____。

    A．Visual FoxPro　　B．PowerPoint　　　　C．Outlook　　　　　D．Access

（2）以下有关 PowerPoint 中"动画"的说法，正确的是_____。

    A．可以对幻灯片中任一对象设置动画

    B．可以对已设置动画的项目调整显示顺序

    C．"在动画"中还可设置动画声音

    D．对标题下的子标题，不能一条一条显示，只能一起发送

（3）下列叙述中正确的是_____。

    A．在 GB2312—1980 汉字系统中，我国国标汉字一律是用按拼音排序的

    B．在 PowerPoint 中，可以插入表格

    C．在 PowerPoint 文本中，一次只能定义唯一一个连续的文本块

    D．在用 PowerPoint 编辑幻灯片文本时，若要删除中某一部分文本的内容，可先选取该本文块，再按 Delete 键

（4）PowerPoint 中_____等母版。

    A．幻灯片母版　　　B．普通母版　　　　　C．备注母版　　　　　D．讲义母版

（5）PowerPoint 中可用的模板有_____。

    A．相册　　　　　　B．日历　　　　　　　C．计划　　　　　　　D．贺卡

3．判断题（T 表示正确，F 表示错误）

（1）使用 PowerPoint 中的打印命令，在一张打印纸上只能输出一张幻灯片。（　　　）

（2）PowerPoint 中提供了预防宏病毒的功能，可以只允许运行可靠来源的宏，禁用无数字签署的所有宏。（　　　）

（3）在 PowerPoint 中，如果希望将某张幻灯片文字由横排变成竖排，可以设置其版式。

（　　　）

（4）在 PowerPoint 中，隐藏幻灯片，就可以使得在放映时，不出现该幻灯片。（　　　）

（5）在 PowerPoint 中，如果希望将幻灯片某占位符文字由横排变成竖排，可以通过"设置形状格式"对话框进行设置。（　　　）

（6）PowerPoint 中可以插入.avi 文件格式的视频。（　　　）

二、实战训练

训练 1：

1．将第 1 张幻灯片的主标题"天龙八部"的字体设置为"黑体"，字号不变。

2．给第 1 张幻灯片设置副标题"金庸巨著"，字体为"宋体"，字号默认。

3．将第 2 张幻灯片的背景设置为"信纸"纹理。

4．将第 3 张幻灯片的切换效果设置为"随机水平线条"，速度为默认。

5．取消第 3 张幻灯片中文本框内的所有项目符号。

训练 2：

1．隐藏最后一张幻灯片（"The End"）。

2．将第 1 张幻灯片的背景渐变填充颜色预设为"茵茵绿原"，类型为"标题的阴影"。

3．删除第 2 张幻灯片中所有一级文本的项目符号。

4．将第 3 张幻灯片的切换效果设置为"随机垂直线条"。

5．将第 4 张幻灯片中插入的剪贴画的动画设置为进入时自顶部"飞入"。

训练 3：

1．将第 1 张幻灯片的主标题"枸杞"的字体设置为"华文彩云"，字号 60。

2．将第 2 张幻灯片中的图片设置动画效果为进入时"形状"。

3．给第 4 张幻灯片的"其他"建立，超链接，链接到下列地址：http：//www.163.com。

4．将第 3 张幻灯片的切换效果设置为"立方体"，"自左侧"。

5．将演示文稿的主题设置为"华丽"。

训练 4：

1．将第一张页面的设计模板设为"沉稳"，其余页面的设计模板设为"暗香扑面"。

2．给所有幻灯片插入日期（自动更新，格式为×年×月×日）。

3．设置幻灯片的动画效果，要求：

针对第 2 页幻灯片，按顺序设置以下的自定义动画效果：

■ 将文本内容"CORBA 概述"的进入效果设置成"自顶部飞入"。

■ 将文本内容"对象管理小组"的强调效果设置成"彩色脉冲"。

■ 将文本内容"OMA 对象模型"的退出效果设置成"淡出"。

■ 在页面中添加"前进"（后退或前一项）与"后退"（前进或下一项）的动作按钮。

4．按下面要求设置幻灯片的切换效果。

■ 设置所有幻灯片的切换效果为"自左侧推进"。

　　■ 实现每隔 3 秒自动切换，也可以单击鼠标进行手动切换。

　　5．设置幻灯片的放映效果，具体要求：隐藏第 3 张幻灯片，使得播放时直接跳过隐藏页。

　　6．在第 4 张幻灯片后面插入一张新的幻灯片，设计出如下效果，单击鼠标，圆形四周的箭头向各自方向同步扩散，放大尺寸为 2 倍，重复 2 次。效果如图 4-109 所示。注意：圆形无变化，圆形和箭头的初始大小等自定。

图（1）- 初始界面　　　　　　　　　　图（2）- 单击鼠标后，四周箭头同步扩散，放大。重复3次。

图 4-109　圆形四周箭头同步扩散效果图

　　7．在第 5 张幻灯片后面插入一张新的幻灯片，设计出如下效果，单击鼠标，圆形不断放大，放大到尺寸 2.5 倍，重复显示 4 次，其他设置默认。注意：圆形初始大小自定。

　　8．在最后一张幻灯片的后面插入一张新的幻灯片，设计出如下效果，单击鼠标，依次显示文字：Ａ Ｂ Ｃ Ｄ。注意：字体、大小等自定。

　　9．传输演示文稿，将演示文稿打包成 CD，并将 CD 命名为"我的 CD 演示文稿"，并将其复制到桌面上，文件夹名和 CD 命名相同。

　　训练 5：

　　"大学生职业生涯规划"幻灯片的制作：王淑华是浙江纺织服装职业技术学院音乐专业的大一学生，在修读"大学生职业生涯规划"课程中，教师需要每位同学设计自己的职业生涯规划书，并制作 PPT 向大家进行介绍，王淑华在准备好相关素材书写好规划书后，结合 PPT 的制作，完成该任务，效果图如图 4-110 所示。

　　"大学生职业生涯规划"幻灯片的制作任务要求与分析：

　　第 1 张幻灯片，是整个演示文稿的封面。

　　第 2 张幻灯片，是整个演示文稿的目录。插入 SmartArt 图形中的"基本列表"，通过添加形状、更改形状和设置形状格式进行颜色、形状的变换，以增强视觉吸引力。

　　第 3、4 张幻灯片，为自我分析、职业分析的幻灯片，设置不同的主题、文本效果等。

　　第 5 张幻灯片，介绍职业定位，插入 SmartArt 图形中的"步骤向下流程"，用于按降序显示一系列具有多个步骤的流程。

　　第 6 张幻灯片，职业规划实施计划，相关的内容主要用表格展示。

　　第 7 张幻灯片，评估调整与备选方案，插入 SmartArt 图形中的"基本维恩图"用于显示重叠关系或互连关系。

第 8 张张幻灯片，生涯职业规划小结。

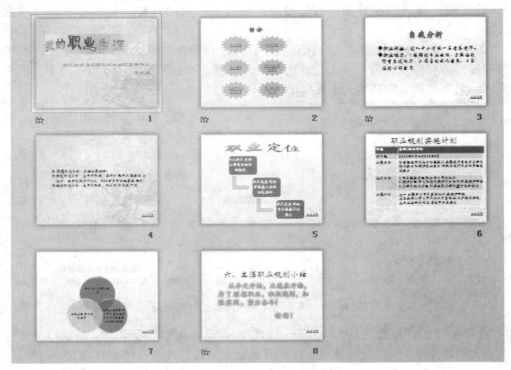

图 4-110　"大学生职业生涯规划"效果图

第 5 章　网页制作

本章主要介绍网站制作的一些基本概念和基础知识，主要内容包括网页制作的相关概念，HTML 的基本语法知识、常用标签。最后利用 Dreamweaver 来制作一个简单的网站，通过这些简单的网页的完成来加深对相关内容的理解和认识。

5.1　知识要点

5.1.1　网页与网站相关的一些基本概念

1. 网页

网页是一个文件，存放在服务器中，当用户在浏览器的地址栏中输入一个网页的地址，该网页文件就会通过网络传送到用户计算机中，浏览器对网页的内容进行解释并执行，比如显示其中的文字，链接的图像，播放其中链接的声音，这样网页内容就被展现出来。网页是一个文本文件，用任何的文本编辑器就可以编写。如图 5-1 所示的是一个网站的首页面，简称首页。

图 5-1　网页示例

2. 网站

网站是在 Internet 上通过超级链接而形成的网页的集合。用户可通过浏览器来访问网站中的网页，通过超级链接来获取网络上有用的信息与资源以及相关的服务。由全世界无数个网络站点和网页组成的集合称为 WWW（World Wide Web），又称万维网。WWW 服务是互联网（Internet）提供的最主要的服务之一。

在互联网中，网站千千万万，各种各样。一般来说，我们可以根据内容的不同将它们分为如下几类：

（1）门户网站。指大型的综合性网站，网站上内容丰富，各种内容都能找到，比如国内常见的新浪网、网易、搜狐、凤凰等。

（2）专业网站。网站的内容主要以某个主题为主。比如视频网站爱奇艺、优酷网、乐视网；购物网站淘宝网、京东商城等。

（3）个人网站。由个人开发维护，内容也相当个性化。在互联网刚刚兴起的时候个人网站曾经辉煌过一段时间，但由于要维护一个网站费时费力，现阶段越来越少了，个人要宣传展示自己更多的是使用社交媒体如博客、微博等。

3．网页的组成元素

网页中有各种元素，主要包括如下几种。

（1）文字和图像

文字和图像是网页中最基本的内容。文字又称为文本。图像是增强网页表现力的一种基本手段，几乎所有的网页都或多或少地使用一些图片。图像有很多种格式，在网页中主要使用 JPEG、PNG 和 GIF 格式。

（2）超级链接

简称超链接或链接。在浏览网页时我们将鼠标移动到一些文字或图像上单击时，浏览器就会打开另外一些网页或图片，这些网页或图片可能位于本服务器，也可能位于世界任何其他地方，这种行为我们称为超级链接，一般来说浏览器会对超链接以特殊方式显式，当我们将鼠标指针悬停在相应的图片或文字上时就可以看到。

（3）音频和视频

声音和视频也是网页中常见的元素，添加声音和视频能很好地丰富网页的内容。最常见的音频格是 MP3，常见的视频格式有 FLV、MP4、AVI 等。

（4）表单

网页不只是展示内容，根据情况有时还要收集用户输入的内容。比如用户注册，登录等，表单通常就是用来完成这个任务的。

（5）动画

为了吸引用户的眼球，网页中有时候还大量地使用动画来增强效果。常见的动画有 GIF 动画，Flash 动画（SWF）。近几年来，一些网页中还使用 HTML5 技术来实现动画效果。

4．网页的构成部分

网页的制作风格多种多样，五花八门。但一般来说，网页中还是有一些相似的成分，主要包括 Logo（标志），Banner（广告条），navigation bar（导航条），主体部分，版权部分，如图 5-2 和图 5-3 所示。

图 5-2 网页中的 Logo，Banner，导航条，主体部分

图 5-3 网页中的版权部分

5.1.2 制作网页的相关技术介绍

1. HTML

所有的网页都是由 HTML（Hyper Text Markup Language 超文本标记语言）编写的，随着网络技术的发展，HTML 也不断改进，这个改进是由一个叫 W3C（World Wide Web Consortium）组织来主导的，主要经历了如下几个版本。

- HTML2.0：1995 年 11 月发布。
- HTML4.0：1997 年 12 月 18 日发布。
- HTML4.01：1999 年 12 月 24 日发布。
- XHTML1.0：2000 年 1 月发布，后又经过修订于 2002 年 8 月 1 日重新发布，是对 HTML 标准的 XML 扩展。
- XHTML1.1：2001 年 5 月 31 日发布。
- XHTML2.0：正在制定中。
- HTML5：2014 年 10 月 29 日由万维网联盟发布，HTML5 将会逐步取代 1999 年制定的 HTML 4.01、XHTML 1.0 标准。

如图 5-4 所示，使用 Dreamweaver CS5 创建网页时，默认的是使用 XHTML 1.0 标准。

创建的基本网页代码如图 5-5 所示。

该网页中的前两行关于"DOCTYPE"（文档类型）的声明是为了告诉浏览器使用何种规范来解释当前这个网页。

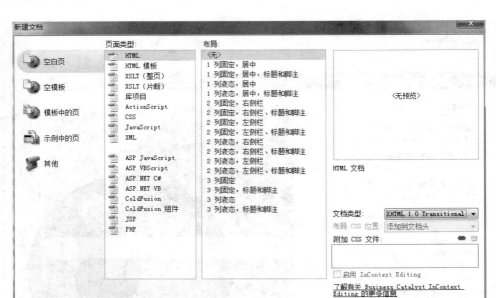

图 5-4　使用 Dreamweaver CS5 创建网页

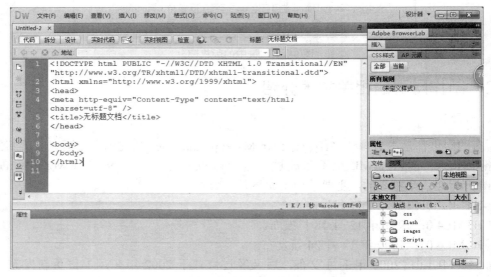

图 5-5　基本网页代码

　　HTML4.01 和 XHTML1.0 都有一个严格类型（Strict）和一种过渡类型（Transitional）。所谓过渡类型是为了兼容以前版本而定义的，包含新版本中已经废弃的标记和属性。自然地，严格类型就不包括已经废弃的标记和属性。

　　注意：在正式的版本序列中，没有 HTML1.0 版，这是因为在最初阶段，各个机构都推出自己的方案，并没有统一，由 W3C 发布的 HTML2.0 才算是第一个正式的规范。

　　2. CSS

　　CSS（Cascading Style Sheet），又称为层叠样式表。这是一组用来控制网页外观的规则。

CSS 是由 W3C 组织制定的，是对 HTML 的补充，利用 CSS 可以实现对页面的布局、字体、颜色、背景等各种效果的精确控制，并能实现网页内容与显示效果的分离，使得 HTML 文档结构清晰，内容简练。CSS 的发展经历了 3 个版本，即 CSS2.0、CSS2.1、CSS3.0，熟练使用 CSS 是网页设计师的一个基本要求，图 5-6 所示的是一段 CSS 代码。

```
.black_16_cu,.black_16_cu A:link,.black_16_cu A:visited,.black_16_cu A:active,.black_16_cu A:hover {
        font-size:  16px;
        color: #000000;
        font-family: "微软雅黑",Microsoft YaHei;
        font-weight:bold;
}
.white_15,.white_15 A:link,.white_15 A:visited,.white_15 A:active,.white_15 A:hover {
        font-size: 15px;
        color: #242424;
        font-family: "微软雅黑",Microsoft YaHei;
}
.gray_12,.gray_12 A:link,.gray_12 A:visited,.gray_12 A:active,.gray_12 A:hover {
        font-size: 12px;
        color: #939393;
}
.black_12_24 {
        font-size: 12px;
        line-height: 24px;
        color: #000000;
}
```

图 5-6　一段 CSS 代码

3. JavaScript

JavaScript 是一种在浏览器中运行的脚本语言。以前主要用于在客户端（浏览器）数据验证和一些简单的动态效果，近几年来应用越来越广泛，结合上面讲的 CSS，HTML 可能给网页带来炫目的动态效果和强大的运算处理功能。

除了以上的一些技术，制作网页还包括图像处理，动画制作等相关的技术，限于篇幅这里就不一一介绍了，感兴趣的读者可自行阅读相关的书籍。

5.1.3　制作网页的相关工具介绍

要制作一个网页，高效的工具必不可少。前面我们讲了，网页中有文本、图像、声音、动画、视频等元素。制作这些素材元素有相应的工具，比如图像处理有大名鼎鼎的 Photoshop，制作动画就有著名的 Flash，这些软件有兴趣的读者请自行去了解。

要将各种元素整合写到一个网页文件中，可以使用任何普通文本编辑器，比如记事本，也可以使用一些专门用来编写网页的开发工具，这些工具一般都提供语法高亮显示，自动排列等功能，本书介绍使用最广泛的 Dreamweaver。Dreamweaver 是一款专业的 Web 设计与开发的软件，采用"所见即所得"的可视化的开发方法，功能非常强大。安装好 Dreamweaver 之后双击启动，图 5-7 所示的是 Dreamweaver CS5 的启动界面。

"起始页"对话框有三个部分，如图 5-8 所示，简要介绍如下：

（1）打开最近的项目。显示最近打开处理过的文档，单击可快速打开，提高效率。

（2）新建。显示可以新建的文档，有各种类型。如果要新建一个 HTML 文档选择第一项即可。

（3）主要功能。显示当前版本的一些主要功能，单击可以链接到外部网站，显示相关内容。

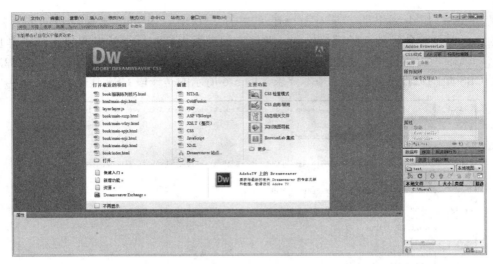

图 5-7　Dreamweaver CS5 启动界面

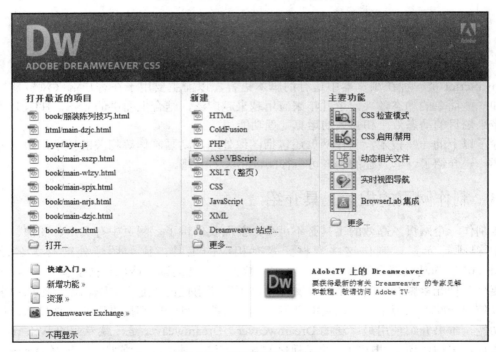

图 5-8　"起始页"对话框

选择新建一个 HTML 文档。Dreamweaver 就进入到文档编辑状态，如图 5-9 所示。

在编辑文档的状态下，Dreamweaver 的功能比较多，下面我们根据图 5-9 上的数字标志点简要介绍如下：

（1）主菜单，几乎所有的功能都能在这里找到。

（2）"插入"功能窗口。提示了当前可以在文档中插入的内容，比如图片、超链接等。注意功能窗口可以在窗口菜单中开关，包括右边⑥所示区域的窗口。另外根据用户的习惯还可以选择一种界面布局，在窗口的右上角，当前是经典布局。

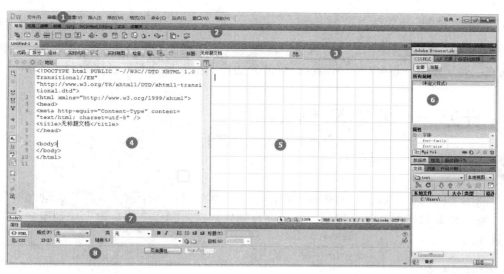

图 5-9 文档编辑窗口

（3）文档工具栏。文档对应的一些操作，如单击浏览器按钮可以在浏览器中浏览测试当前网页。

（4）文档"代码"窗口。内容显示文档的源代码本身。

（5）"设计"窗口，可视化显示编辑网页。类似于在浏览器中显示网页的效果。

（6）各种面板。包括 CSS、文件等相关内容的面板。

（7）一些相关提示信息。在这里可单击标签来选择，还可以查看当前文档的一些信息，比如文档的显示比例、编码等。

（8）属性面板。用于查看修改各种对象的属性，随着选择对象的不同而变化。

5.1.4　网站建设的基本流程

网站建设是一个系统工程，有一个基本流程，只有遵守这个流程，才能少走弯路，提高效率，保证项目的可控性、科学性。一般来说，建设一个网站有如下几个步骤。

1．网站前期策划与调研

在建设之前要对市场进行充分的调查与分析，首先涉及用户需求的调研，也就是要明确客户需要一个什么样的网站。这是一个需要反复确认的过程，前期需求调研越充分，后期返工的机会就越少。其次要收集整理整个网站的素材，包括相关的文字、图片、音频、视频、动画等。明确了前两项之后就需要确定网站的整体结构、风格、配色、版面布局、完成整个网站的策划（书）。这个策划书对整个网站的建设具有指导和定位的作用。

2．网站建设的实施

主要包括网站的页面设计、页面具体的制作、后台程序的开发、网站测试修改完善等。页面设计出来之后需要与用户确认，可以多设计几种方案，由用户挑选。确定了设计稿后还需要具体使用 HTML、CSS 及相关的技术来实现它。在设计页面时如果有后台程序，这时需要程序开发人员开发后台程序，最后联合调试修改完善。

3．后期的维护与更新

网站建设完成之后并不是一劳永逸、高枕无忧了，还需要不断维护与更新，比如继续修改 BUG，调整内容，以适应新的情况。这部分的持续投入也是不可轻视的。

5.2　任务一　创建本地站点

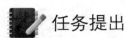 任务提出

互联网上的网页是以站点为单位组织的，一个网站包括多个网页、图片、动画等多种资源，一般在开发制作网站时，先要在本地硬盘制作测试，制作完成后再上传到服务器，供用户浏览使用。

任务要求

创建后续任务所需要的本地站点。

任务分析

Dreamweaver 提供了完整的站点管理功能，通过这些功能，可以创建站点以及站点的目录结构等操作，十分方便。

任务实施

一个站点有很多文件，这些文件不能杂乱无章地放在一起，一般在创建本地站点时常遵守一些约定，比如图片资源放在 images 文件夹中，层叠样式表文件放在 CSS 文件夹中，多媒体动画视频材料放在 media 文件夹中，news 表示文件夹中存放闻网页，javascript 脚本文件放在 js 文件夹中等。

具体操作步骤如下。

第 1 步：在 D 盘根目录中创一个文件夹，这里命名为 mysite。

第 2 步：打开 Dreamweaver 软件，选择菜单"站点"→"新建站点"，打开"站点设置对象测试站点"对话框，如图 5-10 所示。现阶段，我们只需设置站点名称为"测试站点"，将本地站点文件夹指定为"D：\mysite"。这样在 Dreamweaver 中的"测试站点"就和"D：\mysite"中的文件关联起来。

第 3 步：如果需要设置编辑后上传的远程 Web 服务器地址，可单击"服务器"，如图 5-11 所示，现在不需要设置服务器信息，单击"取消"按钮即可。

第 4 步：在单击"保存"按钮之后 Dreamweaver 会自动打开"管理站点"对话框，如图 5-12 所示。利用这个对话框（注意在站点设置全部完成之后也可以单击菜单"站点"→"管理站点"）我们可以对站点进行管理。比如可以继续"新建"新的站点，"编辑"原有的站点，复制删除站点等，读者可自行试验。

第 5 步：文件管理。如果文件面板未显示，可以单击菜单"窗口"→"文件"将其显示

出来。在右下角的文件管理面板中可以对站点中的文件和文件夹进行管理，方法同 Windows 中类似，右击"站点→测试站点（……）"打开一个菜单，如图 5-13 所示。利用这个菜单，用户可以新建文件夹、文件，对文件夹和文件进行编辑包括复制、粘贴、重命名等。也可以利用拖动的方式来移动文件和文件夹。注意一个文件从一个位置移动到另一个位置，其中的链接路径会自动更新，这是在利用资源管理器进行移动所不具备的优势。文件管理操作的结果如图 5-14 所示。

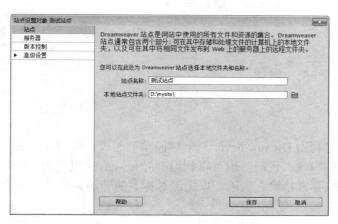

图 5-10　"站点设置对象测试站点"对话框

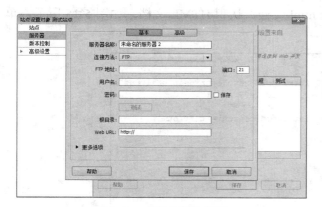

图 5-11　"服务器"设置

图 5-12　"管理站点"对话框

图 5-13　文件管理快捷菜单

图 5-14　文件管理操作结果

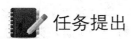

5.3　任务二　使用HTML基本标签创建简单网页

任务提出

网页由若干个 HTML 标签组成，制作网页需要熟悉一些常见的标签包括文本、标题、段落、水平线、列表、图像、表格、超链接等。

任务要求

利用基本标签制作简单网页。

任务分析

本任务主要学习利用 Dreamweaver 来创建简单的网页，练习使用各种基本的标签。读者可以直接在代码窗口中输入代码，也可以利用 Dreamweaver 提供的可视化操作方法来完成。在刚开始学习时，推荐直接输入代码，以加深对标签的理解。

任务实施

第 1 步：打开任务一所建立的 index.html 文档，认识 HTML 文档，如图 5-15 所示，单击工具栏上的"拆分"按钮。

```
1  <!DOCTYPE html PUBLIC "-//W3C//DTD XHTML 1.0
   Transitional//EN"
   "http://www.w3.org/TR/xhtml1/DTD/xhtml1-transitional.dtd">
2  <html xmlns="http://www.w3.org/1999/xhtml">
3  <head>
4  <meta http-equiv="Content-Type" content="text/html;
   charset=utf-8" />
5  <title>无标题文档</title>
6  </head>
7  |
8  <body>
9  </body>
10 </html>
```

图 5-15　任务一的 HTML 文档

第 2 步：设置网页标题为"我的第一个网页"，有三种方法，第一种方法是直接在源代码中输入，标题标签是<title></title>，将"无标题文档"改为"我的第一个网页"即可，这是最常见的办法。第二种方法是将工具栏上的标题框中的标题改掉即可，第三种方法是在设计窗口空白处右击，打开菜单，选择"页面属性"，打开的对话框如图 5-16 所示，选择"标题/编码"即可改标题。不管哪一种方法，最后的代码如图 5-17 所示。设置的网页标题会在浏览器的标题栏中显示。

第 3 步：一般的文章都有标题、副标题、章、节等结构，在网页中用<hn></hn>来标记（n 的取值为 1…6）代码如下所示。注意将内容保存在新建的网页中，下同。

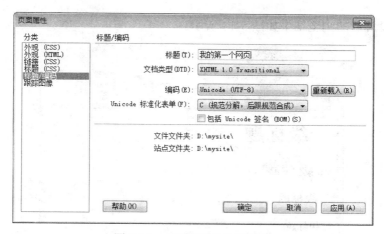

图 5-16　"页面属性"对话框

```
1  <!DOCTYPE html PUBLIC "-//W3C//DTD XHTML 1.0
   Transitional//EN"
   "http://www.w3.org/TR/xhtml1/DTD/xhtml1-transitional.dtd">
2  <html xmlns="http://www.w3.org/1999/xhtml">
3  <head>
4  <meta http-equiv="Content-Type" content="text/html;
   charset=utf-8" />
5  <title>我的第一个网页</title>
6  </head>
7
8  <body>
9  </body>
10 </html>
11
```

图 5-17　添加网页标题后的代码

```
<! DOCTYPE html PUBLIC "-//W3C//DTD XHTML 1.0 Transitional//EN"
"http: //www.w3.org/TR/xhtml1/DTD/xhtml1-transitional.dtd">
<html xmlns="http: //www.w3.org/1999/xhtml">
<head>
<meta http-equiv="Content-Type" content="text/html; charset=utf-8" />
<title>不同等级标题的标签</title>
</head>

<body>
<h1>一级标题</h1>
<h2>二级标题</h2>
<h3>三级标题</h3>
<h4>四级标题</h4>
<h5>五级标题</h5>
<h6>六级标题</h6>
</body>
</html>
```

标题标签设置后的浏览结果如图 5-18 所示。

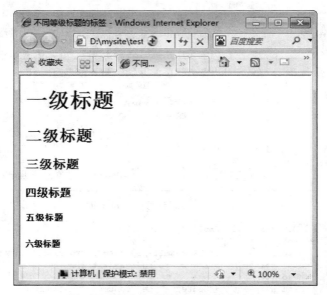

图 5-18　标题标签设置后的浏览结果

第 4 步：在网页中输入文本。要在网页中输入文本，为了使内容排列整齐，文字的段落用<p></p>来标记。如果只是换行而不分段，用
来标记，水平线用<hr/来标记>，字符与字符之间的空格用" "，代码如下：

```
<! DOCTYPE html PUBLIC "-//W3C//DTD XHTML 1.0 Transitional//EN"
"http: //www.w3.org/TR/xhtml1/DTD/xhtml1-transitional.dtd">
<html xmlns="http: //www.w3.org/1999/xhtml">
<head>
<meta http-equiv="Content-Type" content="text/html; charset=utf-8" />
<title>使用段落、换行、水平线标签</title>
</head>
<body>
<h2>将进酒</h2>
<p>君不见，黄河之水天上来，奔流到海不复回。
君不见，高堂明镜悲白发，朝如青丝暮成雪。
人生得意须尽欢，莫使金樽空对月。
天生我材必有用，千金散尽还复来。</p>
<hr />
<h2>春望</h2>
<p>国破山河在，城春草木深。<br/>感时花溅泪，恨别鸟惊心。
<br/>烽火连三月，家书抵万金。<br/>白头搔更短，浑欲不胜簪。</p>
</body>
</html>
```

浏览结果如图 5-19 所示。

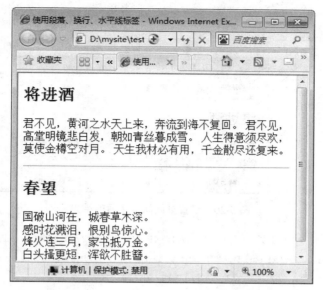

图 5-19　段落、分行、水平线设置示例结果

第 5 步：超链接标签<a>，超链接极为常用，是网页上的一种基本元素，正是通过超链接，各个页面才链接在一起构成一个网站，构成网站互联。超链接的基本语法如下：

<a href="链接地址"　target="目标窗口位置">链接文本或图像</a>

href 表示链接地址的路径，也就跳转到哪个网页，一个完整的链接地址常见形式为 http: //www.zjff.net/abc.html，这种形式的链接一般指向外部网站，如果要指定网站内部的某个网页则可以使用相对路径；target 用于指定目标网页在哪个窗口打开，比如可以在当前窗口打开（取值为_self），也可以在新建的一个窗口中打开（取值为_blank）。制作一个超链接，单击超链接跳转到前面的古诗两首，代码如下：

```
<! DOCTYPE   html PUBLIC "-//W3C//DTD XHTML 1.1 Transitional//EN"
"http: //www.w3.org/TR/xhtml1/DTD/xhtml1-strict.dtd">
<html xmlns="http: //www.w3.org/1999/xhtml">
<head>
<meta http-equiv="Content-Type" content="text/html; charset=gb2312"/>
<title>链接到其他页面</title>
</head>
<body>
<a  href="test~p~br~hr.html" target="_blank">古诗两首</a>
</body>
</html>
```

浏览结果如图 5-20 所示。

第 6 步：列表在网页中使用很广泛，主要有三种，其一是有序列表<ol></ol>，其二是无序列表<ul></ul>，其三是自定义列表<dl></dl>，代码如下：

图 5-20　设置页面间链接后的结果

```
<! DOCTYPE html PUBLIC "-//W3C//DTD XHTML 1.0 Transitional//EN"
"http: //www.w3.org/TR/xhtml1/DTD/xhtml1-transitional.dtd">
<html xmlns="http: //www.w3.org/1999/xhtml">
<head>
<meta http-equiv="Content-Type" content="text/html; charset=utf-8"/>
<title>有序列表无序列表</title>
</head>
<body>
<h3>发酵步骤：</h3>
<ol>
<li>把发酵粉在温水里泡发；</li>
<li>缓缓地倒入面粉中搅拌；</li>
<li>再慢慢柔成面团；</li>
<li>放在温暖处发酵，大约半小时的样子发成了两倍大，就够了。</li>
</ol>
<h3>有下列情形之一的，不得超车：</h3>
<ul>
<li>前车正在左转弯、掉头、超车的；</li>
<li>与对面来车有会车可能的；</li>
<li>前车为执行紧急任务的警车、消防车、救护车、工程救险车的；</li>
<li>......</li>
</ul>
</body>
</html>
```

浏览结果如图 5-21 所示。

第 7 步：表格标签，顾名思义，主要用于数据的展示，有时也用于网页上各种元素的布局，用来排列各个标签内容。表格一般使用<table>、<tr>、<td>这 3 个标签，<table>用于定

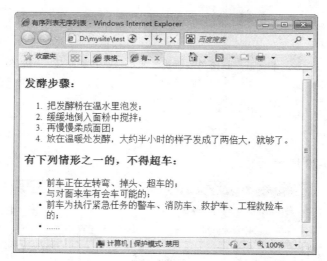

图 5-21 设置列表后的结果

义整个表格，<tr>用于定义一行，<td>用于定义一个单元格。图 5-22 所示的是一个简单的表格和图像。在这里我们使用了表格的一些属性比如 bordercolor="#000000"设置边框颜色为黑色， border="1" 设置边框宽度为 1， cellspacing="0"设置单元格之间的距离为 0 像素，align="center"居中显示，colspan="2"表示合并多列单元格成一个单元格跨 2 列。另外还使用了一个图像标签<img/>用来在网页中显示一张图片，其语法为：

    <img src="图片地址"alt="图像无法显示时的替代文字"title="鼠标悬停提示文字"width="宽度" height="高度"/>

    代码如下：

```
<! DOCTYPE html PUBLIC "-//W3C//DTD XHTML 1.0 Transitional//EN"
"http: //www.w3.org/TR/xhtml1/DTD/xhtml1-transitional.dtd">
<html xmlns="http: //www.w3.org/1999/xhtml">
<head>
<meta http-equiv="Content-Type" content="text/html; charset=utf-8" />
<title>表格的使用</title>
</head>
<body>
<table border="1" bordercolor="#000000"cellspacing="0">
<tr>
<td colspan="2" align="center">
<img src="images/bag.jpg" width="150" height="144" /></td>
</tr>
<tr>
<td >商品名称</td><td>2016 新款欧美多功能单肩斜挎个性女士包</td>
</tr>
<tr>
<td>商品价格</td><td>388 元</td>
```

```
</tr>
<tr>
<td>商品简介</td><td>牛皮革，斜挎单肩手提，水桶包，拉链暗袋 手机袋 证件袋</td>
</tr>
</table>
</body>
</html>
```

浏览结果如图 5-22 所示。

图 5-22　表格与图像

第 8 步：表单标签<form>。网页不只是用来展示内容还需要用户录入内容。表单标签<form>就是用于描述用户输入的界面。<form>用于表示表单，<input/>用于描述输入内容，比如要创建一个登录界面，在表单中包含文本框、密码框和提交、重置按钮，代码如下：

```
<! DOCTYPE html PUBLIC "-//W3C//DTD XHTML 1.0 Strict//EN"
"http: //www.w3.org/TR/xhtml1/DTD/xhtml1-strict.dtd">
<html xmlns="http: //www.w3.org/1999/xhtml">
<head>
<meta http-equiv="Content-Type" content="text/html; charset=gb2312" />
<title>表单</title>
</head>
<body>
<form action="" method="post">
<p>用户名:
<input name="username" type="text" size="20"/>
</p>
<p>密    码:
<input name="pwd" type="password" size="20" />
</p>
```

```
<p>
    <input type="submit" name="btn" value="提交" />
    <input name="reset" type="reset" value="重填" /></p>
</form>
</body>
</html>
```

其中表单使用了两个属性，action 属性表示表单要提交到哪个地址进行处理，method 指定表单提交的方式为 post。在表单中使用了<input/>这个最常用的表单控件，单行文本框、密码框、单选、复选按钮、文件选择等都是使用这个标签来实现的，比如 type="text"表示设为文本框，type="password" 表示设为密码框用来输入密码，type="submit"表示设置为提交按钮，单击就可以将表单的内容提交给服务器，type="reset"表示设为重置按钮，单击可以将表单中的内容全部清空。另外属性 size="20"设置控件的宽度。浏览结果如图 5-23 所示。

图 5-23　简单表单示例结果

5.4　任务三　制作信息媒体学院主页

任务提出

任务二我们熟悉了一些常见的标签，包括文本、标题、段落、水平线、列表、图像、表格、超链接、表单等标签。现在我们利用这些标签制作一个相对完整的网页，以加深对所学知识的理解。

任务要求

利用所学知识，使用 Dreamweaver 制作如图 5-24 所示的信息媒体学院主页。

图 5-24　信息媒体学院主页

任务分析

本任务主要学习利用 Dreamweaver 来创建一个相对完整的网页。使用前面任务所学习的标签，利用 Dreamweaver 提供的可视化操作方法结合代码输入来完成。整个网页由一个 4 行 2 列的表格（为了表述方便称为表格 t）布局完成。第 1 行有 1 列，其中放置图片 banner.gif；第 2 行有 2 列，第 1 列放置 1 个表单，里面有两个控件，其一为文本框，其二为按钮；第 2 列放置一个嵌入的 1 行 6 列的小表格（xt1），用来放置顶部导航菜单；第 3 行有 2 列，第 1 列放置一个嵌入的 3 行 1 列的小表格（xt2），第 1 行放置图片 1.jpg（合照），第 2 行放置图片 p-1-2.gif（热点信息），第 3 行放置 6 条新闻链接。第 2 列放置一个嵌入的 2 行 1 列的小表格（xt3）用来放置"信息媒体学院概况"文本；第 4 行只有一列，用来放置页脚部分，如图 5-25 所示。

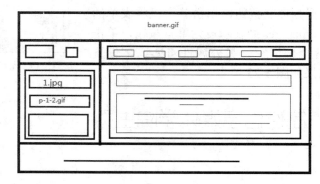

图 5-25　页面设计草图

任务实施

第 1 步：创建 xxmt 站。创建目录 D：\xxmt，创建目录 D：\xxmt\images，将需要使用的图片复制完成，如图 5-26 所示。

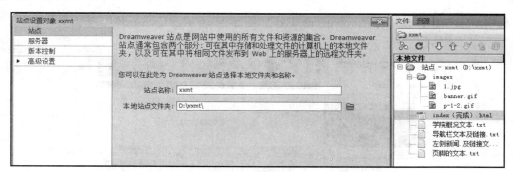

图 5-26　创建 xxmt 站点

第 2 步：在 Dreamweaver 中的 xxmt 站点下将新建 index.html 文件打开并切换到经典界面，单击"拆分"按钮使用拆分视图，设置网页标题为"信息媒体学院主页"，如图 5-27 所示。

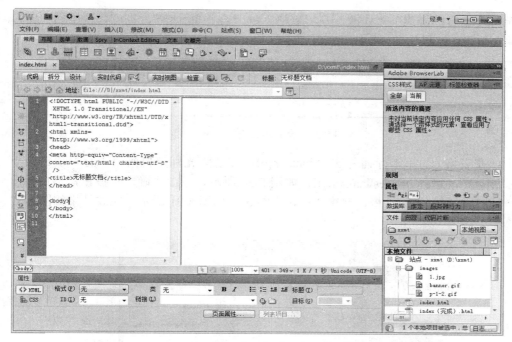

图 5-27　新建 index.html 文档

第 3 步：创建最外层的布局表格（为了表述方便称为表格 t）。单击菜单"插入"→"表格"，参数如图 5-28 所示，注意"表格宽度"为 960，单位为像素。

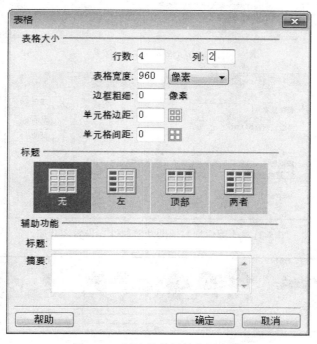

图 5-28　创建最外层的布局表格

第 4 步：将表格 t 的第 1 行和第 4 行的单元格分别合并为 1 个单元格，方法为先拖动选择两个单元格，然后单击菜单"修改"→"表格"→"合并单元格"，也可以使用属性窗口中的"合并"按钮，结果如图 5-29 所示。

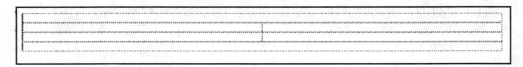

图 5-29　合并单元格

第 5 步：在表格 t 的第 1 行插入图片 banner.gif，方法为光标定位到第 1 行，单击菜单"插入"→"图像"，选择 images\banner.gif，如图 5-30 所示，单击"确定"按钮，然后弹出"图像标签辅助功能属性"对话框，单击"确定"按钮，如图 5-31 所示。完成结果如图 5-32 所示。

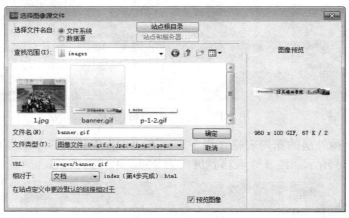

图 5-30　插入 banner 图片

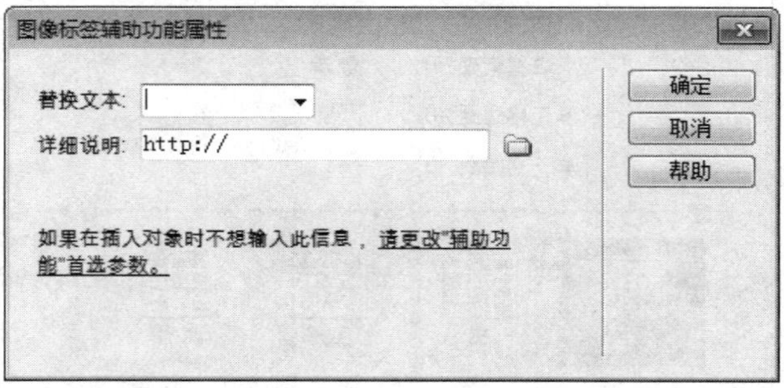

图 5-31　"图像标签辅助功能属性"设置图片属性

图 5-32　插入图片后网页效果

　　第 6 步：在表格 t 的第 2 行第 1 列插入文本框和按钮。单击菜单"插入"→"表单"→"文本域"，弹出"输入标签辅助功能属性"对话框如图 5-33 所示，单击"确定"按钮，弹出"是否添加表单标签"提示框，选择"否"，如图 5-34 所示。

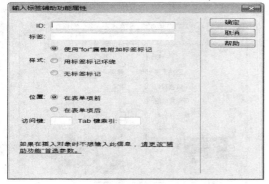

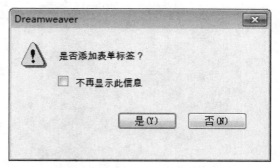

图 5-33　"输入标签辅助功能属性"对话框　　　　图 5-34　"是否添加表单标签"提示框

　　单击选中文本框，在属性窗格中设置其"字符宽度"为 32 像素，如图 5-35 所示。

图 5-35　设置文本框宽度

　　光标定位到文本框之后，单击菜单"插入"→"表单"→"按钮"，用类似的方法插入按钮，完成后结果如图 5-36 所示。

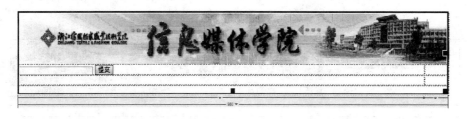

图 5-36　插入表单控件网页的设计效果

　　第 7 步：设置表格 t 的第 2 行第 1 列的宽度为 280 像素，方法是定位到该单元格，在属性窗口中设置，如图 5-37 所示。在表格 t 的第 2 行第 2 列插入表格 xt1，用来放置导航菜单，表格为 1 行 6 列，其宽度为 680 像素。方法同第 3 步，如图 5-38 所示。

　　完成结果如图 5-39 所示。

　　第 8 步：输入导航菜单文本并设置超链接。在表格 xt1 的 6 个单元格中输入文字，如图 5-40 所示。

　　选择"学院概况"文字，单击菜单"插入"→"超级链接"，打开的对话框如图 5-41 所示，输入链接地址（地址内容见素材），单击"确定"按钮，超级链接设置完成之后导航栏菜单设置效果如图 5-42 所示。

第 9 步：左侧图片设置，在表格 t 的第 3 行第 1 列插入嵌入表格 xt2，根据前面的分析该表格应为 3 行 1 列，表格宽度 280 像素，方法同前面所述，如图 5-43 所示。然后在 xt2 的第 1 行插入图片 1.jpg，在属性窗格中设置图片的大小为 280*170 像素，如图 5-44 所示，在第 2 行插入图片 p-1-2.gif，效果如图 5-45 所示。

图 5-37　设置单元格宽度　　　　　　　　图 5-38　插入表格 xt1

图 5-39　插入嵌入表格 xt1 后的效果

图 5-40　输入导航菜单文本后效果

图 5-41　"超级链接"对话框创建超级链接

图 5-42　导航栏菜单设置效果

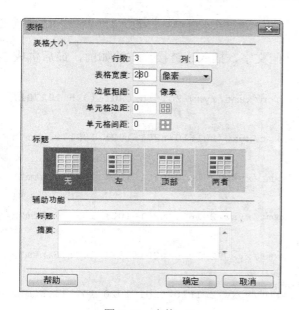

图 5-43　表格 xt2

图 5-44　设图片"1.jp"的大小

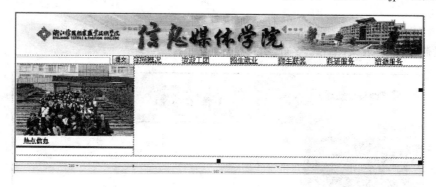

图 5-45　左侧图片设置效果

第 10 步：制作左侧的新闻链接。提前将链接文本输入到记事本中，复制第 1 条链接文本"[学院新闻] 信息媒体学院召开运动..."，粘贴到表格 xt2 之第 3 行，回车，这些文字会被自动放置到一个段落标记（P）中，代码如下所示。

```
<table width="280" border="0" cellspacing="0" cellpadding="0">
<tr>
<td><img src="images/1.jpg" width="280" height="170" /></td>
</tr>
```

```
<tr>
<td><img src="images/p-1-2.gif" width="280" height="29" /></td>
</tr>
<tr>
<td><p>［学院新闻］信息媒体学院召开运动...</p>
<p> ；</p></td>
</tr>
</table>
```

6 条文本完成后，在设计窗口选择第一条新闻文字，插入超链接，方法如前，最后生成的代码如下：

```
<td><p><a href="http：//xxgc.zjff.edu.cn/xxmt/xyxw/201610/t20161025_102701.htm">［学院新闻］信息媒体学院召开运动...</a></p>
<p><a href="http：//xxgc.zjff.edu.cn/xxmt/xyxw/201610/t20161021_102179.htm">［学院新闻］信息媒体学院十佳歌手...</a></p>
<p><a href="http：//xxgc.zjff.edu.cn/xxmt/xyxw/201610/t20161021_102178.htm">［学院新闻］信息媒体学院开展阳光...</a></p>
<p><a href="http：//xxgc.zjff.edu.cn/xxmt/xyxw/201610/t20161021_102177.htm">［学院新闻］信息媒体学院第四届叠...</a></p>
<p><a href="http：//xxgc.zjff.edu.cn/xxmt/xyxw/201610/t20161021_102176.htm">［学院新闻］信息媒体学院美化寝室...</a></p>
<p><a href="http：//xxgc.zjff.edu.cn/xxmt/xyxw/201610/t20161020_102117.htm">［学院新闻］信息媒体学院就业讲座...</a></p>
<p> ；</p>
</td>
```

文本及超级链接效果图如图 5-46 所示。

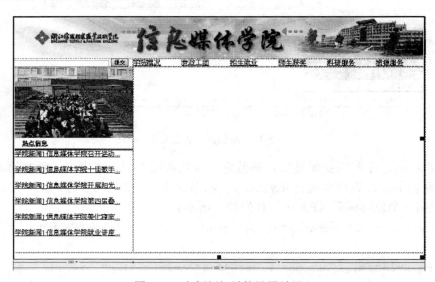

图 5-46 左侧新闻链接设置效果

第 11 步：设置右侧学校概况文字。右侧文字第一行靠左，下面部分文字居中，方便起见，插入一个嵌入表格 xt3，表格为 2 行 1 列，表格宽度为 680 像素，如图 5-47 所示。

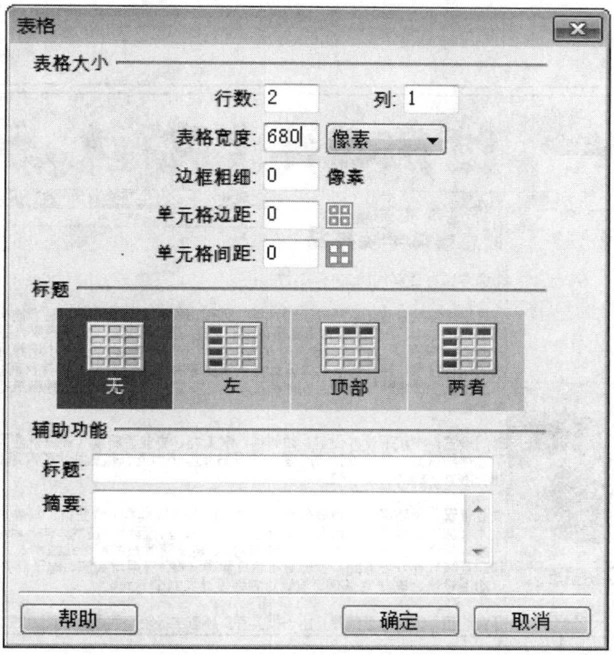

图 5-47　插入表格 xt3

输入相应文本"当前位置：主页&gt；学院概况&gt；"到 xt3 第 1 行。这里&gt；是")"的编码，注意要在代码窗口中输入。复制"信息媒体学院概况"到 xt3 之第 2 行，在设计窗口中操作，选中这些文字，单击菜单"插入"→"HTML"→"文本对象"→"标题 2（2）"将这行文本作为标题 2 即<h2></h2>，当然直接输入也可；将其他的文字全部输入（复制），段落都放到<p></p>中。完整代码如下，完成效果如图 5-48 所示。

```
<td><table width="680" border="0" cellspacing="0" cellpadding="0">
<tr>
<td>当前位置：主页&gt；学院概况&gt；  ； </td>
</tr>
<tr>
<td>
            <h2>信息媒体学院概况</h2>
<p>来源：学院办公室时间：2016-02-17</p>
<p>信息媒体学院专业最早开办于 1984 年，……</p>
<p>部门设置：学院下设办公室、教务科、学工办……</p>
            <p>专业设置：学院将大力发展信息应用类和数字……</p>
            <p>师资队伍：师资力量雄厚，由一……</p>
            <p>实训条件：学院拥有中央财政支持建……</p>
            <p>办学成果：学院积极推进各项职教改革……</p>
```

```
        <p>我们本着&quot；求真务实，开拓进取&quot；的……</p>
    </td>
    </tr>
</table></td>
```

图 5-48　右下侧文字设置效果

第 12 步：输入页面底部文本。注意代码放在<p></p>标签中，代码如下：

`<td colspan="2">`版权所有&amp；copy；浙江纺织服装学院-信息媒体学院 ｜ 地址：宁波市风华路 495 号 ｜ 邮编：315200 ｜ 邮箱：zjffyb@126.com ｜ 浙 ICP 备 05014587 号

`</td>`

第 13 步：设置超链接的样式。在设计窗口的空白处，右击鼠标，在弹出的快捷菜单中选择"页面属性"，如图 5-49 所示，修改相应的属性。单击"确定"按钮退出。浏览网页，注意观察网页上的超级链接和前面的变化：只有鼠标悬停在上面时才显示下画线并变成红色字体。

图 5-49　设置链接的格式

第 14 步：现在网页的所有内容都靠左，需要将它们全部居中，设置表格 t 居中，选择表格 t，在属性窗口中设置"对齐（A）"为"居中对齐"，如图 5-50 所示。

图 5-50　设置表格 t 居中

第 15 步：从图 5-48 可以看出，xt2 的内容位置不正确，这是由于 xt2 位于表格 t 的第 3 行第 1 列这个单元格中，默认情况是"垂直居中"，现在只需将该单元格的<td valign="top">设置为"垂直靠上"即可，浏览网页效果如图 5-51 所示。

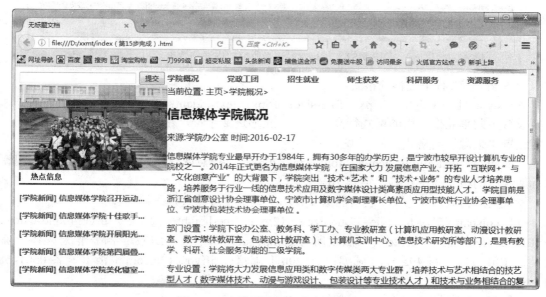

图 5-51　左边图片新闻内容靠上效果

第 16 步：从图 5-51 上看，左右内容靠得太紧了，应该留出适当的距离。在代码窗口中定位到 t 表格的第 3 行第 2 列的<td>标签：

<!--第 3 行第 2 列-->

style="border-left-width：1px；border-left-style：dashed；border-left-color: #666; padding-left: 20px;"<!--单元格左侧加边框，单点线-->

这里"padding-left：20px；"表示该单元格左侧内容留空 20 个像素。效果如图 5-52 所示。

第 17 步：设置 xt3 表格中文字的格式。在代码视图中定位到 xt3，直接输入代码。
设置面包屑的格式：

<td style="background-color：#CCC；font-size：16px；text-align：left；line-height：30px">当前位置：主页&gt；学院概况&gt； ；</td>，主要设置了背景颜色为灰色、字号、左对齐、行高等值。

图 5-52　左右内容适当留空加虚线的效果

设置 xt3 第 2 行单元格的格式：

<td style="line-height：22px；font-size：16px；text-indent：2em；text-align：left；">，主要设置了此单元格共用的格式行高、字号、左缩进 2 字符，左对齐。

设置"来源"的格式：

<h2 style="text-align：center；font-size：20px；">信息媒体学院概况</h2>，主要设置了该标题独有的格式居中对齐，字号 20。

设置页脚格式，定位到 t 表格的第 4 行第 1 列，直接修改代码：

<td colspan="2"> 版权所有& copy；浙江纺织服装学院-信息媒体学院 | 地址：宁波市风华路 495 号 | 邮编：315200 | 邮箱：zjffyb@126.com | 浙 ICP 备 05014587 号 </td>

设置好效果如图 5-53 所示，网页完整代码如下：

```
<! DOCTYPE html PUBLIC "-//W3C//DTD XHTML 1.0 Transitional//EN"
"http: //www.w3.org/TR/xhtml1/DTD/xhtml1-transitional.dtd">
<html xmlns="http: //www.w3.org/1999/xhtml">
<head>
<meta http-equiv="Content-Type" content="text/html; charset=utf-8" />
<title>信息媒体学院主页</title>
<style type="text/css">
a {
    font-size: 15px;
    color: #2c2e31;
    font-weight: bold;
}
a: link {
```

```
        text-decoration: none;
    }
    a: visited {
        text-decoration: none;
        color: #2c2e31;
    }
    a: hover {
        text-decoration: underline;
        color: #F00;
    }
    a: active {
        text-decoration: none;
        color: #2c2e31;
    }
</style>
</head>

<body>
<table width="960" border="0" align="center" cellpadding="0" cellspacing="0">
<tr>
<td colspan="2"><img src="images/banner.gif" width="960" height="100" /></td>
</tr>
<tr>
<td width="280"><label for="textfield"></label>
<input name="textfield" type="text" id="textfield" size="32" />
<input type="submit" name="button" id="button" value="提交" /></td>
<td><table width="680" border="0" cellspacing="0" cellpadding="0">
<tr>
<td><a href="#">学院概况</a></td>
<td><a href="http: //xxgc.zjff.edu.cn/dzgt/dzwj/">党政工团</a></td>
<td><a href="http: //xxgc.zjff.edu.cn/zsjy_1902/zs/">招生就业</a></td>
<td><a href="http: //xxgc.zjff.edu.cn/sshj/jshj/">师生获奖</a></td>
<td><a href="http: //xxgc.zjff.edu.cn/kyfw/hzdt/">科研服务</a></td>
<td><a href="http: //xxgc.zjff.edu.cn/zyfw/wldh/">资源服务</a></td>
</tr>
</table></td>
</tr>
<tr>
<td valign="top"><table width="289" border="0" cellspacing="0" cellpadding="0">
<tr>
```

```
<td width="289"><img src="images/1.jpg" width="280" height="170" /></td>
</tr>
<tr>
<td><img src="images/p-1-2.gif" width="280" height="29" /></td>
</tr>
<tr>
<td><p><a href="http://xxgc.zjff.edu.cn/xxmt/xyxw/201610/t20161025_102701.
htm">［学院新闻］信息媒体学院召开运动...</a></p>
    <p><a href="http://xxgc.zjff.edu.cn/xxmt/xyxw/201610/t20161021_102179.htm">
［学院新闻］信息媒体学院十佳歌手...</a></p>
    <p><a href="http://xxgc.zjff.edu.cn/xxmt/xyxw/201610/t20161021_102178.htm">
［学院新闻］信息媒体学院开展阳光...</a></p>
    <p><a href="http://xxgc.zjff.edu.cn/xxmt/xyxw/201610/t20161021_102177.htm">
［学院新闻］信息媒体学院第四届叠...</a></p>
    <p><a href="http://xxgc.zjff.edu.cn/xxmt/xyxw/201610/t20161021_102176.htm">
［学院新闻］信息媒体学院美化寝室...</a></p>
    <p><a href="http://xxgc.zjff.edu.cn/xxmt/xyxw/201610/t20161020_102117.htm">
［学院新闻］信息媒体学院就业讲座...</a></p>
  <p>  </p></td>
</tr>
</table></td>
<td style="border-left-width: 1px; border-left-style: dashed; border-left-
color: #666; padding-left: 20px; ">
<table width="680" border="0" cellspacing="0" cellpadding="0">
<tr>
<td style="background-color: #CCC; font-size: 16px; text-align: left; line-
height: 30px">当前位置：主页&gt; 学院概况&gt;   </td>
</tr>
<tr>
<td style="line-height: 22px; font-size: 16px; text-indent: 2em; text-align:
left; ">
  <h2 style="text-align: center; font-size: 20px; ">信息媒体学院概况</h2>
  <p style="font-size: 14px; color: #999; text-align: center">来源: 学院办公室时
间: 2016-02-17</p>
  <p>信息媒体学院专业最早开办于 1984 年, 拥有 30 多年的办学历史, 是宁波市较早开设计算机专业
的院校之一。2014 年正式更名为信息媒体学院, 在国家大力发展信息产业、开拓&ldquo; 互联网
+&rdquo; 与&ldquo; 文化创意产业&rdquo; 的大背景下, 学院突出&ldquo; 技术+艺术&rdquo; 和
&ldquo; 技术+业务&rdquo; 的专业人才培养思路, 培养服务于行业一线的信息技术应用及数字媒体设计
类高素质应用型技能人才。学院目前是浙江省创意设计协会理事单位、宁波市计算机学会副理事长单位、
宁波市软件行业协会理事单位、宁波市包装技术协会理事单位。</p>
```

<p>部门设置：学院下设办公室、教务科、学工办、专业教研室（计算机应用教研室、动漫设计教研室、数字媒体教研室、包装设计教研室）、计算机实训中心、信息技术研究所等部门，是具有教学、科研、社会服务功能的二级学院。</p>

<p>专业设置：学院将大力发展信息应用类和数字传媒类两大专业群，培养技术与艺术相结合的技艺型人才（数字媒体技术、动漫与游戏设计、包装设计等专业技术人才）和技术与业务相结合的复合型人才（移动互联软件开发、信息 ERP 应用、电子商务技术等专业技术人才）。设有计算机应用技术（移动互联软件开发方向）、计算机信息管理（ERP 应用与实施、电子商务平台技术）、计算机网络技术、动漫设计、电子商务视觉设计、包装设计共六个专业。</p>

<p>师资队伍：师资力量雄厚，由一批具有多年教学经验与实践开发能力的双师型队伍组成。在编教职工近五十人，其中教授 1 人，副教授、高级工程师以上职称教师 15 人，讲师、实验师等中级职称教师 31 人。在编教师中具有研究生学历或硕士学位的 45 人，双师素质教师 32 人，还有一大批经验丰富的校企合作企业的兼职教师。</p>

<p>实训条件：学院拥有中央财政支持建设实训基地和浙江省示范实训基地建设项目 2 个，实训中心现有软件技术实训室、动漫制作实训室、网络技术实训室、信息系统实训室、数据库技术实训室、包装设计实训室、视觉传达实训室、影像实训室、媒体展示室等各类实训室 30 多个，合计 1600 多台计算机。</p>

<p>办学成果：学院积极推进各项职教改革，探索校企合作、工学结合的培养模式，推行双证书教育，努力提高教学质量。同时注重和完善专业建设与学科竞赛的互动机制。近五年来，教师指导学生参赛荣获市级以上奖项 126 人次。教师获全国信息教学设计大赛、全国多媒体大赛等国家级三等奖以上 6 项。教师积极投身教科研活动，成绩斐然。近五年来，学院教师正式出版计算机类教材 18 本；发表学术论文 90 余篇，其中被 EI 等收入 12 篇；主持市级以上项目 17 项，横向及合作课题 8 项；获国家软件著作权 4 项。2010 至 2015 年间学院共培养优秀毕业生 1137 人，为本地行业企业输送了大批优秀人才。</p>

<p>我们本着&quot;求真务实，开拓进取&quot;的精神，夯实内涵建设，强化专业创新，健全服务机制，彰显办学特色，不断推进各项事业迈向新的台阶。</p>

</td>

</tr>

</table></td>

</tr>

<tr>

<td colspan="2"><p style="font-size: 12px；line-height: 25px；background-color: #85BDE3；text-align: center；">版权所有&copy；浙江纺织服装学院-信息媒体学院 | 地址：宁波市风华路 495 号 | 邮编：315200 | 邮箱：zjffyb@126.com | 浙 ICP 备 05014587 号</p></td>

</tr>

</table>

</body>

</html>

图 5-53　主页最终效果

 习题

一、基础知识

1. 单选题

（1）HTML 的基本结构是（　　）。

    A．<html><body></body><title></title></html>

    B．<html><head></head><body></body></html>

    C．<html><head></head><title></title></html>

    D．<html><head><title></title><head></html>

（2）常见的网页布局类型是（　　）。

A．企业网站　　　　B．交易类网站　　　　C．分栏型网站　　　　D．资讯门户类网站

（3）设置文本属性使用（　　）设置。

A．属性面板　　　　B．对象面板　　　　C．启动面板　　　　D．插入面板

（4）（　　）是一类特殊的超链接，单击链接不是跳转到相应的网页上，而是写电子邮件。

A．锚链接　　　　B．E-mail 链接　　　　C．下载链接　　　　D．脚本链接

（5）在 Dreamweaver 中，选择菜单栏的"插入"→"表格"命令，打开对话框，不可设置的表格参数是（　　）。

A．水平行数目　　　　　　　　　　B．垂直列数目

C．每个单元格的宽度　　　　　　　D．表格的预设宽度

二、实战训练

通过本章的学习，制作网页，如图 5-54 所示。

纺服新闻网

首页　纺织院学　时装学院　艺术与设计院学　雅戈尔商学院　信息媒体学院　机电与轨道交通学院　国际学院　纺服大视野

全省高校思政工作会议贯彻落实情况督查组来院督查

发布时间：2015-12-02　点击率：　供稿：宣传部

12月1日下午，由浙江理工大学原党委副书记金瑾如、浙江省教育厅宣教处处长薛晓飞、浙江万里学院党委委员宣传部部长王福银三人组成的全省高校思想政治工作会议贯彻落实情况督查组一行来校督查。

学院隆重举行校友返校欢迎大会

发布时间：2015-11-30　点击率：　供稿：宣传部传部

11月28日上午，银杏叶纷飞的季节，校园到处洋溢着喜庆的气息，我院首届校友返校欢迎大会在艺术中心剧场隆重举行。

学院新媒体联盟今成立 拉开网络文化节序幕

发布时间：2015-11-27　点击率：　供稿：宣传部

11月27日9点30分，我院新媒体联盟成立大会暨第五届网络文化节开幕式在修德楼（2号楼）2楼报告厅举行。我院新媒体联盟是浙江地区首个高校内新媒体联盟。

宁波市教育局莅临我院进行协同中心的巡视检查

发布时间：2015-11-25　点击率：　供稿：纺织服装研究院

11月18日下午，以宁波市委教育工委委员、宁波市教育局副局长胡赤弟为组长，由市教育局督导室主任王勇、浙江大学宁波理工学院副院长郑捷和宁波工程学院交通学院院长杨任法组成的检查组对我院协同创新中心建设情况进行巡视调研与检查。

热点新闻

全省高校思政工作会议贯彻落实情况

15离退休教职工领取养老金资格

学院隆重举行校友返校欢迎大会

学院新媒体联盟今成立 拉开网络文化节

中央音乐学院院长王次招为其女违规

宁波市教育局莅临我院进行协同中心

的哥开车玩特技吓哦醉酒乘客 撞倒

图 5-54　网页实战效果图

第6章 计算机系统安装与维护

本章主要介绍硬盘的初始化和操作系统的安装与维护，主要内容包括硬盘的初始化、安装操作系统、操作系统的安全维护、操作系统的备份与恢复等。最后通过具体的应用实例来加深对本章操作的理解。

6.1 知识要点

6.1.1 硬盘初始化

这里所讲的"硬盘初始化"是指硬盘在使用前必须经过低级格式化、分区和高级格式化三个处理步骤，其中低级格式化通常由生产厂家完成，而分区与高级格式化则由实际用户自己完成，本章主要介绍分区与高级格式化。

6.1.2 硬盘分区

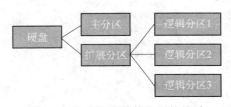

图6-1 主分区和其他分区的关系

硬盘分区是指将一块硬盘进行逻辑上划分区域的操作，通过分区，将硬盘在逻辑上划分成若干个分区，以便于数据的存储与管理。硬盘分区主要包括创建主分区、扩展分区和逻辑分区3部分，而逻辑分区是建立在扩展分区上面的，所以，总的来说用户只能将硬盘划分为两个分区，即主分区和扩展分区，另外扩展分区还可被进一步划分为多个逻辑分区。硬盘分区完成后，主分区主要用来安装操作系统，逻辑分区主要用来存储数据（比如电影、游戏、照片等数据）。主分区和其他分区的关系如图6-1所示。

硬盘分区并不难，但是要将硬盘分得合理，分得好用，并不是人人都会，对于初学者来说，如果能掌握一些硬盘分区的原则，就可以在硬盘分区时得心应手，使得硬盘得到更加合理、更加充分的利用，同时也方便自己维护硬盘数据。在正式分区之前，需要做以下几点准备。

1. 制定分区方案

由于硬盘分区操作会让硬盘上所有资料丢失，所以在分区前要规划好，制定合适的分区方案，主要有以下几个原则。

（1）分区实用性

分区实用性是指对硬盘进行分区时，应当根据自己的硬盘的大小和实际的需求对硬盘分区的容量和数量进行合理的分配，常用的方案将硬盘划分成4个分区，即系统盘C、软件盘

D、工作数据盘 E、娱乐盘 F。

（2）分区合理性

分区合理性是指对硬盘的分区应便于日常管理，过多和过细的分区会减慢系统启动和访问资源管理器的速度，同时也不便于管理。

（3）文件系统选择

文件系统是基于一个存储设备而言的，它是有组织地存储文件或数据的方法，目的是便于数据的查询和存取。常用的文件系统有 FAT32、NTFS 等。NTFS 文件系统是一个基于安全性和可靠性的文件系统，不但可以支持达到 2TB 大小的分区，而且支持对分区、文件夹和文件的压缩，可以更加有效地管理磁盘空间。所以目前硬盘分区大多数都采用 NFTS 文件系统。

2．数据备份

新硬盘在分区时，不用考虑数据备份，但是对正在使用的硬盘进行重新分区，务必要备份硬盘中的重要数据，否则会酿成不可挽回的损失。

3．分区软件准备

目前硬盘分区软件比较多，常用的有 Windows7/Windows10 系统安装程序分区工具、Partition Magic（分区魔术师）、FDISK、Disk Genius 等。用户可以根据自己的需求，选择适合自己的分区工具。

6.1.3 硬盘格式化

硬盘格式化分为低级格式化和高级格式化两种，硬盘在出厂前都会进行低级格式化操作，而且只有进行低级格式化操作后，硬盘才能进行分区与高级格式化。我们这里所讲的硬盘格式化就是指高级格式化。

硬盘格式化是指将空白的硬盘划分成若干个小的区域并对这些区域进行编号，形象地说，就相当于在一张白纸上画格子。对硬盘进行格式操作后，系统就可以读取硬盘并在硬盘中写入数据，如果没有格式化，系统就不知道往哪里写，从哪里读。

硬盘格式化操作能够修复磁盘的部分逻辑坏道、彻底清除绝大多数病毒、清理磁盘空间等，但是也会清除原来已经存在的有用的数据，因此不能随意格式化硬盘，用户在以下几种情况时才会对硬盘进行格式化操作：

● 全新的硬盘需要格式化操作才能使用。

● 硬盘中毒可以通过格式化清除。

● 硬盘出现坏道等可以通过格式化修复。

硬盘格式化分为两种方式，快速格式化和普通格式化，如图 6-2 所示（"快速格式化（Q）"复选框

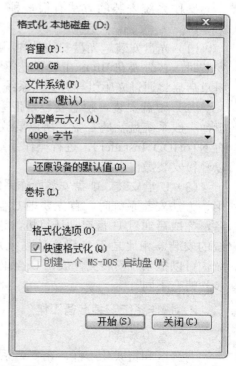

图 6-2 "格式化本地磁盘"对话框

选中表示快速格式化，反之为普通格式化）。

1. 快速格式化

快速格式化并不是真正意义上的格式化，它只是快速地把分区里的信息全部删除，快速格式化的速度非常快，但是对硬盘有一定要求，新硬盘或者硬盘状况良好的情况下，可以选择快速格式化。如果硬盘有坏道或者其他问题，快速格式化就不能解决问题。

2. 普通格式化

与快速格式化一样，普通格式化不但会清除分区里的数据，还会对磁盘进行全面检测，并检测出硬盘上的坏道，是真正意义上的格式化，但是格式化所花时间比较长。如果格式化的硬盘上有坏道等问题，可以使用普通格式化。

6.1.4　安装操作系统

操作系统是用户与计算机的接口，也是管理和控制计算机硬件与软件资源的计算机程序，任何其他软件都必须在操作系统的支持下才能运行。当计算机的硬盘进行分区与格式化后，就可以安装操作系统了。

计算机操作系统分为很多种，主要有 Windows 系统、UNIX 系统、Linux 系统、Mac 系统等，目前主流的个人桌面操作系统有 Windows7/Windows10 等。要熟练地掌握操作系统的安装，先要熟悉系统的安装方法及系统安装的准备工作，具体如下。

1. 操作系统安装方法

操作系统安装的方法有很多种，主要有光盘安装、硬盘安装和 U 盘安装三种，具体如下。

（1）光盘安装。光盘安装是利用系统安装光盘和光驱进行系统安装的方法，使用该方法安装时，首先要在 BIOS 中设置光驱为第一启动设备，然后将系统安装光盘放入光驱，计算机重启后将通过光驱引导并进入系统安装。

（2）硬盘安装。硬盘安装是把系统安装文件放在硬盘里（注意安装文件不能放在系统盘，一般系统盘就是 C 盘，所以要放到 D 盘或 E 盘上），通过其他软件的辅助（常用的软件有 NT6HDD Installer），进行操作系统安装的方法。该方法不需要光驱，也不需要 U 盘就可以轻松安装操作系统。

（3）U 盘安装。U 盘安装操作系统是利用系统安装文件和 U 盘进行系统安装的方法，使用该方法安装系统时，首先要把 U 盘做成启动盘，然后在 BIOS 中设置 U 盘为第一启动设备，完成后通过 U 盘启动计算机，进入 PE 系统，利用 PE 自带的安装系统工具进行操作系统的安装。相比之下 U 盘安装系统是最灵活的，可以安装原版系统，也可以安装 ghost 系统，可以把系统安装文件放在 U 盘里，也可以把系统安装文件放在硬盘里（不同情况的安装步骤略有不同）。

2. 操作系统安装准备工作

（1）备份数据

与分区和格式化一样，在安装系统之前，也需要备份计算机中的重要数据，因为在重装系统时，安装操作系统的目标分区会被清空（一般情况下，系统是安装在 C 盘中的，所以 C

盘上所有的重要数据都需要备份，特别是用户文档下面的数据，否则安装系统后，原来系统盘上的数据都会丢失）。

（2）启动设备准备

启动设备又称可引导设备，是指计算机开机后，引导计算机启动操作系统的硬件，通常有硬盘、U 盘、光驱等，可以在 BIOS 中选择启动顺序及优先启动设备。

（3）系统安装文件准备

由于操作系统安装方式有多种，所以在系统安装准备时，需要根据操作系统安装的方式来准备，如果是光盘安装，必须要准备安装光盘（也可以自己将安装文件刻录成光盘）；如果用 U 盘安装，直接将安装文件放到 U 盘或者硬盘中；如果是硬盘安装，则需要将安装文件放到计算机的硬盘中。

（4）驱动程序

购买计算机时，会附带一张驱动光盘，在安装系统之前，必须要准备好，如果驱动光盘丢失，在安装系统之前，用户可以准备好驱动精灵等相关软件进行驱动程序备份，这样系统安装完成后，可以利用驱动精灵直接还原驱动程序。同时，也可以通过驱动精灵在网上下载。

6.1.5　驱动程序安装

所谓的驱动程序是硬件与操作系统之间的一座桥梁，它实际上是一段程序代码，只有安装驱动程序，操作系统才能控制计算机上的硬件设备，从而保证硬件设备的正常工作。所以，当一台计算机安装操作系统之后，不能直接使用，还需要安装驱动程序。驱动程序的安装方式有多种，具体叙述如下。

1. 自动安装

在 Windows 7 中，如果操作系统检测到新硬件时，自动与系统自带的驱动程序安装信息文件夹进行比对，如果能够找到相关符合的驱动程序，那么会在不需要用户干涉的情况下自动安装正确的驱动程序，安装完成后自动对系统进行必要的设置，同时会在系统任务栏上使用气球图标显示相关的提示信息，如图 6-3 所示。

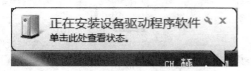

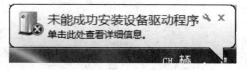

图 6-3　自动安装设备驱动程序　　　　　图 6-4　"未能成功安装设备驱动程序"提示框

2. 手动安装

操作系统检测到新硬件时并与系统自带的驱动程序安装信息文件夹比对后，如果没有找到对应的硬件驱动，则会自动弹出"未能成功安装设备驱动程序"提示框，如图 6-4 所示。用户需要用手动方式来安装驱动程序，手动安装驱动程序的话，找到购买计算机时提供的驱动光盘，然后按照提示进行操作即可完成安装，如图 6-5 所示。如果没有提供相应的驱动程序，则需要用户自己到网上下载相应的驱动程序，再进行安装。

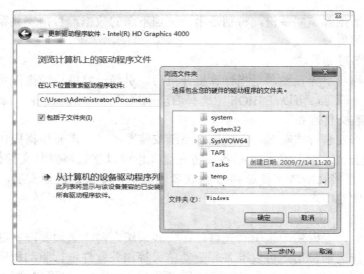

图 6-5　手动安装驱动程序

3．通过软件安装

软件安装驱动程序，是指利用专业的软件（如驱动精灵、驱动人生等），进行驱动程序的安装。利用软件进行安装驱动程序时（这里以驱动精灵为例），首先安装驱动精灵，接着打开软件，单击"驱动管理"，如图 6-6 所示。驱动精灵会自动检测计算机硬件是否已经全部安装驱动程序，如果有未安装的驱动或者已安装的驱动程序有问题，则会提示用户，然后利用驱动精灵自动到网上下载功能，下载相应的驱动程序，完成后直接进行安装就可以了。相比之下，对于不知道如何手动下载驱动程序的用户来说，通过软件安装驱动程序更为简单方便。

图 6-6　驱动精灵安装驱动程序

6.1.6　操作系统安全与维护

随着信息化的快速发展，各种信息系统安全问题也越来越突出，操作系统安全也是如此。对比传统操作系统，虽然现在主流的操作系统的安全性可谓更胜一筹，但是这并不意味着因为系统的安全性提高就可以高枕无忧了，因为在默认状态下操作系统的许多安全功能并没有启用或设置，我们必须对它们进行合适的设置，才能让这些安全功能发挥应有的作用，操作系统的安全性才能更上一层楼。本节以 Windows 7 为例，来讲解操作系统安全维护，主要有用户账户维护、操作系统漏洞维护、防火墙维护等，具体叙述如下。

1．操作系统用户账户维护

操作系统用户账户分为管理员账户、标准用户账户和来宾账户，如图 6-7 所示。

图 6-7　账户类型

（1）管理员账户

计算机的管理员账户拥有对全系统的控制权，能改变系统设置，可以安装和删除程序，能访问计算机上所有的文件。除此之外，它还拥有控制其他用户的权限。Windows 7 中至少要有一个计算机管理员账户。在只有一个计算机管理员账户的情况下，该账户不能将自己改成受限制账户。

（2）标准用户账户

标准用户账户是受到一定限制的账户，在系统中可以创建多个此类账户，也可以改变其账户类型。该账户可以访问已经安装在计算机上的程序，可以设置自己账户的图片、密码等，但无权更改大多数计算机的设置。

（3）来宾账户

来宾账户只是一个临时账户，主要用于远程登录的网上用户访问计算机系统。来宾账户仅有最低的权限，没有密码，无法对系统做任何修改，只能查看计算机中的资料。

虽然操作系统账户类型有三种，但是为了操作系统的安全，用户在使用操作系统时应尽量使用标准用户账户登录，可以有效地防止用户对系统的修改。然后，管理员账户给标准用户账户加密，如图 6-8 所示。如果 Windows 7 账户没有加密，可能会被人通过标准用户账户直接登录从而直接控制你的计算机（当你的计算机处在一个公开的环境中）。

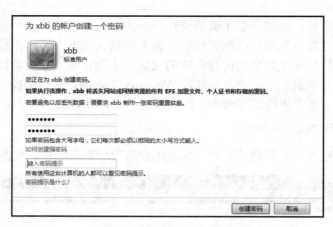

图 6-8　为账户创建密码

2. 操作系统漏洞维护

操作系统漏洞是操作系统安全维护的一个重要问题。所谓操作系统漏洞是指操作系统中存在的任意的允许非法用户未经授权获得访问或提高访问层次的软硬件特征，是一种缺陷。大多数木马病毒都是通过操作系统的漏洞进入系统并产生影响的。Microsoft 公司通过操作系统自动更新功能对日常发现的漏洞进行及时的修复来完善操作系统的缺陷，从而确保系统免受病毒的攻击，因此，我们应该首先提高操作系统的自我保护能力，开启系统自更新，如图 6-9 所示。

执行自动更新时，Windows 系统将例行检查 Windows Update 网站以获得高优先级更新，这些更新有助于保护计算机系统，防止它遭受最新病毒和其他安全威胁的攻击。这些更新包括安全更新、重要更新和 Service Pack。通过自动更新，给操作系统打好补丁后，减少了黑客和木马病毒进入系统的可能性。

图 6-9　操作系统自动更新设置

3. 防火墙维护

Windows 防火墙能够有效地阻止来自 Internet 中的网络攻击和恶意程序，维护操作系统的安全，并且具备监控应用程序入站和出站规则的双向管理功能。Windows 防火墙分为常规设置和高级设置，常规设置主要分"打开或关闭 Windows 防火墙"、"还原默认设置"和"允许程序或功能通过 Windows 防火墙"，如图 6-10 所示。

图 6-10　防火墙维护

①　"打开或关闭 Windows 防火墙"。可以让用户根据实际情况选择打开或关闭防火墙。

②　"还原默认设置"。可以让防火墙配置恢复到初始状态，如果防火墙配置很混乱时，则可以选择还原默认设置。

③　"允许程序或功能通过 Windows 防火墙"。可以选择对某一个程序或服务设置是否允许通过防火墙，若列表中没有某程序，选择"允许运行另一程序"添加自己的应用程序许可规则进行设置，如图 6-11 所示。

图 6-11　程序许可规则设置

Windows 7 的防火墙除了上述的常规设置外，还提供了高级设置控制台，在这里可以为每种网络类型的配置文件进行设置，包括"入站规则"、"出站规则"、"连接安全规则"等，如图 6-12 所示。

图 6-12　防火墙高级设置控制台

①　"入站规则"。可配置规则以指定计算机或用户、程序、服务或者端口和协议，也可以指定要应用规则的网络适配器类型：局域网（LAN）、无线、远程访问，例如虚拟专用网络（VPN）连接或者所有类型。还可以将规则配置为使用任意配置文件或仅使用指定配置文件时应用。

②　"出站规则"。为出站通信创建或修改规则，功能同"入站规则"。

③　"连接安全规则"。使用新建连接安全规则向导，创建 Internet 协议安全性（IPSec）规则，以实现不同的网络安全目标，向导中已经预定义了 4 种不同的规则类型（隔离、免除身份验证、服务器到服务器和隧道），当然也创建自定义的规则，为了便于管理，请在创建连接规则时指定一个容易识别和记忆的名称，方便在命令行中管理。

6.1.7　操作系统备份与恢复

操作系统在日常使用中，难免会出现故障，严重的还可能导致无法开机等状况，碰到这种情况，如果用户不会备份与恢复操作系统的话，只能选择重新安装操作系统，这会给用户带来很大的麻烦。所以，当我们安装完操作系统、驱动程序和应用软件后，可以将当前的操作系统备份下来，将来在操作系统出现故障的时候，把备份好的系统恢复回去。Windows 7 操作系统自带了系统备份与恢复功能。

要使用 Windows 7 的系统备份与恢复功能，首先系统要有一个可靠的还原点，在默认设置下，Windows 7 每天都会自动创建还原点，另外，用户还可以手工创建还原点。有了系统还原点后，当系统出现故障时，就可以把系统恢复到还原点状态。该操作仅恢复系统的基本设置，而不会删除用户存放在非系统盘中的资料。

除了 Windows 7 操作系统自带的系统备份与恢复功能外，还可以利用第三方软件来备份和恢复操作系统，常用的有 Ghost 软件，其操作原理与 Windows 7 自的备份与恢复一样，通过 Ghost 软件，将可靠的操作系统制作成 ISO 镜像文件，保存在硬盘或 U 盘等存储设备上，当系统出现故障时，通过 Ghost 软件，将备份的 ISO 镜像文件恢复回去就可以了。该操作与 Windows 7 自带的备份与恢复一样，仅恢复系统的基本设置，而不会删除用户存放在非系统盘中的资料。

6.2　任务一　硬盘分区及格式化

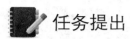 **任务提出**

新购买的硬盘一般没有分区过，或者已经分好区，但是分区方案不合适，对用户的使用与管理都造成麻烦，这时，需要对硬盘进行分区与格式化操作。

本任务通过对一块全新硬盘进行分区，熟悉硬盘分区操作，然后通过对硬盘分区进行普通格式化，熟悉硬盘格式化的操作。

任务要求

硬盘分区与格式化的方法和工具有很多，本任务利用 Windows 7 安装程序自带分区工具，对硬盘进行分区，要求分成两个分区，如图 6-13 所示。完成分区操作之后，再利用 Windows 7 操作系统自带格式化功能，对硬盘分区进行格式，要求使用普通格式化功能。

	磁盘 0 分区 2	34.6 GB	34.6 GB	主分区
	磁盘 0 分区 3	25.3 GB	25.3 GB	主分区

图 6-13　分区效果图

任务分析

本任务关键点有两个：第一，利用 Windows 7 安装程序自带分区工具，对硬盘进行分区，要求分成两个分区。第二，利用 Windows 7 操作系统自带格式化功能，对硬盘分区进行格式化操作，要求使用普通格式化功能。

任务实施

1. 硬盘分区具体操作步骤

第 1 步：启动 Windows 7 操作系统安装，在安装 Windows 7 操作系统的过程中，会出现让用户选择系统安装位置这一步，如图 6-14 所示，该图直观地显示了计算机的硬盘和硬盘的大小（图中显示的硬盘是全新的未使用过的硬盘，若是已经分区过的硬盘，会显示具体分区信息）。

第 2 步：单击"驱动器选项（高级）"选项，这时会出现"删除"、"格式化"、"新建"三个按钮，其中"新建"默认是灰色的，无法选择。选中磁盘，"新建"按钮变成可选状态，如图 6-15 所示。

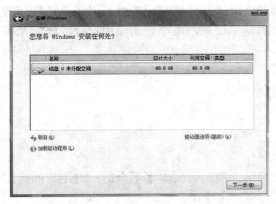

图 6-14　操作系统安装位置选择

图 6-15　新建分区

第 3 步：单击"新建"按钮，出现输入分区大小选项，如图 6-16 所示。在这里，用户根据硬盘的大小及自己的需求，输入合适的分区大小后单击"应用"按钮，创建主分区（主分区一般是用来安装操作系统用的，所以用户要根据自己安装系统的类型情况输入合适的容量）。

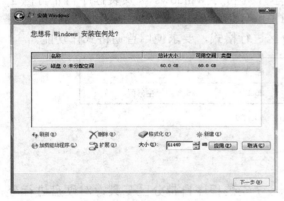

图 6-16　分区大小调整

图 6-17　分区完成

第 4 步：重复第 3 步创建分区动作，在输入分区大小的地方，将整个硬盘的剩余的容量全都划分完（凡是系统安装程序分区方法创建的分区，都是主分区），如图 6-17 所示。

通过以上几个步骤，硬盘分区完成。

2．硬盘格式具体操作步骤

第 1 步：首先启动 Windows 7 系统，然后打开"计算机"窗口，接着在需要格式化的分区上右击，如图 6-18 所示，然后选择 "格式化"命令。

第 2 步：打开"格式化本地磁盘（D）"对话框，然后单击"开始"按钮，就开始格式化磁盘分区了。需要注意的是本任务要求使用普通格式化，所以取消"快速格式化"复选框，如图 6-19 所示。当格式化完成后，系统会提示完成格式化操作，此时，关闭"格式化本地磁盘（D）"对话框即可。

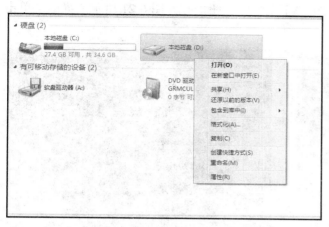
图 6-18　选择"格式化"命令

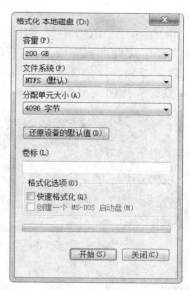
图 6-19　"格式化本地磁盘（D）"对话框

6.3　任务二　Windows 7 操作系统安装

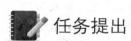 任务提出

随着信息化的高速发展，计算机已经是我们生活和工作中不可或缺的设备，而一台计算机要正常运行，必须安装操作系统。

本任务通过安装 Windows 7 来全面熟悉和了解操作系统的安装过程。

任务要求

操作系统的类型有很多，目前，主流的个人桌面操作系统主要有 Windows 7/Windows 10 等。同时，安装操作系统的方法也有多种，有硬盘安装、光盘安装、U 盘安装等。

本任务要求使用光盘安装方法，安装 Windows 7 操作系统。

任务分析

本任务关键点有两个：第一，操作系统安装方法需要用光盘安装方法，第二，安装操作系统的类型为 Windows 7 系统。

任务实施

正式安装操作系统之前，务必要备份好数据，然后准备好启动盘和 Windows 7 系统安装文件。通过启动光盘重启计算机，再按照提示逐步操作。下面详细介绍 Windows 7 操作系统的安装。

第 1 步：在 BIOS 中设置计算机优先启动设备为光驱，通过光驱引导计算机，加载系统安装文件，文件加载完成后，在打开的对话框中选择要安装的语言、时间和货币格式以及键盘和输入方法等，如图 6-20 所示。然后单"下一步"按钮，打开图 6-21 所示的界面，单击"现在安装"按钮。

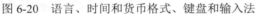

图 6-20　语言、时间和货币格式、键盘和输入法　　　　图 6-21　开始安装

第 2 步：在打开的界面中选中"我接受许可条款"复选框，如图 6-22 所示，然后单击"下一步"按钮。打开"您想进行何种类型的安装"界面，如图 6-23 所示，有"升级"和"自定义（高级）"两个选项。这里用户可以根据自己的情况进行选择，如果是全新安装就选择"自定义（高级）"，否则就选择"升级"。如果选择"升级"会保留之前操作系统的数据，但是，升级安装完的系统运行速度往往会比全新安装的速度要慢。安装盘下的文件也更乱，所以，如果不需要原来操作系统的数据，或者原来操作系统就有问题的话，推荐选择全新安装，这里，我们选择"自定义（高级）"选项。

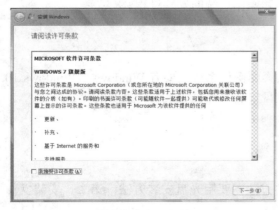
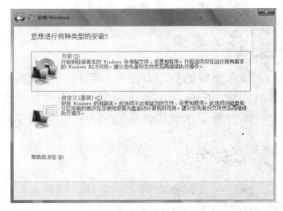

图 6-22　许可条款　　　　　　　　　　　　　　图 6-23　安装类型选择

第 3 步：下面开始选择要安装的目标分区，以设置系统分区选项，如图 6-24 所示，这里我们选择第一个分区（如果安装多操作系统，在安装第二个操作系统时，用户可以选择第二个分区），单击"格式化"按钮，然后再单击"下一步"按钮。

第 4 步：系统开始复制文件并进行部署安装 Windows 7 了，如图 6-25 所示，这个过程需要 15～20 分钟的时间。在这个安装的过程中，系统会多次重新启动，用户无须参与，安装程序会自动完成。

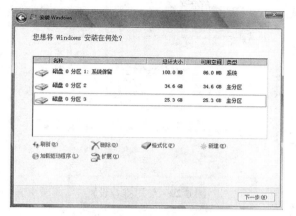

图 6-24　安装分区选择

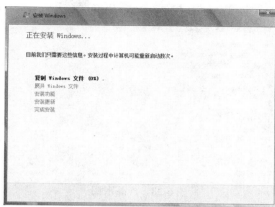

图 6-25　复制文件并开始安装

第 5 步：部署安装结束后，在打开的界面中输入用户名和计算机名，然后单击"下一步"按钮，如图 6-26 所示。接着，在打开的设置账户密码界面，设置用户密码，单击"下一步"按钮，如图 6-27 所示。

图 6-26　输入用户

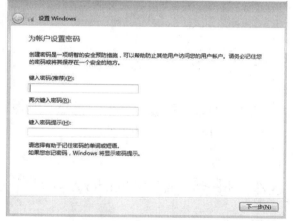

图 6-27　密码设置

第 6 步：用户和密码设置结束后，到了密钥激活的界面，直接输入密钥激活，单击"下一步"按钮，如图 6-28 所示。接着在打开的界面中设置 Windows 更新，这里选择"使用推荐设置"选项，如图 6-29 所示。

第 7 步：在打开的界面中可以设置系统的日期和时间，通常操持默认即可。单击"下一步"按钮，如图 6-30 所示。在打开的界面中设置计算机的网络位置，根据情况自己选择，这里选择"公用网络"，如图 6-31 所示。

到此，Windows 7 系统安装全部完成，计算机会自动进入 Windows 7 系统的桌面。利用同样的方法，也可以安装 Windows 8、Windows 10 等操作系统。

图 6-28　产品密钥

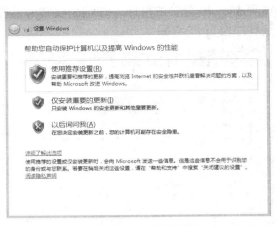

图 6-29　使用推荐设置

图 6-30　日期和时间设置

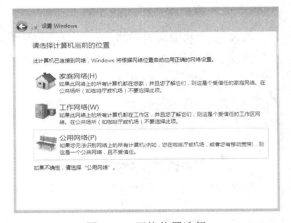

图 6-31　网络位置选择

6.4　任务三　Windows 7 防火墙操作

任务提出

随着互联网的飞速发展，网络安全问题已经越来越突出，病毒和黑客攻击时时刻刻在威胁着计算机系统的安全。而防火墙在网络安全方面，扮演着重要的角色，但是很多用户对防火墙了解甚少，Windows 7 系统自带的防火墙在网络安全方面有着强大的功能。

本任务通过建立一个入站与出站规则来熟悉防火墙的基本设置。

任务要求

对于防火墙来说，它的主要作用是保护外来网络和本机访问的安全隔离。一方面阻隔外网对我们计算机的攻击，另一方面阻隔本机恶意程序对外的连接。

本任务利用 Windows 7 防火墙的入站和出站功能，设置一个只有 IE 浏览器才能访问网络、任何外来连接都无法进入的安全上网环境。

任务分析

本任务的关键点有两个：入站规则的设置和出站规则的设置，需要注意的是本任务完成后，会对其他网络活动产生影响，比如无法远程协助等，解决办法是添加允许规则或取消设置的入站、出站规则。

任务实施

第 1 步：打开高级安全防火墙窗口，右击"本地计算机上的高级安全 Windows 防火墙"，然后在新出现的菜单中单击"属性"。在新打开的属性对话框中，依次将"域配置文件"、"专用配置文件"、"公用配置文件"中的"入站连接"、"出站连接"都设置成阻止，如图 6-32 所示。完成上述设置后，本机任何应用程序和服务都无法访问网络，外部也没有任何连接能进入这台计算机。

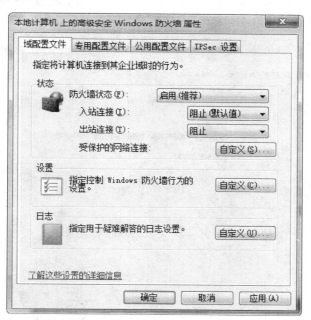

图 6-32　"本地计算机上的高级安全 Windows 防火墙属性"对话框

第 2 步：开始自定义添加需要联网的规则。重新回到高级安全防火墙窗口，右击"出站规则"，在右键快捷菜单中单击"新建规则"。

第 3 步：在出现的向导中，选择"程序"后单击"下一步"按钮，如图 6-33 所示。

第 4 步：在新出现的向导中选择特定程序并在"此程序路径"处通过"浏览"按钮找到 IE 的正常路径，然后单击"下一步"按钮，如图 6-34 所示。接着在新出现的窗口中依次选择"允许连接"→"下一步"→"域"、"专用"、"公用"→"下一步"按钮，最后输入规则名称后单击"完成"按钮。

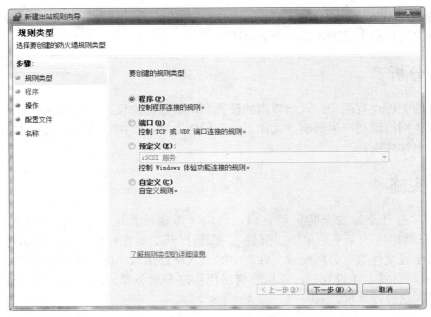

图 6-33　新建出站规则向导——规则类型选择

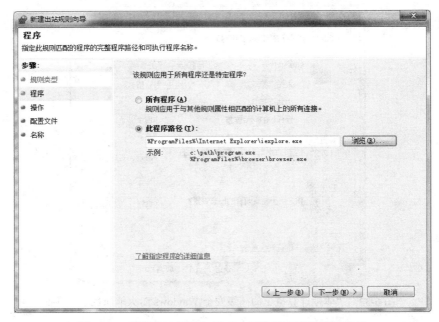

图 6-34　新建出站规则向导——规则应用程序路径选择

第 5 步：完成上述设置后，重新回到高级安全防火墙窗口，这里可以看到前面创建的出站规则，如图 6-35 所示。此时 IE 浏览器可以正常连接网络。

图 6-35　创建的出站规则

Windows 7 防火墙主要针对操作系统的网络安全进行防护，灵活设置好各种规则的设置，能够更加安全地防护操作系统的安全。

6.5　任务四　操作系统备份与恢复

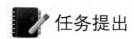

任务提出

操作系统在日常使用中，难免会出现故障，为了能够更加高效、可靠地维护操作系统，熟练掌握操作系统备份与恢复，显得非常重要。

本任务通过 Windows 7 自带备份与恢复工具的操作来熟悉操作系统的备份与恢复。

任务要求

操作系统备份与恢复有多种方法可以实现，本任务要求使用 Windows 7 操作系统自带的备份与还原功能来实现。

任务分析

本任务关键点有两个：第一，利用 Windows 7 操作系统自带的备份功能创建还原点，第二，通过创建好的还原点恢复操作系统。

任务实施

要使用 Windows 7 的系统备份与恢复功能，首先系统要有一个可靠的还原点，在默认设置下，Windows 7 每天都会自动创建还原点，另外，用户还可以手工创建还原点。有了可靠的还原点后，通过还原点来恢复操作系统。具体操作步骤如下：

第 1 步：在桌面上右击"计算机"图标，选择"属性"命令，打开"系统"窗口，如图 6-36 所示。单击左侧的"系统保护"选项。

第 2 步：在新打开的"系统属性"对话框中单击"创建"按钮，开始创建还原点，如图 6-37 所示。

第 3 步：在新打开的"系统保护"对话框中，输入一个还原点的名称，如图 6-38 所示。

第 4 步：输入完还原点名称后单击"创建"按钮，成功创建还原点，如图 6-39 所示。

第 5 步：创建完还原点后，当系统出现故障时，就可以利用系统的还原功能，将系统恢复到还原点状态。打开控制面板中的操作中心，选择"恢复"，如图 6-40 所示。

第 6 步：在新出现的窗口中单击"打开系统还原"按钮，如图 6-41 所示。接着在系统还原向导中单击"下一步"按钮，在新出现的窗口中选择创建好的还原点，如图 6-42 所示。单击"下一步"按钮，开始系统恢复。单击"完成"按钮后系统会重新启动并开始还原操作系统。

图 6-36 "系统"窗口

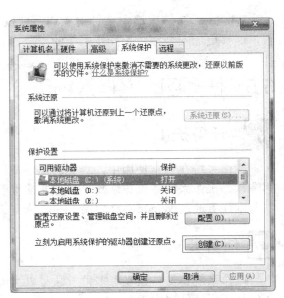

图 6-37 "系统属性"对话框

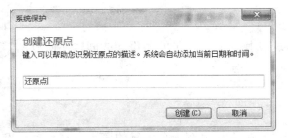

图 6-38 "系统保护"对话框——创建还原点

图 6-39 成功创建还原点

图 6-40 控制面板中的"恢复"选项

图 6-41　"打开系统还原"按钮

图 6-42　选择还原点

 习题

一、基础知识

1. 判断题（T 表示正确，F 表示错误）

（1）将一块硬盘分成几个分区后，如果一个分区安装了操作系统，则其他的分区不能再安装操作系统。（　　）

（2）一个硬盘的基本分区最多不能超过 4 个，一个硬盘可以安装的操作系统数目最多也只有 4 个。（　　）

（3）只有已经安装并配置了适当的驱动程序，操作系统才能够使用该设备。（　　）

（4）所谓驱动程序，就是允许特定的设备与操作系统进行通信的程序。（　　）

（5）不要轻易使用低级格式化软件对硬盘进行低级格式化。（　　）

2. 单选题

（1）刚买回来的计算机，还要对硬盘进行（　　），然后才能安装操作系统。

　　A．安装应用软件　　B．分区和格式化　　C．分区　　　　　D．格式化

（2）所谓分区，是要对硬盘空间（　　）的划分区域操作。

    A．逻辑上　　　　　　B．性能上　　　　　　C．实体上　　　　　　D．物理上

（3）操作系统是（　　）的一个重要组成部分，是计算机硬件的重要扩充。

    A．音频软件　　　　　B．应用软件　　　　　C．硬件　　　　　　　D．系统软件

（4）操作系统的主要作用是充分管理计算机的（　　　）。

    A．软件　　　　　　　B．软硬件资源　　　　C．设备　　　　　　　D．硬件

（5）在 Windows 7 系统的磁盘管理中，可以完成的操作（　　　）。

    A．格式化磁盘　　　　　　　　　　　　B．删除磁盘分区

    C．更改和删除驱动器号　　　　　　　　D．打开资源管理器

二、实战训练

1．使用 U 盘安装法，安装 Windows 10 操作系统。

2．使用 Ghost 软件，备份 Windows 10 操作系统。

第 7 章　网络安全

本章主要了解网络安全的含义、网络安全技术防护措施、信息加密及网络病毒等防范技术，并会运用网络主机扫描工具、配置防火墙等进行主机检测与病毒防范。

7.1　知识要点

随着计算机技术和网络信息技术迅猛发展，计算机网络已经广泛应用到我国国民经济生活的方方面面，网络和信息安全问题也日益凸显，全球范围内的网络攻击、网络窃密、网络欺诈等犯罪行为日渐突出、网络信息安全问题已成为政治、经济文化安全同等重要，是事关国家安全的重大战略问题之一。

要建设完全的网络环境，不仅需要网络技术手段的不断创新和完善，切实解决网络发展中的漏洞和不安全因素，而且也要完善相应的法律法规，依法保障网络运行安全、数据安全、信息内容安全。

7.1.1　网络安全概述

网络安全是指网络系统的硬件、软件及其系统中的数据受到保护，不受偶然的或者恶意的原因而遭到破坏、更改、泄露，系统连续可靠正常地运行，网络服务不中断。网络安全其本质就是网络上的信息安全。网络安全涉及计算机科学、网络技术、通信技术、密码技术、信息安全技术、应用数学、数论、信息论等多种学科的综合性学科。

1. 计算机信息安全与等级

随着计算机的大量运用与普及，如何保证计算机正常运行和运算结果的正确性，保护计算机中机密信息不受非法侵入等信息安全问题也逐步得到人们的重视。

（1）计算机信息安全的基本要素

信息安全的 5 个基本要素为机密性、完整性、可用性、可控性和可审计性。

① 机密性：确保信息不暴露给未授权的实体。

② 完整性：只有得到允许的人才能修改数据，并能够判别出数据是否已被篡改。

③ 可用性：得到授权的实体在需要时可访问数据。

④ 可控性：可以控制授权范围内的信息流向及行为方式。

⑤ 可审计性：对出现的安全问题提供调查的依据和手段。

计算机系统中涉及 3 类安全性，是指技术安全性、管理安全性和政策法律安全性。计算机安全是一个涵盖非常广的课题，既包括硬件、软件和技术，也包括安全规划、安全管理和安全监督等。计算机安全包括安全管理、通信与网络安全、密码学、安全体系及模型、容错与容灾、涉及安全的应用程序及系统开发、法律、犯罪及道德规范等领域。

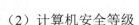

（2）计算机安全等级

对于计算机安全等级，不同的组织机构各自都制定了一套安全评估准则。一些重要的安全评估准则有：

① 美国国防部和国家标准局的可信计算机系统评估准则。

② 欧洲共同体的信息技术安全评估准则（ITSEC）。

③ ISO/IEC 国际标准。

其中，美国国防部和国家标准局的《可信计算机系统评测标准》TCSEC/TDI 将系统划分为 4 类 7 级，如表 7-1 所示。

表 7-1　美国国防部和国家标准局的 TCSEC/TDI 划分的安全性等级

类	安全等级	定义
1	A1	可验证安全设计：提供 B3 级保护同时给出系统的形式化隐秘通道分析，非形式化代码一致性验证
2	B3	安全域：该级的 TCB（可信计算机库）必须满足访问监控器的要求，提供系统恢复过程
	B2	结构化安全保护：建立形式化的安全策略模型，并对系统内的所有主体和客体实施自主访问和强制访问控制
	B1	标记安全保护：对系统的数据加以标记，并对标记的主体和客体实施强制存取控制
3	C2	受控访问控制：实际上是安全产品的最低档次，提供受控的存取保护，存取控制以用户为单位
	C1	只提供了非常初级的自主安全保护，能实现对用户和数据的分离，进行自主存取控制，数据的保护以用户组为单位
4	D	最低级别，保护措施很小，没有安全功能

这些等级既可用于设计、评判计算机系统安全，也可作为用户选择安全产品的标准，其中安全级别从低到高，依次是 D 级、C1 级、C2 级、B1 级、B2 级、B3 级和 A1 级。子类的数字越大，它所承担的安全责任就越高。

2. 网络信息安全系统的模型

网络安全并不只是简单的网络安全防护设施的叠加，实际上网络安全系统是在一定的法律法规、安全标准的规范下，根据具体应用需求和规定的安全策略的指导下，使用有关安全技术手段和措施所组成的用以控制网络之间信息流动的部件的集合，是一个准许或拒绝网络通信的具有保障网络安全功能的系统。一个完整的网络信息安全系统至少包括 3 个层次，并且三者缺一不可，它们共同构成网络信息安全系统的基本模型，如图 7-1 所示。

① 政策与法律政策，包括规章制度、安全标准、安全策略以及网络安全教育等。

② 技术方面的措施，如防火墙技术、防病毒、信息加密、身份验证以及访问控制等。

③ 审计与管理措施，包括技术措施与社会措施。实际应用中，主要有实时监控、提供安全策略改变的能力以及对安全系统实施审计、管理和漏洞检查等措施。

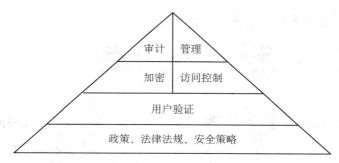

图 7-1　网络信息安全系统的基本模型

　　网络信息安全模型中的政策、法律法规和安全策略是安全的基石，它是建立安全管理的标准和方法。在政策、法律法规、安全策略的基础之上是用户验证认证，它是安全系统中属于技术措施的第一道防线。用户验证的主要目的是提供访问控制。通过用户验证机制能够识别用户的身份、用户的特征、用户所拥有的访问的权限等。访问控制主要是为特许用户提供合适的访问权限，并监控用户的活动，使其不得越权使用数据信息。加密是信息安全应用中最早使用的一种行之有效的手段之一。数据通过加密可以保证在存取与传送的过程中不被非法查看、篡改和窃取等。加密满足了为提供访问许可而进行的识别用户身份（验证）、保证数据不被非法篡改（完整性）、保证数据不被非法用户查看（机密性）以及使信息收发者无法否认曾经收到或发送过的信息（不可抵赖性）等方面的需求。在网络信息模型的顶部是审计与管理，这是系统安全的最后一道防线，它包括对数据的备份、监视等。当系统一旦出现了问题，审计与监控可以提供问题的再现、责任追查和重要数据恢复等保障。

7.1.2　网络信息威胁与安全防护

1. 网络信息的安全威胁

　　计算机网络带给人们资源和信息的共享同时，也使得信息安全保障变得更加困难，网络用户不仅需要鉴别网络传递信息的可信性和完整性，还要区别信息访问用户的合法性和非法性。此外，在正常情况下，信息应该从信源正常的流动到信息的目的地即信宿，信息传递过程中不会出现任何异常情况，网络信息正常流动，如图 7-2（a）所示，但是在网络使用中还存在各种情况，如无意间非法访问并修改了某些信息、有意窃取机密信息及迫使网络服务中断等，所有这些活动都对网络正常运行构成了安全威胁。

　　所谓安全威胁是指某个人、物、事件对某一资源的机密性、完整性、可用性或合法性所造成的危害，其中某种攻击行为就是安全威胁的具体实现，常见的攻击网络安全的方式如下：

　　✓ 中断，是指非法破坏网络系统的资源，使之变成无效的或无用的，如通信线路切断、计算机系统瘫痪、计算机硬件的破坏等，如图 7-2（b）所示。

　　✓ 截取，是指非法访问网络系统的资源，如窃听网络中传递的数据、非法拷贝网络的文件和程序等，如图 7-2（c）所示。

　　✓ 修改，是指非法访问及修改网络系统的资源，如访问及修改网络中传输的报文内容、篡改数据文件中的值等，如图 7-2（d）所示。

　　✓ 假冒。假冒合法用户的身份在网络中传输信息，如发送伪造的报文、非法添加数据库文件中的记录等，如图 7-2（e）所示。

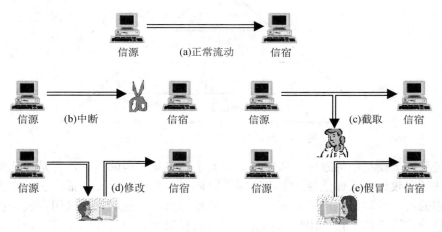

图 7-2　网络信息流的攻击方式

对网络的攻击可分为主动攻击与被动攻击，主动攻击包括中断、修改、假冒等攻击方式，是攻击者利用网络本身的缺陷对网络实施的攻击，被动攻击是在网络上实施监听，用于截取网络上传输的重要信息。相对而言，被动攻击难以检测不易发现，而主动攻击难于杜绝和防范。

2．黑客的攻击手段

涉及网络安全的问题很多，但最主要的问题还是人为攻击，黑客就是最具有代表性的一类群体。所谓"黑客"（Hacker）是指那些利用技术手段进入其权限以外计算机系统的人。在虚拟的网络世界里，活跃着这批特殊的人，他们是真正的程序员，有过人的才能和乐此不疲的创造欲，技术的进步给了他们称之为黑客（Hacker）或骇客（Cracker）的称呼，前者更多指的是具有反传统精神的程序员，都是具备高超的计算机知识的人。黑客的攻击手段多种多样，下面列举一些常见的形式。

（1）口令入侵

所谓口令入侵是指使用某些合法用户的账号和口令登录到目的主机，然后再实施攻击活动。使用这种方法的前提是必须先得到该主机上的某个合法用户的账号，然后再进行合法用户口令破译。

通常黑客获取账号及密码的途径是：

✓ 利用一些系统使用惯性的账号的特点，采用字典穷举法（或称暴力法）来破解用户的密码。由于破译过程由计算机程序来自动完成，因而几分钟到几个小时之间就可以把拥有几十万条记录的字典里的单词都尝试一遍。

✓ 黑客能够得到并破解主机上的密码文件，一般都是利用系统管理中的失误。在 UNIX 操作系统中，用户的基本信息都存放在 passwd 文件中，而所有的口令都经过 DES 加密方法加密后专门存放在一个叫 shadow 的文件中。黑客们获取口令文件后，就会使用专门的破解 DES 加密法的程序来破解口令。

✓ 由于系统的设计缺陷导致系统存在许多安全漏洞、bug 等，这些缺陷一旦被找出，黑客就可以长驱直入。例如，让 Windows 系统后门洞开的特洛伊木马程序就是利用了

Windows 的基本设计缺陷。

✓ 采用中途截击的方法获取用户账户和密码。因为很多协议没有采用加密或身份认证技术，如在 Telnet、FTP、HTTP、SMTP 等传输协议中，用户账户和密码信息都是以明文格式传输的，此时若攻击者利用数据包截取工具便可以很容易地收集到账户和密码。

（2）放置特洛伊木马程序

在古希腊人同特洛伊人的战争期间，古希腊人佯装撤退并留下一只内部藏有士兵的巨大木马，特洛伊人大意中计，将木马拖入特洛伊城。夜晚木马中的希腊士兵出来与城外战士里应外合，攻破了特洛伊城，特洛伊木马的名称也就由此而来。

在计算机领域里，有一类特殊的程序，黑客通过它来远程控制别人的计算机，把这类程序称为特洛伊木马程序。从严格的定义来讲，凡是非法驻留在目标计算机里，在目标计算机系统启动时自动运行，并在目标计算机上执行一些事先约定的操作，比如窃取口令等，这类程序都可以称为特洛伊木马程序。特洛伊木马程序一般分为服务器端（Server）和客户端（Client），服务器端是攻击者传到目标机器上的部分，用来在目标机器上监听等待客户端连接过来。客户端是用来控制目标机器的部分，放在攻击者的机器上。特洛伊木马程序常被伪装成工具程序或游戏，一旦用户打开了带有特洛伊木马程序的邮件附件或从网上直接下载，或执行了这些程序之后，当用户连接到互联网上时，这个程序就会把用户的 IP 地址及被预先设定的端口通知黑客。黑客在收到这些资料后，再利用这个潜伏其中的程序，就可以恣意修改用户的计算机设定，复制文件，窥视用户整个硬盘内的资料等，从而达到控制用户计算机的目的。

（3）DoS 攻击

DoS 是 Denial of Service 的简称，即拒绝服务，造成 DoS 的攻击行为被称为 DoS 攻击，其目的是使计算机或网络无法提供正常的服务。最常见的 DoS 攻击有计算机网络带宽攻击和连通性攻击。带宽攻击指以极大的通信量冲击网络，使得所有可用网络资源都被消耗殆尽，最后导致合法的用户请求无法通过。连通性攻击是指用大量的连接请求冲击计算机，使得所有可用的操作系统资源都被消耗殆尽，最终计算机无法再处理合法用户的请求。

分布式拒绝服务（Distributed Denial of Service，DDoS）攻击指借助于客户/服务器技术，将多个计算机联合起来作为攻击平台，对一个或多个目标发动 DoS 攻击，从而成倍地提高拒绝服务攻击的威力。通常，攻击者使用一个偷窃账号将 DDoS 主控程序安装在一个计算机上，在一个设定的时间主控程序将与大量代理程序通信，代理程序已经被安装在一个计算机上，代理程序收到指令时就发动攻击。利用客户/服务器技术，主控程序能在几秒钟内激活成百上千次代理程序的运行。

（4）端口扫描

所谓端口扫描，就是利用 Socket 编程与目标主机的某些端口建立 TCP 连接、进行传输协议的验证等，从而侦测目标主机的扫描端口是否处于激活状态、主机提供了哪些服务、提供的服务中是否含有某些缺陷等。常用的扫描方式有：TCP connect（）扫描、TCP SYN 扫描、TCP FIN 扫描、IP 段扫描和 FTP 返回攻击等。

扫描器是一种自动检测远程或本地主机安全性弱点的程序，通过使用扫描器可以不留痕迹地发现远程服务器的各种 TCP 端口的分配及提供的服务和它们的软件版本。扫描器并不是一个直接的攻击网络漏洞的程序，它仅能发现目标主机的某些内在的弱点。一个好的扫描器能对它得到的数据进行分析，帮助用户查找目标主机的漏洞。但它不会提供进入一个系统的详细步骤，扫描器应该具有 3 项功能：发现一个主机或网络的能力；一旦发现一台主机，有发现什么服务正运行在这台主机上的能力；通过测试这些服务，发现漏洞的能力。

（5）网络监听

监听一方面在协助网络管理员监测网络传输数据，排除网络故障等方面具有不可替代的作用，而在另一方面，网络监听也给以太网的安全带来了极大的隐患，许多的网络入侵往往都伴随着以太网内的网络监听行为，从而造成口令失窃、敏感数据被截获等连锁性安全事件。

网络监听是主机的一种工作模式，在这种模式下，主机可以接收到本网段在同一条物理通道上传输的所有信息，而不管这些信息的发送方和接收方是谁。此时若两台主机进行通信的信息没有加密，只要使用某些网络监听工具就可轻而易举地截取包括口令和账号在内的信息资料。

（6）电子邮件攻击

电子邮件攻击主要表现为向目标信箱发送电子邮件炸弹。所谓的邮件炸弹实质上就是发送地址不详且容量庞大的邮件垃圾。由于邮件信箱都是有限的，当庞大的邮件垃圾到达信箱时，就会把信箱挤爆。同时，由于它占用了大量的网络资源，常常导致网络塞车，它常发生在当某人或某公司的所作所为引起了某些黑客的不满时，黑客就会通过这种手段来发动进攻，以泄私愤。因为相对于其他攻击手段来说，这种攻击方法具有简单、见效快等优点。

此外，电子邮件欺骗也是黑客常用的手段。他们常会佯称自己是系统管理员（邮件地址和系统管理员完全相同），给用户发送邮件要求用户修改口令（口令有可能为指定的字符串）或在貌似正常的附件中加载病毒或某些特洛伊木马程序。

3. 保证网络安全的几种具体措施

为了保护网络信息的安全可靠，除了运用法律和管理手段外（如制定数据安全规划，建立安全存储体系，做好物理环境的保障、防辐射、防水、防火等外部防灾措施等），还需依靠技术方法来实现，如包过滤技术、防火墙技术、SSL 协议、数据加密技术、用户识别技术、访问控制技术、网络反病毒技术、漏洞扫描技术、入侵检测技术等。

（1）包过滤技术

在网络系统中，包过滤技术可以阻止某些主机随意访问另外一些主机。包过滤功能通常可以在路由器中实现，具有包过滤功能的路由器叫做包过滤路由器。网络管理员可以配置包过滤路由器，以控制哪些包可以通过，哪些包不可以通过。

包过滤的主要工作是检查每个包头部中的有关字段（如数据包的源地址、目的地址、源端口、目的端口等），并根据网络管理员指定的过滤策略允许或阻止带有这些字段的数据包通过，如图 7-3 所示，路由器可阻止网络 1 中的源 IP 地址为 172.16.8.3 的数据包通过路由器到达网络 2。

（2）防火墙技术

所谓防火墙指的是一个由软件和硬件设备组合而成，在网络之间（内部网和外部网之间、专用网与公共网之间）的界面上构造的保护屏障，它实际上是一种隔离技术，进出网络间的信息流都需要通过防火墙的处理，防止未经授权的通信进出被保护的网络，其拓扑结构如图 7-4 所示。

通常的防火墙具有以下一些功能：

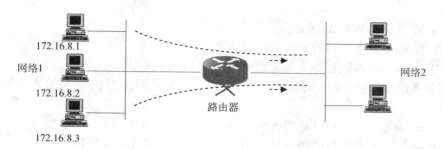

图 7-3 包过滤路由器

✓ 对进出的数据包进行过滤，滤掉不安全的服务和非法用户。

✓ 监视互联网安全，对网络攻击行为进行检测和报警。

✓ 记录通过防火墙的信息内容和活动。

✓ 控制对特殊站点的访问，封堵某些禁止的访问行为。

防火墙技术是近年来维护网络安全最重要的手段。根据网络信息保密程度，实施不同的安全策略和多级保护模式。加强防火墙的使用，可以经济、有效地保证网络安全。

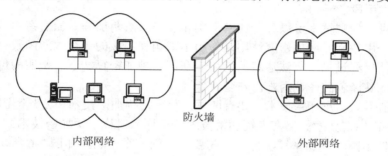

图 7-4 防火墙拓扑结构

（3）SSL 协议

安全套接层 SSL 协议位于 TCP/IP 协议与各种应用层协议之间，是目前应用最广泛的安全传输协议之一。它是由 Netscape 公司于 1995 年提出并研发，用以保障在 Internet 上数据传输的安全。

SSI 利用公开密钥加密技术和秘密密钥加密技术，在传输层提供安全的数据传递通道。SSL 的简单工作过程如图 7-5 所示，其各个步骤如下：

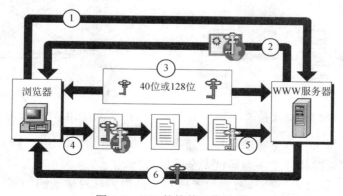

图 7-5 SSL 的简单工作过程

① 浏览器请求与 WWW 服务器建立安全会话。

② WWW 服务器将自己的公钥发给浏览器。

③ WWW 服务器与浏览器协商密钥位数（40 位或 128 位）。

④ 浏览器产生会话使用的秘密密钥，并用 WWW 服务器的公钥加密传给 WWW 服务器。

⑤ WWW 服务器用自己的私钥解密。

⑥ WWW 服务器和浏览器用会话密钥加密和解密，实现加密传输。

（4）访问控制技术

访问控制是控制不同用户对信息资源的访问权限。根据安全策略，对信息资源进行集中管理，对资源的控制粒度有粗粒度和细粒度两种，可控制到文件、Web 的 HTML 页面、图形、CCT、Java 应用等。

（5）数据加密技术

信息在计算机网络传输中常常可能被监视和截取，若不希望被网络的攻击者看到传递的信息，就需要使用加密技术对传输的数据信息进行加密处理，密码技术则是保障网络信息安全最有效的技术手段之一。

从理论上讲，加密技术可以分为加密密钥和加密算法两部分。加密密钥是在加密和解密过程中使用的一串数字；而加密算法则是作用于密钥和明文的一个数学函数。密文是明文和密钥相结合，然后经过加密算法运算的结果。在同一种加密算法下，密钥的位数越长，存在的密钥数越多，破译者破译越困难，安全性越好。

目前常用的网络信息加密技术主要有两种：秘密密钥加密技术和公开密钥加密技术。

① 秘密密钥加密技术。秘密密钥加密技术（也称为对称密钥加密技术）。加密方和解密方除必须保证使用同一种加密算法外，还需要共享同一个密钥，如图 7-6 所示。由于加密和解密使用同一个密钥，所以如果第三方获取该密钥就会造成失密。

因此，当网络中 N 个用户之间进行加密通信时，每个用户都需要保存 $N-1$ 个密钥才能保证任意双方收发密文，第三方无法解密，如图 7-7 所示 4 个用户之间使用秘密密钥加密技术进行通信的示意图。

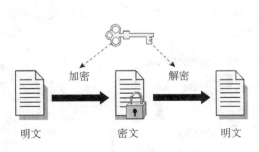

图 7-6　秘密密钥加密技术

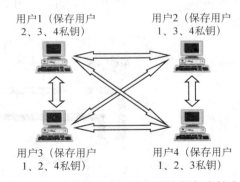

图 7-7　4 个用户之间使用秘密密钥加密技术

秘密密钥加密技术特点是算法简单、速度快，被加密的数据块长度可以很大，密钥在加密方和解密方之间传递和分发必须通过安全通道进行。

② 公开密钥加密技术。公开密钥加密技术（也称为非对称密钥加密技术），在这种技术

中使用两个不同的密钥，一个用来加密信息，称为加密密钥，另一个用来解密信息，称为解密密钥，如图 7-8 所示。加密和解密时使用不同的密钥，即不同的算法，加密密钥与解密密钥是数学相关的，它们成对出现，但却不能由加密密钥计算出解密密钥，也不能由解秘密钥计算出加秘密钥。因此，用户可以将自己的加密密钥（又称为公钥）像自己的姓名、电话、E-mail 地址等一样公开，如果其他用户希望与该用户通信，就可以使用该用户公开的加密密钥进行加密，这样只有拥有解密密钥（又称为私钥）的用户自己才能解开此密文。

公开密钥加密技术可以大为简化密钥的管理，网络中 N 个用户之间进行通信加密，每个用户只需保存自己的密钥对即可，图 7-9 所示为 4 个用户之间使用公开密钥加密技术通信。

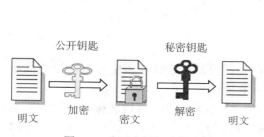

图 7-8　公开密钥加密技术

图 7-9　4 个用户之间使用公开密钥加密技术

公开密钥加密技术的特点是算法复杂、速度慢，被加密的数据块长度不宜太大，公钥在加密方和解密方之间传递和分发不必通过安全通道进行。

（6）网络反病毒技术

计算机病毒从 1981 年首次被发现以来，在近几十年的发展过程中，在数目和危害性上都在飞速发展。计算机漏洞和病毒也给用户的个人信息和财产安全造成了严重的威胁，因此计算机病毒问题越来越受到计算机用户和计算机反病毒专家的重视，并且开发出了许多防病毒的产品。

（7）漏洞扫描技术

漏洞扫描技术，可预知主体受攻击的可能性和具体地指证将要发生的行为和产生的后果。该技术的应用可以帮助分析资源被攻击的可能指数，了解支撑系统本身的脆弱性，评估所有存在的安全风险。漏洞扫描技术，主要包括网络模拟攻击、漏洞检测、报告服务进程、提取对象信息以及评测风险、提供安全建议和改进措施等功能，帮助用户控制可能发生的安全事件，最大可能地消除安全隐患。

（8）入侵检测技术

入侵行为主要是指对系统资源的非授权使用。它可以造成系统数据的丢失和破坏，可以造成系统拒绝合法用户的服务等危害。入侵者可以是一个手工发出命令的人，也可以是一个基于入侵脚本或程序的自动发布命令的计算机。入侵者分为两类：外部入侵者和允许访问系统资源但又有所限制的内部入侵者。内部入侵者又可分成：假扮成其他有权访问敏感数据用户的入侵者和能够关闭系统审计控制的入侵者。入侵检测是一种增强系统安全的有效技术。其目的就是检测出系统中违背系统安全性规则或者威胁到系统安全的活动。检测时，通过对系统中用户行为或系统行为的可疑程度进行评估，并根据评估结果来鉴别系统中行为的正常性，从而帮助系统管理员进行安全管理或对系统所受到的攻击采取相应的对策。

7.1.3 计算机网络病毒及防范技术

1. 计算机病毒的基本概念

国务院颁布的《中华人民共和国计算机信息系统安全保护条例》，以及公安部出台的《计算机病毒防治管理办法》将计算机病毒均定义为："计算机病毒，是指编制或者在计算机程序中插入的破坏计算机功能或者毁坏数据，影响计算机使用，并能自我复制的一组计算机指令或者程序代码。"

计算机病毒是人为编制的程序代码，它能在计算机运行时自动拷贝或者修改其他正常运行的程序，影响和破坏正常程序的执行和数据的正确性，病毒一词是借用了生物病毒的概念，计算机中驻留了病毒，就如同生物体有了病毒一样，具有与生物学中病毒的某些类似特征，如传染性、潜伏性、破坏性等。

2. 计算机病毒的特性

计算机病毒也是人为编制的程序代码，且与其他程序一样在计算机中可以存储和执行，但它还具有与其他程序所没有的特性，计算机病毒的特性如下：

● 病毒的寄生性。计算机病毒不是独立存在的，它必须寄生在可以获得执行权的寄生对象上，可寄生的对象主要有磁盘引导扇区和某些特定的文件（如扩展名是 EXE、COM、DOC 等）。计算机病毒的寄生方式有潜代方式与链接方式两种，潜代方式是指病毒程序用自己的部分或全部指令代码替代磁盘引导扇区或文件中的全部或部分内容；链接方式是指病毒程序将自身代码作为正常程序的一部分与原有正常程序链接在一起。一般引导区病毒采用潜代方式，文件型病毒采用的是链接方式。此外，还有一些既寄生于文件中又侵占引导扇区的病毒，属于混合型病毒。

● 病毒的破坏性。计算机病毒侵入计算机后都会占用一定的系统资源，当病毒的激发条件满足时，病毒就会运行，并对计算机系统造成不同程度的破坏，计算机病毒具体的破坏范围和程度要视病毒程序设计目的而定，轻者表现为屏幕的异常显示，或抢占 CPU 时间和内存空间，干扰计算机的正常运行，降低计算机的运行速度；重者破坏磁盘文件的内容、删除数据，修改文件，甚至使计算机系统瘫痪，给用户造成极大的损失；新型的病毒还会造成网络的拥塞甚至瘫痪。

● 病毒的传染性。计算机病毒不但本身具有破坏性，而且所有的病毒程序都具有传染性，是否具有传染性是判别一个程序是否为计算机病毒的最重要条件。计算机病毒的传染性是指病毒程序在其运行过程中，能寻找适宜的程序或存储介质作为新的寄生对象并通过修改磁盘扇区信息或文件内容，把自身嵌入到该程序或存储介质中，并通过这些程序或存储介质，传染给其他计算机系统。

● 病毒的隐蔽性。为了便于隐蔽，一般计算机病毒程序设计得非常精练和短小，如果不经过特殊手段的检查很难发现病毒的存在，有些病毒在不爆发时，甚至感觉不到它的存在，用户也不会感到任何异常。病毒的隐蔽性表现在两方面：一是传染的隐蔽性，病毒传染速度快且不易被人发现；二是病毒存在的隐蔽性，平常病毒程序大多潜伏在正常的程序之中，一般不易被察觉和发现，但当病毒发作时就已经给计算机系统造成了不同程度的破坏。

● 病毒的潜伏性。计算机病毒一般具有一定的潜伏期，当病毒侵入计算机系统后，一般不立即发作，但病毒仍处于活动状态，它能够不断地向其他程序或计算机传播，病毒的这种状态称为该病毒的潜伏期，潜伏期时间可达几周或几个月或更长时间，只有当满足病毒设计者制定的特定条件时该病毒才会被激活，开始对计算机系统造成破坏。

● 病毒的可激发性。病毒的可激发性也称为触发性，病毒发作往往需要一个激发条件，如某个特定的时间或日期、特定的用户标志符的出现、特定程序的运行、特定程序运行的次数等都能成为触发病毒的条件，采用何种条件是由病毒的设计者而定的，当满足条件时，病毒就被激活并对正常程序发起攻击。如 CIH 病毒在每年的 4 月 26 日发作，而一些邮件病毒在打开附件时发作。

3. 计算机病毒结构与分类

（1）计算机病毒结构

计算机病毒是一种的特殊程序，病毒程序的结构决定了病毒的传染能力和破坏能力。计算机病毒程序一般由 4 个部分组成：一是引导模块，该模块负责将病毒程序的其他模块装入内存并完成相应的初始化工作，使计算机在带毒状态下运行；二是传染模块，该模块负责病毒的传染和扩散；三是触发模块，当满足病毒预设的触发条件时，病毒就会发作；四是破坏模块，该模块是病毒程序中最关键的部分，它负责病毒的破坏工作。

（2）计算机病毒的分类

计算机病毒可以有不同的分类方法，一般按照病毒寄生方式通常将病毒分成下述几类。

① 系统引导型病毒。引导型病毒隐藏在系统引导区中，主要感染磁盘引导区和硬盘的主引导区。在系统启动、引导或运行的过程中，病毒利用系统扇区及相关功能的疏漏，直接或间接地修改扇区，实现传染、侵害或驻留等功能。

② 文件型病毒。文件型病毒隐藏在文件里，主要感染可执行文件（文件名后缀为 COM 和 EXE）。当执行被感染的文件时，病毒也开始工作，并又向其他未感染的可执行文件传染。

③ 混合型病毒综合了系统引导型和文件型病毒的特性，既寄生于文件中又侵占引导扇区的病毒。这类病毒通过这两种方式感染，增加了病毒的传染性以及存活率。

按计算机病毒破坏情况可分为良性病毒、恶性病毒。

① 良性病毒。该类病毒发作仅仅显示信息、奏乐、发出声响等，对计算机系统的运行影响不大，破坏较小，但干扰了计算机的正常工作。

② 恶性病毒。此类病毒不仅干扰计算机运行，使系统变慢、死机、无法打印等，严重的病毒会通过破坏硬盘分区表、引导记录、删除数据文件等导致用户的数据受损，或使计算机系统崩溃、无法启动。

4. 计算机病毒的防护

目前计算机病毒与杀病毒软件都是两种以软件编程技术为基础的技术，虽然杀病毒软件能够遏制病毒的泛滥，但新的计算机病毒还在不断地制造出来，杀病毒软件就需要不断地更新、升级。计算机病毒对计算机运行安全有着十分严重的影响，要保证计算机数据安全及正常运行，就必须采取积极而有效的防护措施，采用的防护措施主要有：

① 使用防护。定期对所使用的系统进行漏洞检查和更新，并在计算机中安装使用防治病毒的软件，如杀毒软件可以有效查杀已知的计算机病毒，常见流行查杀病毒软件有：瑞星杀毒软件、金山毒霸、360 杀毒软件、卡巴斯基反病毒软件、诺顿 NortonAntivirus 等。

② 管理防护。加强教育和宣传工作，明确编制病毒程序是犯罪行为，对病毒制造者依法制裁；尊重知识产权，积极倡导采用正版软件；对公共场合的计算机设备的使用及管理需建立各种制度，采取必要的病毒检测、数据备份和监控措施等。

5. 典型的病毒危害

感染了病毒的计算机常常会表现出系统运行效率开始下降，一些硬件设备无法识别，机器不能正常工作，严重的会导致计算机中的系统文件、信息和数据丢失。下面是几种典型或流行病毒的介绍。

① 系统病毒。系统病毒的前缀为：Win32、PE、Win95、W32、W95 等。这些病毒的一般公有的特性是可以感染 Windows 操作系统的 *.exe 和 *.dll 文件，并通过这些文件进行传播。如 1998 年出现的 CIH 病毒是一位中国台湾大学生所编写的文件型病毒，杀伤力极强，其别名有 Win95.CIH、Spacefiller、Win32.CIH、PE_CIH，是一个纯粹的 Windows 95/98 病毒，当其发作条件成熟时，将以 2048 个扇区为单位，从硬盘主引导区开始依次往硬盘中写入垃圾数据，直到硬盘数据被全部破坏为止，同时某些主板上的 Flash Rom 中的 BIOS 信息将被清除。随着操作系统 Windows 2000/XP 的普及，CIH 病毒逐渐销声匿迹。

② 脚本病毒。它是使用脚本语言编写的病毒，通过网页进行传播的病毒，如用 JavaScript 和 Visual Basic 代码编写的病毒前缀带有 Script、JS 和 VBS 等。如欢乐时光（VBS.Happytime）是一个 VB 源程序病毒，专门感染.htm、.html、.vbs、.asp 和.htt 文件。它作为电子邮件的附件，并利用 Outlook Express 的性能缺陷把自己传播出去，当月份和日期加起来等于 13 时，源病毒会删除计算机中全部的.exe 和.dll 文件。

③ 蠕虫病毒。蠕虫病毒的前缀是：Worm。这种病毒的公有特性是通过网络或者系统漏洞进行传播，很大部分的蠕虫病毒都有向外发送带毒邮件，阻塞网络的特性。如冲击波（阻塞网络），小邮差（发带毒邮件）等。其中 2003 年爆发的冲击波病毒，它不停地利用 IP 扫描技术寻找网络上系统为 Windows2000/XP 的计算机，并利用 DCOM RPC 缓冲区漏洞攻击该系统，一旦攻击成功，病毒体将会被传送到对方计算机中进行感染，使系统操作异常、不停重启甚至导致系统崩溃。

④ 木马病毒。木马病毒是一种专门用来偷取用户资料的病毒，其名称源于特洛伊木马术。特洛伊木马术是公元前 1200 年古希腊特洛伊战争中，希腊人为赢得战争的胜利，把士兵隐藏在木马腹中进入敌方城堡。木马病毒一般是通过网络或者系统漏洞进入用户的系统并隐藏起来，然后向外界泄露用户重要的信息，如账号与密码等，木马病毒既可以通过邮件将信息发送到黑客的邮箱里，也可以与黑客病毒进行整合，木马病毒负责侵入用户的计算机，而黑客病毒则会通过该木马病毒就会像操作自己的计算机一样控制中毒的计算机。常见的木马病毒如 QQ 消息尾巴木马 Trojan.QQ3344，网络游戏木马病毒 Trojan.LMir.PSW.60 等。

⑤ 宏病毒。宏病毒是利用高级语言宏语言编制的寄生于文档或模板的宏中的计算机病毒，该类病毒的公有特性是能感染 Office 系列文档，然后通过 Office 通用文档或模板进行传播，如 Nuclear 宏病毒是一个对操作系统文件和打印输出有破坏功能的宏病毒。

⑥ 玩笑病毒。玩笑病毒也称恶作剧病毒，其前缀是：Joke。这类病毒本身具有好看的图标来诱惑用户单击，当用户单击这类病毒时，病毒会做出各种破坏操作来吓唬用户，其实病毒并没有对用户计算机进行任何破坏。如：用 VB 语言写的女鬼（Joke.Girlghost）病毒，该病毒在感染用户系统后，会不定时地在计算机上出现恐怖的女鬼，并伴有阴森恐怖的鬼哭

狼嚎的声音。

7.1.4 政策与法规

计算机信息系统的信息资源（包括网络资源）保护涉及如下几个方面，第一是防止非法入侵者的恶意破坏，如病毒感染、黑客攻击；第二是防止环境因素造成的信息资源破坏，如自然灾害等；第三是防止侵犯知识产权，非法使用或盗用计算机信息等，计算机信息安全保护既需要计算机系统使用单位的自身安全保护措施，也需要国家实施的安全监督管理体系的保障，这些均涉及安全法规、安全管理和安全技术。

1. 知识产权保护

计算机软件是一种新型智力成果，是人类智慧、知识和经验的结晶，一方面它同书籍、音像制品等一样，也属于作品；另一方面，计算机软件还具有开发工作量大，投资大而极易被修改、复制和传播等的特点，早期的计算机软件为了防止软件被擅自复制而采用了各种技术，如通过对软件加密或采用加密卡等方式阻止非法拷贝和使用，虽然这些策略可以在一定程度上发挥保护作用，但都难以彻底解决软件侵权的问题。为了保护软件开发者的合法权益，鼓励软件的开发和流通，防范和制止盗版软件的横行，国家就需要对软件实施法律保护，禁止未经软件著作权人的许可而擅自复制、销售其软件的行为。

为了促进我国计算机软件业的发展，从根本上解决了软件知识产权保护的问题。1999年经国务院批准，国务院办公厅转发了国家版权局的《关于不得使用非法复制的计算机软件的通知》，1990年9月7日第七届全国人民代表大会常务委员会第十五次会议通过《中华人民共和国著作权法》，本法自1991年6月1日起施行，根据2001年10月27日第九届全国人民代表大会常务委员会第二十四次会议《关于修改〈中华人民共和国著作权法〉的决定》第一次修正，根据2010年2月26日第十一届全国人民代表大会常务委员会第十三次会议《关于修改〈中华人民共和国著作权法〉的决定》第二次修正，该法首次把计算机软件作为一种知识产权（著作权）列入法律保护范畴，该法第五十九条规定，计算机软件、信息网络传播权的保护办法由国务院另行规定。

对计算机软件这种新形式的著作权，1991年6月国务院首次颁布了《计算机软件保护条例》。2001年2月又公布了新的《计算机软件保护条例》，该条例对计算机软件和程序、文档做了严格定义，对软件著作权人的权益及侵权人的法律责任均做了详细的规定。2013年1月16日国务院第231次常务会议通过对《计算机软件保护条例》做了修订，对未经软件著作权人许可的侵权行为，做了相应罚款的数额规定并于2013年3月1日起施行。

《计算机软件保护条例》的颁布与实施，对保护计算机软件著作权人的权益，调整计算机软件在开发、传播和使用中发生的利益关系、鼓励计算机软件的开发和流通，促进计算机软件产业和国民经济信息化的发展起到了重要的作用。

2. 计算机犯罪与法规

所谓计算机犯罪，就是在信息活动领域中，利用计算机信息系统或计算机信息知识作为手段，或者针对计算机信息系统，对国家、团体或个人造成危害，依据法律规定，应当予以刑罚处罚的行为。计算机犯罪一般采用窃取、篡改、破坏、销毁计算机系统内部的程序、数据和信息，实现其犯罪目的。

（1）计算机犯罪的特点及类型

计算机犯罪是当代社会出现的一种新的犯罪形式，计算机违法犯罪具有行为隐蔽，技术性强，可以在任何时间、任何地点进行跨区域作案且作案迅速等特点。按照计算机犯罪的特点，有如下分类。

① 以计算机技术作为犯罪手段的犯罪。如利用计算机实施贪污、盗窃、诈骗和金融犯罪等活动。

② 以计算机系统内存储或使用的技术成果作为犯罪对象的犯罪。如非法盗取、传播、破坏信息资料、制造或传染计算机病毒等。

③ 以毁损计算机设备为内容的犯罪。如破坏计算机设备载体，影响计算机系统正常运行等。

由于计算机系统应用的普遍性和计算机处理信息的重要性，计算机犯罪所造成的社会危害性都是十分严重的，随着通信网络的发展和计算机知识的普及，利用计算机作为工具的不法分子的犯罪手法和手段也呈现多样化特点，如何防范和打击计算机犯罪也是各个国家研究的重要课题。

（2）计算机犯罪的刑事责任

针对计算机犯罪，一方面需要采取有效的防范措施，如必须加强计算机安全管理和对整个人机系统的管理，完善监督体制，加强职业道德及计算机安全教育，另一方面需要制定相应的法律法规，以有效地打击计算机犯罪。

2011 年 2 月 25 日发布，2011 年 5 月 1 日实施的《中华人民共和国刑法修正案（八）》，针对计算机犯罪的形式主要有两类：一类是"侵犯知识产权罪"；另一类是"扰乱公共秩序罪"，并对上类犯罪做出了具体的规定。

在"侵犯知识产权罪"一节中，设立了"侵犯著作权罪"、"销售侵权复制品罪"和"侵犯商业秘密罪"，具体规定如下：

✓ "侵犯著作权罪"。以盈利为目的，有未经著作权人许可，复制发行其文字作品、音乐、电影、电视、录像作品、计算机软件及其他作品的，违法所得数额较大或者有其他严重情节的，处三年以下有期徒刑或者拘役，并处或者单处罚金；违法所得数额巨大或者有其他特别严重情节的，处三年以上七年以下有期徒刑，并处罚金。

✓ "销售侵权复制品罪"。以盈利为目的，销售明知是本法第二百一十七条（"侵犯知识产权罪"）规定的侵权复制品，违法所得数额巨大的，处三年以下有期徒刑或者拘役，并处或者单处罚金。

✓ "侵犯商业秘密罪"。在该规定中定义了"商业秘密，是指不为公众所知悉，能为权利人带来经济利益，具有实用性并经权利人采取保密措施的技术信息和经营信息"，并指出侵犯商业秘密行为的，给商业秘密的权利人造成重大损失的，处三年以下有期徒刑或者拘役，并处或者单处罚金；造成特别严重后果的，处三年以上七年以下有期徒刑，并处罚金。

在"扰乱公共秩序罪"一节中，设立了"非法侵入计算机信息系统罪；非法获取计算机信息系统数据、非法控制计算机信息系统罪；提供侵入、非法控制计算机信息系统程序、工具罪"和"破坏计算机信息系统罪"，各种规定如下：

✓ "非法侵入计算机信息系统罪"。违反国家规定，侵入国家事务、国防建设、尖端科学技术领域的计算机信息系统的，处三年以下有期徒刑或者拘役。

✓ "非法获取计算机信息系统数据、非法控制计算机信息系统罪"。违反国家规定，侵入前款规定以外的计算机信息系统或者采用其他技术手段，获取该计算机信息系统中存储、处理或者传输的数据，或者对该计算机信息系统实施非法控制，情节严重的，处三年以下有期徒刑或者拘役，并处或者单处罚金；情节特别严重的，处三年以上七年以下有期徒刑，并处罚金。

✓ "提供侵入、非法控制计算机信息系统程序、工具罪"。提供专门用于侵入、非法控制计算机信息系统的程序、工具，或者明知他人实施侵入、非法控制计算机信息系统的违法犯罪行为而为其提供程序、工具，情节严重的，依照前款的规定处罚。

✓ "破坏计算机信息系统罪"。违反国家规定，对计算机信息系统功能进行删除、修改、增加、干扰，造成计算机信息系统不能正常运行，后果严重的，处 5 年以下有期徒刑或者拘役；后果特别严重的，处 5 年以上有期徒刑。违反国家规定，对计算机信息系统中存储、处理或者传输的数据和应用程序进行删除、修改、增加的操作，后果严重的，依照前款的规定处罚。故意制作、传播计算机病毒等破坏性程序，影响计算机系统正常运行，后果严重的，依照第一款的规定处罚。

《中华人民共和国刑法修正案（八）》中二百八十七条"利用计算机实施犯罪的提示性规定"利用计算机实施金融诈骗、盗窃、贪污、挪用公款、窃取国家秘密或者其他犯罪的，依照本法有关规定定罪处罚。

此外，为防范计算机犯罪，不仅我国国务院、公安部等还颁布一些其他的法规或条例，也有国际社会和行业协会等制定的条约，如《国务院关于侵犯信息网络传播权保护条例》、《尼泊尔公约》、《WTO 与贸易有关的知识产权协议》、《世界知识产权组织互联网条约》和《中国互联网行业自律公约》等。

7.2 任务一 运用网络主机扫描工具检测主机

"网络主机扫描"用来监测网上的主机，服务器或路由器是否运行良好，并且已成功地连接到网络上了。它可以帮助你得到一些网络主机、服务器、路由器等信息。

网络主机扫描包括 IP 扫描，端口扫描和网络服务扫描。IP 扫描可以扫描任意范围的 IP 地址（0.0.0.0）到（255.255.255.255），找到正在使用中的网络主机；端口扫描可以扫描某一网络上主机开放的端口，范围可以从 1 到 65535，获得已经打开的端口的信息，对端口分析可以知道是否有人在你的计算机上留下了后门；网络服务扫描可以扫描打开的端口，返回端口后台运行的网络服务信息，例如 WWW，FTP，POP3 等。扫描完成后，会给出一份详细的网络扫描报告，以备查阅。

任务提出

通过网络主机扫描工具可查找出本机及所在网络上其他主机的 IP 地址、端口信息和所提供的网络服务等，并生成详细的网络扫描报告，以备查阅。

任务要求

本任务主要涉及以下操作：运行相应的网络扫描工具如 HostScan 进行扫描，并按要求

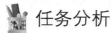

分别对主机及所在的网络进行扫描，根据扫描结果得到扫描报告。

任务分析

根据任务要求可分别进行主机及网络的端口扫描，其中对主机的扫描步骤如下：

（1）运行 HostScan 扫描工具软件，添加扫描项目名称，设置主机 IP 地址。

（2）选择需扫描的主机并开始扫描。

（3）获得网络扫描结果并保存。

其中对某个网络的扫描，其操作步骤如下：

（1）运行 HostScan 扫描工具软件，添加扫描项目名称，设置网络 IP 地址范围。

（2）选择需扫描的网络段并开始扫描。

（3）获得网络扫描结果并保存。

任务实施

1. 根据具体要求，测试本机有关信息的操作步骤

第 1 步：运行 HostScan 扫描工具软件，窗口如图 7-10 所示，单击"主机组"，右击在弹出的快捷菜单中选择"添加项目"，弹出的对话框如图 7-11 所示，在对话框中输入检测项目名称，如"MyHost"，并在"首地址"及"末地址"栏内分别输入主机地址如"127.0.0.1"（默认的本机主机地址），单击"OK"按钮。

第 2 步：在已经建立好项目名称的窗口中，如图 7-12 所示，选择"主机组"下的"MyHost"，并单击"开始"按钮进行扫描。

第 3 步："MyHost"主机扫描测试结果如图 7-13 所示，测试结果有"端口"、"协议"、"服务"、"时间"及"成功率"，可将扫描结果通过菜单"文件"菜单中的"保存为"命令。

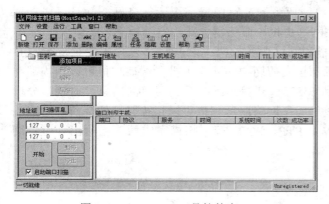

图 7-10　HostScan 工具软件窗口

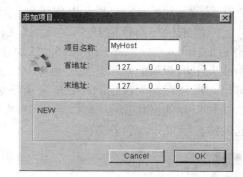

图 7-11　"添加项目"对话框——建立测试本机扫描项目

👉 可在如图 7-10 的对话框中，单击菜单"工具"再选择"获得 IP 地址"，在打开的对话框中通过输入主机域名搜索对应的网络主机 IP 地址。

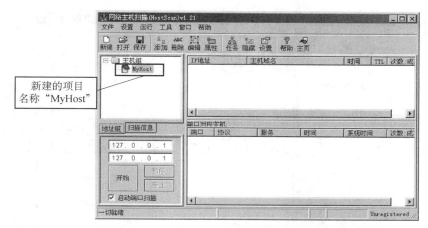

图 7-12　选择扫描项目

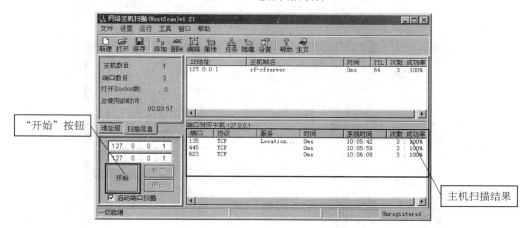

图 7-13　主机扫描测试结果

2. 根据具体要求，对网络有关信息测试的操作步骤

第 1 步：运行 HostScan 扫描工具软件，在如图 7-10 所示窗口中，单击"主机组"，右击在弹出的快捷菜单中选择"添加项目"，弹出的对话框如图 7-14 所示，在对话框中输入检测项目名称，如"Mynetwork"，并在"首地址"及"末地址"栏内分别输入需要测试的网络 IP 首地址及末地址如"172.16.8.1"和"172.16.8.254"，单击"OK"按钮。

第 2 步：在已经建立好项目名称的窗口中，如图 7-15 所示，选择"主机组"下的"Mynetwork"，并单击"开始"按钮进行扫描。

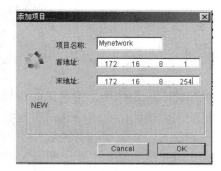

图 7-14　"添加项目"对话框——建立测试网络的扫描项目

第 3 步："Mynetwork"主机扫描测试结果如图 7-16 所示，测试结果有"端口"、"协议"、"服务"、"时间"及"成功率"，可将扫描结果通过菜单"文件"中"保存为……"命令保存。

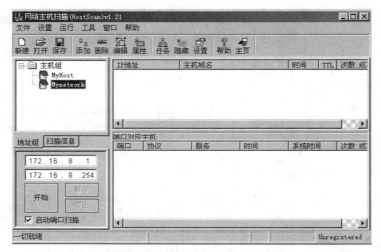

图 7-15 选择网络扫描项目进行扫描

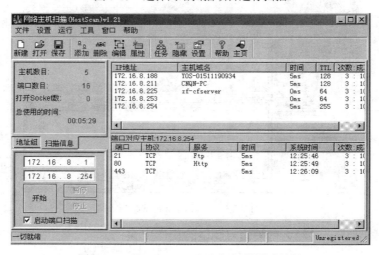

图 7-16 "Mynetwork"主机扫描测试结果

7.3 任务二 防火墙软件的使用与配置

在实际工作中，常采用防火墙工具在主机与网络间设置一道"保护屏障"，使得该计算机流入流出的所有网络通信和数据包均要经过此防火墙，从而保护主机或内部网免受非法用户的侵入，防火墙既有纯软件的，也有软件和硬件结合的产品。目前比较流行的防火墙软件有"瑞星防火墙"、"金山网盾"、"360 网络防火墙"等。

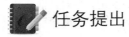 任务提出

在主机上通过安装防火墙软件来阻止本地 IP 地址为"172.16.1.100"的主机访问本地计算机，已免受到来自 IP 地址为"172.16.1.100"的主机上非法用户侵入。

任务要求

本任务主要涉及以下操作：运行相应的防火墙软件工具，如"瑞星防火墙"，并按要求分别对防火墙软件进行配置，使得规则允许的主机和数据可进入主机或网络，同时将规则"不同意"的主机和数据拒之门外，最大限度地阻止网络中的黑客来访问你的主机及所在的网络。

任务分析

根据任务要求可安装"瑞星防火墙"，并根据需要进行配置，主要步骤如下：

（1）安装并运行"瑞星防火墙"。

（2）选择防火墙设置规则。

（3）在规则设置对话框中，添加需要阻止的 IP 地址并保存。

任务实施

第 1 步：运行"瑞星防火墙"软件，其主界面窗口如图 7-17 所示。

第 2 步：在"瑞星防火墙"软件的主界面窗口中，选择"防火墙规则"图标，弹出"防火墙规则"设置窗口，如图 7-18 所示。

第 3 步：在"防火墙规则"设置窗口中选择"IP 规则"选项卡，在"规则名称"栏目中选中"允许动态 IP"一栏，并在该界面的下方单击"修改"按钮。

第 4 步：在弹出的如图 7-19 所示的"编辑 IP 规则"窗口中，选择"本地 IP 地址"栏中的"指定地址"，在弹出的地址栏中输入"172.16.1.100"，最后在窗口下方的"满足以上条件"栏中选定"阻止"单选按钮，单击"确定"按钮，如图 7-20 所示。

图 7-17 瑞星防火墙软件主界面窗口

图 7-18　"防火墙规则"设置窗口

图 7-19　瑞星"编辑 IP 规则"窗口

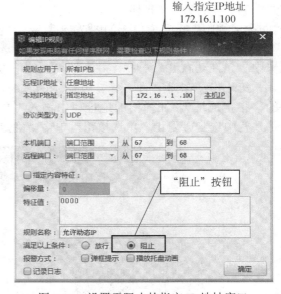

图 7-20　设置需阻止的指定 IP 地址窗口

7.4　任务三　防病毒软件的设置及运用

具有开放性的互联网已成为计算机病毒广泛传播的有利环境，除互联网本身的安全漏洞存在以外，为使网页精彩漂亮、功能更加强大而开发出 ActiveX 技术和 Java 技术也被病毒程序的制造者利用，好看的 Web 服务器网页代码中甚至也隐藏着病毒代码，用户访问主页后就可能将病毒程序渗透到用户主机，这就是所谓的"网络病毒"。

　　无论是单台的计算机还是联网的计算机，为了防范病毒的侵入，均需要做好病毒防护工作。

 任务提出

　　在主机上通过杀毒软件并合理配置，尽可能地防范 U 盘、网络上的病毒侵入。

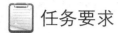 任务要求

　　本任务主要涉及以下操作：运行相应的杀毒软件，如"360 杀毒"软件，并按要求设置"监控所有文件"和"发现病毒通知我，由我选择处理方式"。

任务分析

　　根据任务要求可安装"360 杀毒软件"，并根据需要进行配置，主要步骤如下：

　　（1）安装并运行"360 杀毒软件"。

　　（2）在 360 主窗口中选择"设置"选项。

　　（3）在"360 杀毒-设置"窗口中，根据要求，在"实时防护设置"选项页面，选择"监控所有文件"，及"发现病毒后通知我，由我来选择处理方式"选项，并单击"确定"按钮退出。

任务实施

　　第 1 步：运行"360 杀毒"软件，其主界面窗口如图 7-21 所示。

图 7-21　"360 杀毒"软件窗口

第 2 步：在其主界面窗口上，单击"设置"按钮，进入"360 杀毒-设置"窗口，如图 7-22 所示。

图 7-22　"360 杀毒-设置"窗口

第 3 步：在"360 杀毒-设置"窗口中，选择"实时防护设置"选项页面，在"监控的文件类型"的选项中选择"监控所有文件"，以及在"发现病毒时的处理方式"选项中选择"发现病毒后通知我，由我来选择处理方式"，并单击"确定"按钮退出，选择结果如图 7-22 所示。

 习题

一、基础知识

1. 判断题

（1）只要在技术上采取多种手段，就能防范来自网络上恶意的攻击。（　　）

（2）计算机主机及通信线路的防辐射、防水、防火等也是保障网络安全的手段之一。（　　）

（3）网络安全保障不仅涉及技术上的手段，同时还涉及法律及管理等各项手段。（　　）

（4）信息安全的 5 个基本要素为机密性、完整性、可用性、可控性和可审计性。（　　）

（5）在网络的攻击中，被动攻击难以检测不易被发现，而主动攻击难于杜绝和防范。（　　）

（6）计算机病毒也是人为编制的程序代码，它与其他可执行程序一样在计算机中可以存储和执行，其主要特点具有传染能力和破能力。（　　）

（7）特洛伊木马程序一般分为服务器端和客户端，客户端是攻击者传到目标机器上的部分程序。（　　　）

（8）漏洞扫描技术的扫描结果，既可用于为防范攻击提供评测及改进的依据，但同时也可为攻击者提供系统漏洞而用于攻击。（　　　）

（9）计算机病毒可通过各种可能的渠道，如 U 盘、移动硬盘、计算机网络去传染其他的计算机。（　　　）

（10）计算机只要安装了防毒、杀毒软件，上网浏览就不会感染病毒。（　　　）

2．单选题

（1）网络信息安全模型中_____是安全的基石，它是建立安全管理的标准和方法。

    A．用户验证机制　　　　　　　　　B．政策、法律法规和安全策略

    C．审计与管理措施　　　　　　　　D．加密及访问控制机制

（2）当网络中 4 个用户之间采用秘密密钥加密技术通信时，每个用户都需要保存_____密钥才能保证任意双方收发密文，第三方无法解密。

    A．1 个　　　　　　B．2 个　　　　　　C．3 个　　　　　　D．4 个

（3）当网络中 4 个用户之间采用公开密钥加密技术通信时，每个用户都需要保存_____密钥才能保证任意双方收发密文，第三方无法解密。

    A．1 个　　　　　　B．2 个　　　　　　C．3 个　　　　　　D．4 个

（4）甲方和乙方采用公钥密码体制对数据文件进行加密传送，甲方用乙方的公钥加密数据文件，乙方使用_____来对数据文件进行解密。

    A．甲方的公钥　　　B．甲方的私钥　　　C．乙方的公钥　　　D．乙方的私钥

（5）下列选项中，防范网络监听最有效的方法是_____。

    A．安装防火墙　　　　　　　　　　B．采用无线网络传输

    C．数据加密　　　　　　　　　　　D．漏洞扫描

（6）_____不属于计算机病毒防治策略。

    A．本机磁盘碎片整理　　　　　　　B．安装并及时升级防病毒软件

    C．在安装新软件前进行病毒检测　　D．常备一张"干净"的系统引导盘

（7）关于计算机病毒，正确的说法是_____。

    A．计算机病毒可以烧毁计算机的电子元件

    B．计算机病毒是一种传染力极强的生物细菌

    C．计算机病毒是一种人为特制的具有破坏性的程序

    D．计算机病毒一旦产生，便无法清除

（8）计算机病毒的特点是_____。

    A．传播性、潜伏性和破坏性　　　　B．传播性、潜伏性和易读性

    C．潜伏性、破坏性和易读性　　　　D．传播性、潜伏性和安全性

（9）以下对计算机病毒的描述，_____是不正确的。

    A．计算机病毒是人为编制的一段恶意程序

    B．计算机病毒不会破坏计算机硬件系统

    C．计算机病毒的传播途径主要是数据存储介质的交换以及网络的链路

    D．计算机病毒具有潜伏性

（10）以下有未知程序试图建立网络连接和_____属于计算机感染特洛伊木马后的典型现象。

    A．程序堆栈溢出   B．系统中有可疑的进程在运行

    C．邮箱被莫名邮件填满

（11）计算机软件的著作权属于_____。

    A．销售商   B．使用者

    C．软件开发者   D．购买者

（12）对于下列叙述，你认为正确的说法是_____。

    A．所有软件都可以自由复制和传播

    B．受法律保护的计算机软件不能随意复制

    C．软件没有著作权，不受法律的保护

    D．应当使用自己花钱买来的软件

（13）软件著作权自软件开发完成之日起产生。自然人的软件著作权，保护期为自然人终生及其死亡后_____年。

    A．20   B．25   C．30   D．50

（14）关于计算机软件的叙述，错误的是_____。

    A．软件是一种商品

    B．软件借来复制也不损害他人利益

    C．《计算机软件保护条例》对软件著作权进行保护

    D．未经软件著作权人的同意复制其软件是一种侵权行为

（15）"侵犯著作权罪"出现在下列_____法规中。

    A．《国务院关于侵犯信息网络传播权保护条例》

    B．《中华人民共和国著作权法》

    C．《计算机软件保护条例》

    D．《中华人民共和国刑法修正案（八）》

二、实战训练

训练1：

运行网络扫描工具如 HostScan。

1．在扫描工具中，设置主机扫描参数，使得扫描"次数"为2次、"等待时间"为2000ms。

2．查出本机的 IP 地址，并添加项目，对本机的各个端口进行扫描。

3．查出域名为"www.sohu.com"的 IP 主机地址，并对该地址进行端口扫描，查看扫描结果。

4．添加项目，设置起始 IP 地址，如首地址为"172.16.10.1"，末地址为"172.16.10.254"，对该网络地址段进行端口扫描，查看扫描结果。

训练2：

运行"瑞星防火墙"软件。

1．在"瑞星防火墙"软件中，将"拦截木马网页"的功能关闭。

2．在"瑞星防火墙"软件中，启用"拦截网络入侵"的功能。

3．设置 IP 地址规则，阻止本地主机接收来自与本地 IP 地址为"172.16.5.10"的主机发送来的 IP 地址包。

4．设置 IP 地址规则，阻止本地主机与远程 IP 范围地址为"128.100.1.1"至"128.100.1.128"之间的主机进行 IP 包间的通信。

训练 3：

在运行的"360 杀毒软件"软件中。

1．设置发现病毒后的处理方式为"由 360 杀毒自动处理"。

2．在杀毒扫描时，跳过压缩包大于"100M"的压缩文件。

3．在实时监控时，"拦截局域网病毒"。

4．启用进程追踪器，"记录进程启动历史，以及资源占用信息"。

第8章 网络互联与配置

计算机网络是计算机和通信线路的有机结合。随着计算机及通信技术的发展，计算机网络应用范围已经遍布工作、生活的各个角落。它的出现影响和改变了人们的工作、生活方式，人们对计算机网络的依赖越来越大，网络应用中的问题也越来越多。本章主要介绍计算机网络的概念、分类等知识，通过实例讲解现在典型的局域网组建、局域网互联等应用。

8.1 知识要点

8.1.1 计算机网络基础

1. 计算机网络的基本概念

利用通信线路将具有独立功能的计算机连接起来而形成的计算机集合，计算机间可以借助通信线路传递信息，共享软件、硬件和数据等资源。图 8-1 为计算机网络的简单示意图。

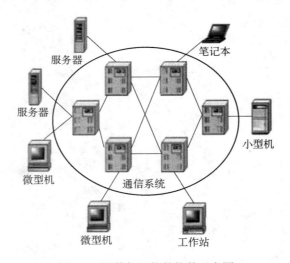

图 8-1　计算机网络的简单示意图

2. 计算机网络的特点

（1）计算机网络是建立在通信系统的基础之上的，是现代通信技术与计算机技术相结合的产物，它涉及通信技术与计算机技术两个领域。

（2）建立计算机网络的目的在于资源共享和在线通信：

● 共享硬件资源。在网络环境下，人们可以坐在自己的计算机前，像使用本地计算机一样使用安装在其他计算机上的设备，工作变得更加快捷和方便。图 8-2 为多用户共享打印机示意图。

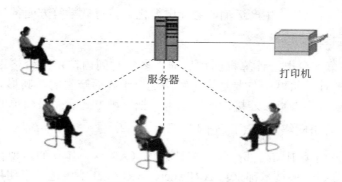

图 8-2　多用户共享打印机

● 共享数据资源。网络用户可以直接共享几乎所有类型的数据，将纸页和软盘的传递量降到最低。图 8-3 为多用户共享数据库示意图。

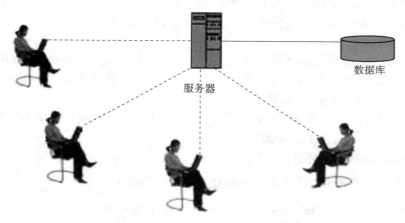

图 8-3　多用户共享数据库示意图

● 共享应用程序。计算机可以通过网络共享彼此的应用程序。例如，A 计算机通过网络从远程执行 B 计算机上的应用程序，B 计算机再将执行结果返回 A 计算机。共享应用程序（例如字处理软件）不仅可以减少软件费用的开支，而且可以保证网络用户使用的应用程序的版本、配置等是完全一致的。完全一致的应用程序的使用不但可以简化维护、培训等过程，而且可以保证数据的一致性。例如，通过使用统一的、版本号相同的字处理软件，一个用户在一台计算机中编辑的文档，可以保证另一用户在另一台计算机中顺利打开并使用。

另外，计算机网络可以为我们提供高效、快捷的通信手段。这些手段改变了人们的生活方式，为企业创造惊人的经济效益。电子邮件（E-mail）就是利用网络进行高效通信的一个典型实例。

8.1.2　计算机网络的发展

计算机网络发展的速度可以用"迅猛"两字来形容。20 多年前，很少有人接触过网络。但现在，计算机网络、计算机互联网已成为老幼皆知的名词，计算机网络已成为社会结构的一个重要组成部分。机关、厂矿、学校、部队基本上都拥有自己的网络。计算机网络已遍布各个领域，在广告宣传、生产运输、会计电算化、教育教学等方面得到广泛的应用。

1. 第一代：远程终端连接

1946 年世界上第一台电子计算机问世后的十多年时间内，由于价格很昂贵。计算机数量极少，早期所谓的计算机网络主要是为了解决这一矛盾而产生的。其形式是将一台计算机经过通信线路与若干台终端直接连接，我们也可以把这种方式看做最简单的局域网雏形。

2. 第二代：计算机网络阶段（局域网）

最早的网络，是由美国国防部高级研究计划局（ARPA）建立的。现代计算机网络的许多概念和方法，如分组交换技术都来自 ARPAnet。ARPAnet 不仅进行了租用线互联的分组交换技术研究，而且做了无线、卫星网的分组交换技术研究，其结果导致了 TCP/IP 问世。

3. 第三代：计算机网络互联阶段

1977～1979 年，ARPAnet 推出了 TCP/IP 体系结构和协议。

1980 年前后，ARPAnet 上的所有计算机开始了 TCP/IP 协议的转换工作，并以 ARPAnet 为主干网建立了初期的 Internet。

1983 年，ARPAnet 的全部计算机完成了向 TCP/IP 的转换，并在 UNIX（BSD4.1）上实现了 TCP/IP。ARPAnet 在技术上最大的贡献就是 TCP/IP 协议的开发和应用。2 个著名的科学教育网 CSNET 和 BITNET 先后建立。

1984 年，美国国家科学基金会 NSF 规划建立了 13 个国家超级计算中心及国家教育科技网，随后替代了 ARPANET 的骨干地位。

1988 年 Internet 开始对外开放。

4. 第四代：信息高速公路（高速，多业务，大数据量）

1991 年 6 月，在连通 Internet 的计算机中，商业用户首次超过了学术界用户，这是 Internet 发展史上的一个里程碑，从此 Internet 成长速度一发不可收拾。21 世纪，网络平台应用于电子商务领域，网络电子商务成为潮流。

8.1.3 计算机网络的分类

（1）按照其覆盖的地理范围，计算机网络可以分：

① 局域网（Local Area Network，LAN）：一般限定在较小的区域内，小于 10km 的范围，通常采用有线的方式连接起来。

② 城域网（Metropolitan Area Network，MAN）。规模局限在一座城市的范围内，10～100km 的区域。

③ 广域网（Wide Area Network，WAN）：网络跨越国界、洲界，甚至全球范围。

局域网和广域网是网络的热点。局域网是组成其他两种类型网络的基础，城域网一般都加入了广域网。广域网的典型代表是 Internet 网。

（2）按照通信使用的传输介质，计算机网络可以分：

① 有线网。采用同轴电缆和双绞线来连接的计算机网络。

同轴电缆网是常见的一种联网方式。它比较经济，安装较为便利，传输率和抗干扰能力一般，传输距离较短。

双绞线网是目前最常见的联网方式。它价格便宜，安装方便，但易受干扰，传输率较低，传输距离比同轴电缆要短。

光纤网也是有线网的一种，但由于其特殊性而单独列出，光纤网采用光导纤维作传输介质。光纤传输距离长，传输率高，可达数千兆 bps，抗干扰性强，不会受到电子监听设备的监听，是高安全性网络的理想选择。不过由于其价格较高，且需要高水平的安装技术，所以尚未普及。

② 无线网。用电磁波作为载体来传输数据，无线网联网费用较高，还不太普及。但由于联网方式灵活方便，是一种很有前途的联网方式。

局域网常采用单一的传输介质，而城域网和广域网采用多种传输介质。

8.1.4　网络体系结构

由于很多网络使用不同的硬件和软件，没有统一的标准，结果造成很多网络不能兼容，而且很难在不同的网络之间进行通信。

为了解决这些问题，人们迫切希望出台一个统一的国际网络标准。为此，国际标准化组织（International Standards Organization，ISO）和一些科研机构、大的网络公司做了大量的工作，提出了开放式系统互联参考模型（International Standards Organization/Open System Interconnect Reference Model，ISO/OSI RM）和 TCP/IP 体系结构。

1. ISO/OSI 参考模型的结构

在 OSI 参考模型中，计算机之间传送信息的问题分为 7 个较小且更容易管理和解决的小问题。每一个小问题都由模型中的一层来解决。如图 8-4 所示，OSI 将这7 层从低到高叫做物理层、数据链路层、网络层、传输层、会话层、表示层和应用层。

2. OSI 各层的主要功能

（1）物理层（Physical Layer）

物理层是 OSI 参考模型的最低一层，也是在同级层之间直接进行信息交换的唯一一层。物理层负责传输二进制位流，它的任务就是为上层（数据链路层）提供一个物理连接，以便在相邻节点之间无差错地传送二进制位流。

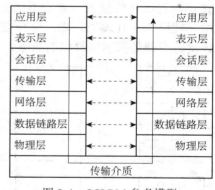

图 8-4　OSI RM 参考模型

有一点应该注意的是，传送二进制位流的传输介质，如双绞线、同轴电缆以及光纤等并不属于物理层要考虑的问题。实际上传输介质并不在 OSI 的 7 个层次之内。

- 电气特性：电缆上什么样的电压表示 1 或 0。
- 机械特性：接口所用的接线器的形状和尺寸。
- 过程特性：不同功能的各种可能事件的出现顺序以及各信号线的工作原理。
- 功能特性：某条线上出现的某一电平的电压表示何种意义。

（2）数据链路层（Data Link Layer）

数据链路层负责在两个相邻节点之间，无差错地传送以"帧"为单位的数据。每一帧包括一定数量的数据和若干控制信息。

数据链路的任务首先要负责建立、维持和释放数据链路的连接。在传送数据时，如果接收节点发现数据有错，要通知发送方重发这一帧，直到这一帧正确无误地送到为止。这样，数据链路层就把一条可能出错的链路，转变成让网络层看起来就像是一条不出错的理想链路。

（3）网络层（Network Layer）

网络层的主要功能是为处在不同网络系统中的两个节点设备通信提供一条逻辑通路。其基本任务包括路由选择、拥塞控制与网络互联等功能。

（4）传输层

传输层的主要任务是向用户提供可靠的端到端（end-to-end）服务，透明地传送报文。它向高层屏蔽了下层数据通信的细节，因而是计算机通信体系结构中最关键的一层。该层关心的主要问题包括建立、维护和中断虚电路、传输差错校验和恢复以及信息流量控制机制等。

（5）会话层

负责通信的双方在正式开始传输前的沟通，目的在于建立传输时所遵循的规则，使传输更顺畅、有效率。沟通的议题包括：使用全双工模式或半双式模式？如何发起传输？如何结束传输？如何设置传输参数就像两国元首在见面会晤之前，总会先派人谈好议事规则，正式谈判时就根据这套规则进行一样。

（6）表示层

表示层处理两个应用实体之间进行数据交换的语法问题，解决数据交换中存在的数据格式不一致以及数据表示方法不同等问题。例如，IBM 系统的用户使用 EBCD 编码，而其他用户使用 ASCII 编码。表示层必须提供这两编码的转换服务。数据加密与解密、数据压缩与恢复等也都是表示层提供的服务。

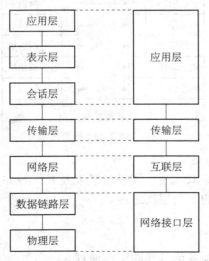

图 8-5　TCP/IP 与 OSI 体系结构的对比

（7）应用层

应用层是 OSI 参考模型中最靠近用户的一层，它直接提供文件传输、电子邮件、网页浏览等服务给用户。在实际操作上，大多是化身为成套的应用程序，例如：Internet Explorer、Netscape、Outlook Express 等，而且有些功能强大的应用程序，甚至涵盖了会话层和表示层的功能，因此有人认为 OSI 模型上 3 层（5、6、7 层）的分界已经模糊，往往很难精确地将产品归类于哪一层。

3．TCP/IP 体系结构的层次划分

TCP/IP 协议是目前最流行的商业化网络协议，尽管它不是某一标准化组织提出的正式标准，但它已经被公认为目前的工业标准或"事实标准"。互联网之所以能迅速发展，就是因为 TCP/IP 协议能够适应和满足世界范围内数据通信的需要。TCP/IP 体系结构的层次划分 4 个层次：网络接口层、互联层、传输层、应用层。它与 OSI/RM 体系结构的比较如图 8-5 所示。

TCP/IP 协议具有以下几个特点：

- 开放的协议标准，可以免费使用，并且独立于特定的计算机硬件与操作系统。
- 独立于特定的网络硬件，可以运行在局域网、广域网，以及互联网中。
- 统一的网络地址分配方案，使得整个 TCP/IP 设备在网中都有唯一的地址。
- 标准化的高层协议，可以提供多种可靠的用户服务。

8.1.5　Internet

国际互联网（Internetwork，简称 Internet）又称因特网，是全球性的网络，是一种公用信息的载体，是大众传媒的一种，具有快捷性、普及性，是现今最流行、最受欢迎的传媒之一。这种大众传媒比以往的任何一种通信媒体都要快。互联网是由一些使用公用语言互相通信的计算机连接而成的网络，即广域网、局域网及单机按照一定的通信协议组成的国际计算机网络。

1.　Internet 提供的服务

（1）WWW 浏览

Internet 最激动人心的服务就是 WWW（World Wild Web），它是一个集文本、图像、声音、影像等多种媒体的最大信息发布服务，同时具有交互式服务功能，是目前用户获取信息的最基本手段。Internet 的出现产生了 WWW 服务，反过来，WWW 的产生又促进了 Internet 的发展。目前，Internet 上已无法统计 Web 服务器的数量，越来越多的组织机构、企业、团体甚至个人，都建立了自己的 Web 站点和页面。

（2）电子邮件 E-mail

作为 Internet 用户，可以向 Internet 上的任何人发送和接收消息，同样可以包括各种形式的媒体，都可被快速传送。

（3）文件传输 FTP

FTP（File Transfer Protocol）是"文件传输协议"的缩写。FTP 服务允许用户从一台计算机向另一台计算机复制文件。在通常情况下，我们登录远程主机的主要限制就是要取得进入主机的授权许可。然而匿名（Anonymous）FTP 是专门将某些文件供大家使用的系统。用户可以通过 Anonymous 用户名使用这类计算机，不要求选定的口令。匿名 FTP 是最重要的 Internet 服务之一。实际上各种类型的数据存在于某处的某台计算机上，而且都免费供大家使用。

（4）远程登录 Telnet

Telnet 是 Internet 为用户所提供的原始服务之一。Telnet 允许用户通过本地计算机登录到远程计算机中，不论远程计算机是在隔壁，还是远在千里之外。只要用户拥有远程计算机的账号，就可以使用远程计算机的各种资源，包括程序、数据库和其上的各种设备。

Telnet 目前使用的不是很多，主要是由于允许 Telnet 的计算机一般都为 UNIX 系统，这对初学者来说是很困难的。Telnet 在 Internet 的电子公告板 BBS 中的应用相当广泛。

（5）网络新闻 Usenet

Usenet 中的不同讨论组被称为新闻组（News Groups），发送到新闻组的消息被称为文章（Articles）。Usenet 新闻组被划分为许多不同的分支题目领域，每个题目领域分在许多不同的讲座组。这些新闻组中有许多讨论学术研究题目的，如科学技术方面的、文学方面的、医学方面的等各方面的主题内容。

（6）BBS

BBS 是 Bulletin Board System 的缩写，也称电子公告板系统。在计算机网络中，BBS 系统是为用户提供一个参与讨论、交流信息、张贴文章、发布消息的网络信息系统。BBS 系统一般由系统管理员负责管理，用户可以是公众或经过资格认证的注册会员组成。目前，BBS 涉及的题材广泛，是张贴通知、会议消息、招聘求职、专题讨论、困难求助等内容的地方，在这里人人都可以张贴消息，人人都可以很方便地获取自己所需要的消息。BBS 就像是一个虚拟社区，一些志趣相同的人常常聚集在一起讨论和交流。BBS 已经是因特网上最受人们青睐的地方。

（7）IM 服务

IM（InstantMessaging），即即时通信。网上聊天是目前相当受欢迎的一项网络服务。人们可以安装聊天工具软件，并通过网络以一定的协议连接到一台或多台专用服务器上进行聊天。在网上，人们利用网上聊天室发送文字等消息与别人进行实时的"对话"。目前，网上聊天除了能传送文本消息外，而且还能传送语音、视频等信息，即语音聊天室等。正是由于聊天室具有相当好的消息实时传送功能，用户甚至可以在几秒钟内就能看到对方发送过来的消息，同时还可以选择许多个性化的图像和语言动作。另外，在聊天时人人都可以网上匿名的方式进行聊天，谈话的自由度更大。

2. IP 地址

IP 地址（Internet Protocol Address）是一种在 Internet 上的给主机编址的方式，也称为网际协议地址。IP 地址被用来给 Internet 上的计算机一个编号。大家日常见到的情况是每台联网的 PC 上都必须有 IP 地址，才能正常通信。常见的 IP 地址，分为 IPv4 与 IPv6 两大类，以下仍然以目前流行的 IPv4 进行介绍。

（1）IP 地址的表示

IP 地址是一个 32 位的二进制数，通常被分割为 4 个"8 位二进制数"（也就是 4 个字节）。IP 地址通常用"点分十进制"表示成（a.b.c.d）的形式，其中，a，b，c，d 都是 0～255 之间的十进制整数。例：点分十进 IP 地址（100.4.5.6），实际上是 32 位二进制数（01100100.00000100.00000101.00000110）。

网络号	主机号

图 8-6　IP 地址的组成

IP 地址由网络号（netid）和主机号（hostid）两个部分组成，网络号用来标志互联网中的一个特定网络，而主机号则用来表示该网络中主机的一个特定连接，如图 8-6 所示。

（2）IP 地址的分类

为了适应各种不同的网络规模，IP 协议将 IP 地址分成 A、B、C、D、E 五类，常用的是 A、B、C 三类。它们可以根据第一字节的前几位加以区分，如图 8-7 所示。

● A 类 IP 地址。一个 A 类 IP 地址是指，在 IP 地址的 4 段号码中，第一段号码为网络号码，剩下的 3 段号码为本地计算机的号码。如果用二进制数表示 IP 地址的话，A 类 IP 地址就由 1 字节的网络地址和 3 字节主机地址组成，网络地址的最高位必须是"0"。A 类 IP 地址中网络的标志长度为 8 位，主机标志的长度为 24 位，A 类网络地址数量较少，可以用于主机数达 1600 多万台的大型网络。

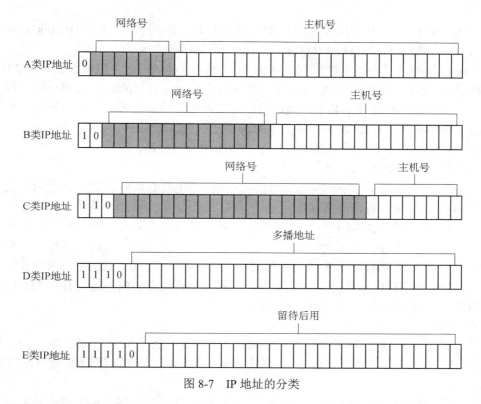

图 8-7 IP 地址的分类

A 类 IP 地址地址范围 1.0.0.0 到 126.255.255.255 （二进制数表示为： 00000001 00000000000000000 00000000～01111110 11111111 11111111 11111111）。最后一个是广播地址。

A 类 IP 地址的子网掩码为 255.0.0.0，每个网络支持的最大主机数为 256 的 3 次方 −2=16777214 台。

● B 类 IP 地址。一个 B 类 IP 地址是指，在 IP 地址的 4 段号码中，前 2 段号码为网络号码。如果用二进制数表示 IP 地址的话，B 类 IP 地址就由 2 字节的网络地址和 2 字节主机地址组成，网络地址的最高位必须是"10"。B 类 IP 地址中网络的标志长度为 16 位，主机标志长度为 16 位，B 类网络地址适用于中等规模的网络，每个网络所能容纳的计算机数为 6 万多台。

B 类 IP 地址地址范围 128.0.0.0～191.255.255.255 （二进制数表示为： 10000000 00000000 00000000 00000000～10111111 11111111 11111111 11111111）。最后一个是广播地址。

B 类 IP 地址的子网掩码为 255.255.0.0，每个网络支持的最大主机数为 256 的 2 次方 −2=65534 台。

● C 类 IP 地址。一个 C 类 IP 地址是指，在 IP 地址的 4 段号码中，前 3 段号码为网络号码，剩下的一段号码为本地计算机的号码。如果用二进制数表示 IP 地址的话，C 类 IP 地址就由 3 字节的网络地址和 1 字节主机地址组成，网络地址的最高位必须是"110"。C 类 IP 地址中网络的标志长度为 24 位，主机标志长度为 8 位，C 类网络地址数量较多，适用于小规模的局域网络，每个网络最多只能包含 254 台计算机。

C 类 IP 地址范围 192.0.0.0～223.255.255.255（二进制表示为：11000000 00000000 00000000 00000000～11011111 11111111 11111111 11111111）。

C 类 IP 地址的子网掩码为 255.255.255.0，每个网络支持的最大主机数为 256-2=254 台。

● D 类 IP 地址。D 类 IP 地址在历史上被叫做多播地址（Multicast Address），即组播地址。在以太网中，多播地址命名了一组应该在这个网络中应用接收到一个分组的站点。多播地址的最高位必须是"1110"，范围从 224.0.0.0 到 239.255.255.255。

● E 类 IP 地址。E 类地址是实验性地址，保留给今后使用。

（3）特殊的 IP 地址形式

TCP/IP 体系中保留了一小部分 IP 地址，这部分地址具有特殊的意义和用途，这些特殊的 IP 地址不能分配给主机或网络连接。

① 网络地址。在互联网中，经常需要使用网络地址，主机号为全"0"的 IP 地址，用来表示网络地址。例如：在 A 类网络中，地址 113.0.0.0 表示该网络的网络地址。而一个具有 IP 地址为 202.93.120.44 的主机所处的网络地址为 202.93.120.0，它的主机号为 44。

② 广播地址。IP 协议规定，主机号为全"1"的 IP 地址是保留给广播用的。广播地址又分为两种：直接广播地址和有限广播地址。

● 直接广播

如果广播地址包含一个有效的网络号和一个全"1"的主机号，那么称之为直接广播（Directed Broadcasting）地址。在 IP 互联网中，任意一台主机均可向其他网络进行直接广播。

例如 C 类地址 202.93.120.255 就是一个直接广播地址。互联网上的一台主机如果使用该 IP 地址为数据报的目的 IP 地址，那么这个数据报同时发送到 202.93.120.0 网络上的所有主机。

● 有限广播。32 位全为"1"的 IP 地址（225.225.225.225）用于本网广播，该地址叫做有限广播（Limited Broadcasting）地址。在主机不知道本机所处的网络时（如主机的启动过程中），只能采用有限广播方式，通常由无盘工作站启动时使用，希望从网络 IP 地址服务器处获得一个 IP 地址。

③ 回送地址。任何一个以 127 开头的 IP 地址（127.0.0.0～127.255.255.255）是一个保留地址，用于网络软件测试以及本地机器进程间通信。这个 IP 地址叫做回送地址（loopback address），最常见的表示形式为 127.0.0.1。

在每个主机上对应于 IP 地址 127.0.0.1 有个接口，称为回送接口（Loopback Interface）IP 协议规定，无论什么程序，一旦使用回送地址作为目的地址时，协议软件不会把该数据包向网络上发送，而是把数据包直接返回给本机。

8.1.6 网络相关器件设备

1. 网卡

网卡的主要功能是接收和发送数据。网卡与主机之间是并行通信，网卡与传输介质之间是串行通信，接收数据时网卡将来自传输介质的串行数据转换为并行数据暂存于网卡的 RAM 中，再传送给主机；发送数据时将来自主机的并行数据转换为串行数据暂存于 RAM 中，再经过传输介质发送到网络。网卡在接收和发送数据时，可以用"半双工"或"全双工"的方式完成，现在的网卡绝大部分都是全双工通信的。

每块网卡的 ROM 中烧录了一个世界唯一的 ID 号，即 MAC 地址，这个 MAC 地址表示安装这块网卡的主机在网络上的物理地址，它由 48 位二进制数组成，通常分为 6 段，一般用十六进制数表示，如 00-17-42-6F-BE-9B。局域网中根据这个地址进行通信。在命令行方式下，用 ipconfig/all 命令可查看网卡芯片型号、MAC 地址和网络连接等信息，如图 8-8 所示。

图 8-8　用 ipconfig/all 查看网卡信息

以太网卡发送数据时，网卡首先侦听介质上是否有载波，如果有，则认为其他站点正在传送信息，继续侦听介质。一旦通信介质在一定时间段内（称为帧间缝隙，9.6μs）是安静的，即没有被其他站点占用，则开始进行帧数据发送，同时继续侦听通信介质，以检测冲突。在发送数据期间，如果检测到冲突，则立即停止该次发送，并向介质发送一个"阻塞"信号，告知其他站点已经发生冲突，从而丢弃那些可能一直在接收的受到损坏的帧数据，并等待一段随机时间。在等待一段随机时间后，再进行新的发送。如果重传多次后（大于 16次）仍发生冲突，就放弃发送。

接收时，网卡浏览介质上传输的每个帧，如果其长度小于 64 字节，则认为是冲突碎片。如果接收到的帧不是冲突碎片且目的地址是本地地址，则对帧进行完整性校验，如果帧长度大于 1518 字节（称为超长帧，可能由错误的 LAN 驱动程序或干扰造成）或未能通过CRC 校验，则认为该帧发生了畸变。通过校验的帧被认为是有效的，网卡将它接收下来进行本地处理。

2. 集线器

集线器是多口中继器，主要功能是对接收到的信号进行再生整形放大，以扩大网络的传输距离，连接不同结构的网络，同时把所有节点集中在以它为中心的节点上。它把一个端口接收的全部信号向所有端口分发出去，如图 8-9 所示。

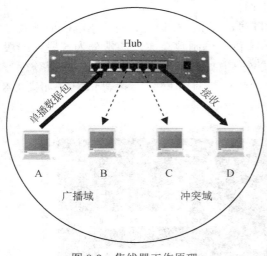

图 8-9　集线器工作原理

集线器称为物理层设备。随着交换技术的发展，集线器已逐步被交换机所取代，目前主要用于小型低端网络的接入层和工业以太网。

集线器（Hub）的基本的工作原理是使用广播技术，就是集线器从任一个端口收到一个信息包后，它都将此信息包广播发送到其他的所有端口。

冲突：在以太网中，当两个数据帧同时被发到物理传输介质上并完全或部分重叠时，就发生了数据冲突，当冲突发生时，物理网段上的数据都不再有效。

冲突域：在同一个冲突域中的每一个节点都能收到所有被发送的帧。

影响冲突产生的因素：冲突是影响以太网性能的重要因素，由于冲突的存在，使得传统的以太网在负载超过 40%时，效率将明显下降。产生冲突的原因很多，如同一冲突域中节点的数量超多，产生冲突的可能性就越大。此外，诸如数据分给的长度（以太网的最大帧长度为 1518B）、网络的直径等因素也会影响冲突的产生。

广播：在网络传输中，向所有连通的节点发送消息称为广播。

广播域：网络中能接收任何一个设备发出的广播帧的所有设备的集合。

广播和广播域的区别：广播网络指网络中所有的节点都可以收到传输的数据帧，不管该帧是否是发给这些节点。非目的节点的主机虽然收到该数据帧但不做处理。

3．交换机

交换机是一种基于 MAC 地址识别，能完成封装转发数据包功能的网络设备。

交换机还有一个重要特点就是它不像集线器一样所有端口共享带宽，它的每一端口都是独享交换机总带宽的一部分，这样在速率上对于每个端口来说有了根本的保障。集线器不管有多少个端口，所有端口都共享相同的带宽，在同一时刻只能有两个端口传送数据，其他端口只能等待。而交换机在同一时刻可进行多个端口之间的数据传输，每一端口都是一个独立的冲突域，连接在其上的网络设备独享带宽，无须同其他设备竞争使用，提高了网络的传输速度。

通过对照地址表，交换机只允许必要的网络流量通过交换机，这就是后面将要介绍的 VLAN（虚拟局域网）。通过交换机的过滤和转发，可以有效地隔离广播风暴，减少误包和错包的出现，避免共享冲突，提高了网络的安全性。

（1）交换机的基本功能

① 地址学习功能。交换机是一种基于 MAC 地址识别，能完成封装转发数据包功能的网络设备。交换机将目的地址不在交换机 MAC 地址对照表的数据包广播发送到所有端口，并把找到的这个目的 MAC 地址，重新加入到自己的 MAC 地址列表中，这样下次再发送到这个 MAC 地址的节点时就直接转发，交换机的这种功能就称之为"MAC 地址学习"功能。

② 转发或过滤选择。交换机根据目的 MAC 地址，通过查看 MAC 地址表，决定转发还是过滤。如果目标 MAC 地址和源 MAC 地址在交换机的同一物理端口上，则过滤该帧。

③ 防止交换机形成环路。物理冗余链路有助于提高局域网的可用性，当一条链路发生故障时，另一条链路可继续使用，从而不会使数据通信中止。但是如果因冗余链路而让交换机构成环路，则数据会在交换机中无休止地循环，形成广播风暴。多帧的重复复制导致 MAC 地址表不稳定，解决这一问题的方法就是使用生成树协议。

（2）交换机信息交换方式

① 存储转发方式。存储转发（Store and Forward）是计算机网络领域中使用得最为广泛的技术之一，以太网交换机的控制器先将输入端口送来的数据包缓存起来，检查数据包是否正确，并过滤掉冲突包错误。确定包正确后，取出目的地址，通过查找表找到想要发送的输出端口地址，然后将该包发送出去。

② 直通交换方式。直通交换方式在输入端口检测到一个数据包时，检查该包的包头，获取包的目的地址，启动内部的动态查找表，将其转换成相应的输出端口，在输入与输出交叉处接通，把数据包直通到相应的端口，实现交换功能。

③ 碎片隔离式。这是介于直通交换方式和存储转发方式之间的一种解决方案。

4. 路由器

路由器是互联网中不可少的网络设备之一。连接多个网络或网段，将不同网络或网段之间的数据信息进行"翻译"，以使它们能够相互"读"懂，从而构成一个更大的网络。校园网中更多使用三层交换机替代路由器安装在网络中，提高传输效率。

随着 Internet 发展，为解决不同类型网络之间的互相连通，路由器成为网络中最重要的设备。

路由就是将从一个接口接收到的数据包，转发到另外一个接口的过程。

路由器完成两个主要功能：选径和转发。

● 选径：根据目标地址和路由表内容，进行路径选择。

● 转发：根据选择的路径，将接收到的数据包，转发到另一个接口（输出口）。路由器能够识别数据包内的 IP 地址信息，选择一条到达不同网段的最佳路径，转发数据包。

8.2　任务一　查看、配置计算机的IP地址

📓 任务提出

每一台连接到互联网的计算机都有一个 IP 地址，这是互联网中计算机通信所必须具备的条件。

📋 任务要求

在 Windows 7 系统中查看并配置计算机的 IP 地址。

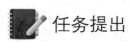 任务分析

本任务使用图形界面查看并配置计算机的 IP 地址。

任务实施

1. 查看计算机的 IP 地址

打开"控制面板"→"所有控制面板项"→"网络和共享中心",如图 8-10 所示。

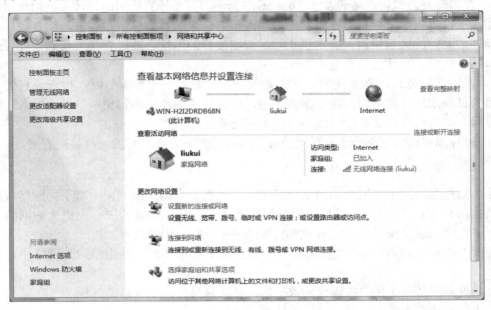

图 8-10　网络和共享中心

打开"更改适配器设置",如图 8-11 所示。

图 8-11　更改适配器设置——网络连接

单击"本地链接"打开"本地连接状态"对话框，如图 8-12 所示。

单击"详细信息"，打开"网络连接详细信息"对话框，如图 8-13 所示。

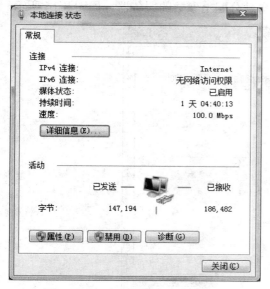

图 8-12　"本地连接状态"对话框

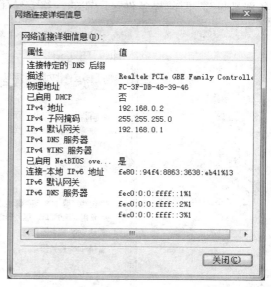

图 8-13　"网络连接详细信息"对话框

这台计算机的 IP 地址是 192.168.0.2，子网掩码是 255.255.255.0，默认网关是 192.168.0.1。

2. 配置计算机的 IP 地址

在图 8-12 中单击"属性"按钮，打开"本地连接属性"对话框，如图 8-14 所示。

单击"Internet 协议版本（TCP/IPv4）"→"属性"，打开的对话框如图 8-15 所示。

图 8-14　"本地连接属性"对话框

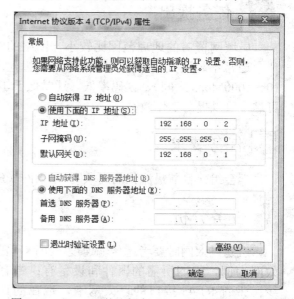

图 8-15　"Internet 协议版本（TCP/IPv4）属性"对话框

在 IP 地址、子网掩码、默认网关、首选 DNS 服务器中填入具体的值即可，这 4 项参数的具体值需要咨询单位的网络管理员，也可以选择"自动获得 IP 地址"、"自动获得 DNS 服务器地址"，但前提条件是所在的网络安装了能自动分配上参数的服务器，如图 8-16 所示。

图 8-16   "Internet 协议版本（TCP/IPv4）属性"对话框——自动获得 IP 地址

8.3　任务二　局域网组建

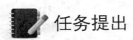 任务提出

局域网覆盖的地理范围比较小，网络的经营权和管理权属于某个单位，易于维护和管理，通常不超过几十公里，甚至只在一幢建筑或一个房间内；信息的传输速率高（通常在 10～1000Mbps 之间）、误码率低（通常低于 $10e^{-8}$），因此，利用局域网进行的数据传输快速可靠，可以提高工作效率。

任务要求

学会组建目前最流行的局域网-以太网（Ethernet）。

任务分析

组建以太网时要考虑传输速度、组网所需的器件、传输介质。以目前最常见的 100M 以太网为例，组网所需的器件和设备有：带有 RJ-45 连接头（水晶头）的 UTP 电缆，即网线；带有 RJ-45 接口的以太网卡，现在的计算机都配有以太网卡；100Mbps 的以太网交换机。

任务实施

第 1 步：制作 UTP（非屏蔽双绞线）网线。非屏蔽双绞线由 4 对导线组成，常用的颜色与线号的对应关系为：橙（2）和橙白（1），绿（6）和绿白（3），蓝（4）和蓝白（5），棕（8）和棕白（7），如图 8-17 所示。RJ-45 接口和接头，如图 8-18 所示。制作好的直通 UTP 电缆，如图 8-19 所示。

图 8-17　非屏蔽双绞线线序编号

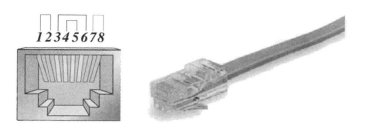

图 8-18　RJ-45 接口和接头

图 8-19　直通 UTP 电缆

所需要的工具是剥线 / 夹线钳，制作完直通 UTP 电缆后使用电缆测试仪进行测试，如图 8-20 所示。

第 2 步：将计算机接入以太网交换机如图 8-21 所示。

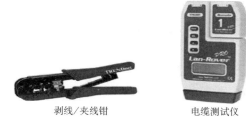

剥线/夹线钳　　　　电缆测试仪

图 8-20　剥线 / 夹线钳和电缆测试仪

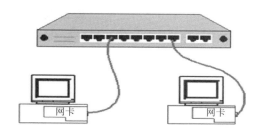

图 8-21　组建完成的局域网

第 3 步：利用 ping 命令进行连通性测试。在一台计算机中利用 ping 命令去给另外的一台计算机发测试报文，如图 8-22 所示。

图 8-22   ping 命令进行连通性测试

8.4   任务三   虚拟局域网组建

任务提出

日常工作中我们希望将局域网上的用户或节点划分成若干"逻辑工作组"，逻辑组的用户或节点可以根据功能、部门、应用等因素划分而无须考虑它们所处的物理位置，移动站点的物理位置或逻辑工作组不需要重新布线，虚拟局域网技术（VLAN）可以实现以上要求，以软件方式实现逻辑工作组的划分与管理。

任务要求

学会单个交换机上配置虚拟局域网。

任务分析

利用以太网交换机就可以配置 VLAN，交换机上的端口由管理员静态分配给相应的 VLAN。如图 8-23 所示，可在一台交换机上配置 VLAN，这些端口保持这种配置直到人工改变它们。

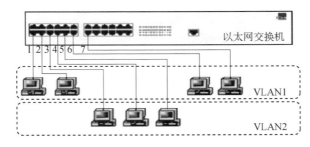

图 8-23   一台交换机上配置 VLAN

任务实施

第 1 步：任务拓扑图。在单台交换机上配置 VLAN，其任务拓扑图结构如图 8-24 所示。

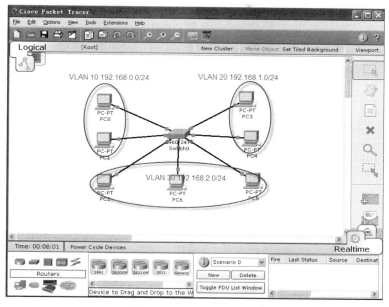

图 8-24 任务拓扑图结构

第 2 步：创建 VLAN。在 Cisco IOS 中有两种方式创建 VLAN，在全局配置模式下使用 vlan vlanid 命令，如 switch（config）#vlan 10；在 vlan database 下创建 VLAN，如 switch（vlan）vlan 20，具体可参见以下代码如图 8-25 所示。

```
Switch>en
Switch#conf t
Enter configuration commands, one per line.  End with CNTL/Z.
Switch(config)#hostname CoreSW
CoreSW(config)#vlan 10
CoreSW(config-vlan)#name Math
CoreSW(config-vlan)#exit
CoreSW(config)#exit
%SYS-5-CONFIG_I: Configured from console by console
CoreSW#vlan database
% Warning: It is recommended to configure VLAN from config mode,
  as VLAN database mode is being deprecated. Please consult user
  documentation for configuring VTP/VLAN in config mode.

CoreSW(vlan)#vlan 20 name Chinese
VLAN 20 added:
    Name: Chinese
CoreSW(vlan)#vlan 30 name Other
VLAN 30 added:
    Name: Other
```

图 8-25 创建 VLAN 截图

第 3 步：把端口划分给 VLAN（基于端口的 VLAN）。

switch（config）#interface fastethernet0/　　　　进入端口配置模式

switch（config-if）#switchport mode access   配置端口为 access 模式

switch（config-if）#switchport access vlan 10   把端口划分到 vlan 10

具体代码设置如图 8-26 所示。

```
CoreSW>en
CoreSW#conf t
Enter configuration commands, one per line.  End with CNTL/Z.
CoreSW(config)#interface fa0/1
CoreSW(config-if)#switchport mode access
CoreSW(config-if)#switchport access vlan 10
CoreSW(config-if)#interface fa0/7
CoreSW(config-if)#switchport mode access
CoreSW(config-if)#switchport access vlan 10
CoreSW(config-if)#
```

图 8-26   把端口划分给 VLAN 截图

如果一次把多个端口划分给某个 VLAN 可以使用 interface range 命令，具体代码设置如图 8-27 所示。

```
CoreSW(config-if)#interface range fa0/2 - 4
CoreSW(config-if-range)#switchport mode access
CoreSW(config-if-range)#switchport access vlan 20
CoreSW(config-if-range)#interface range fa0/5 - 6
CoreSW(config-if-range)#switchport mode access
CoreSW(config-if-range)#switchport access vlan 30
CoreSW(config-if-range)#
```

图 8-27   多个端口划分给某个 VLAN 截图

第 4 步：查看 VLAN 信息。

switch#show vlan

查看 VLAN 信息，其代码截图如图 8-28 所示。

```
CoreSW#sh vlan

VLAN Name                             Status    Ports
---- -------------------------------- --------- -------------------------------
1    default                          active    Fa0/8, Fa0/9, Fa0/10, Fa0/11
                                                Fa0/12, Fa0/13, Fa0/14, Fa0/15
                                                Fa0/16, Fa0/17, Fa0/18, Fa0/19
                                                Fa0/20, Fa0/21, Fa0/22, Fa0/23
                                                Fa0/24, Gig1/1, Gig1/2
10   Math                             active    Fa0/1, Fa0/7
20   Chinese                          active    Fa0/2, Fa0/3, Fa0/4
30   Other                            active    Fa0/5, Fa0/6
1002 fddi-default                     active
1003 token-ring-default               active
1004 fddinet-default                  active
1005 trnet-default                    active

VLAN Type  SAID       MTU   Parent RingNo BridgeNo Stp  BrdgMode Transl Trans2
---- ----- ---------- ----- ------ ------ -------- ---- -------- ------ ------
1    enet  100001     1500  -      -      -        -
10   enet  100010     1500  -      -      -        -
20   enet  100020     1500  -      -      -        -
30   enet  100030     1500  -      -      -        -
1002 enet  101002     1500  -      -      -        -
1003 enet  101003     1500  -      -      -        -
1004 enet  101004     1500  -      -      -        -
1005 enet  101005     1500  -      -      -        -
```

图 8-28   查看 VLAN 信息截图

8.5　任务四　利用路由器实现信息跨网传输

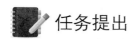

任务提出

　　网上的用户有与另一个网上用户通信的需要，网上的用户有共享另一个网上资源的需求，我们需要把网络互联起来。利用互联设备将两个或多个物理网络相互连接而形成互联网，互联设备又称为路由器或 Router。有了路由器，信息才能跨网传输。

任务要求

　　学会配置单个路由器实现两个局域网中计算机信息跨网传输。

任务分析

　　给路由器的接口配置 IP 地址、子网掩码，并激活接口，同时给局域网的计算机配置默认网关地址，默认网关地址为对应路由器接口的 IP 地址。

任务实施

　　第 1 步：任务拓扑图。所需配置的静态路由拓扑图，可参见图 8-29。

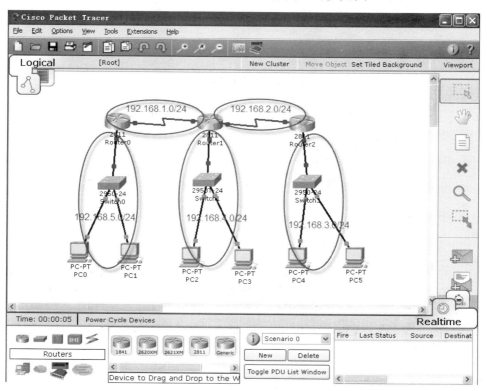

图 8-29　静态路由拓扑图

第 2 步：基本配置。以下详细配置 Router0，Router1 和 Router2 参考 Router0。

（1）配置路由器的名字。如图 8-30 所示，配置路由器的名字。

（2）配置路由器 FastEthernet 接口 IP 地址。如图 8-31 所示，配置路由器 FastEthernet 接口 IP 地址。

（3）配置路由器 Serial 口 ip 地址。如图 8-32 所示，配置路由器 Serial 口 IP 地址。

（4）设置串口时钟速率（DCE）。如图 8-33 所示，设置串口时钟速率（DCE）。

```
239K bytes of non-volatile configuration memory.
62720K bytes of  ATA CompactFlash (Read/Write)
Cisco IOS Software, 2800 Software (C2800NM-ADVIPSERVICESK9-M), Version 12.4(15)T
1, RELEASE SOFTWARE (fc2)
Technical Support: http://www.cisco.com/techsupport
Copyright (c) 1986-2007 by Cisco Systems, Inc.
Compiled Wed 18-Jul-07 06:21 by pt_rel_team


        --- System Configuration Dialog ---

Continue with configuration dialog? [yes/no]: no


Press RETURN to get started!



Router>en
Router#conf t
Enter configuration commands, one per line.  End with CNTL/Z.
Router(config)#hostname Router0
Router0(config)#
```

图 8-30 配置路由器的名字

```
Router0#conf t
Enter configuration commands, one per line.  End with CNTL/Z.
Router0(config)#int f0/0
Router0(config-if)#ip address 192.168.5.1 255.255.255.0
Router0(config-if)#no shutdown
```

图 8-31 配置路由器 FastEthernet 接口 IP 地址

```
Router0(config)#int s0/0/0
Router0(config-if)#ip address 192.168.1.1 255.255.255.0
Router0(config-if)#no shutdown

%LINK-5-CHANGED: Interface Serial0/0/0, changed state to down
Router0(config-if)#
```

图 8-32 配置路由器 Serial 口 IP 地址

```
Router0(config-if)#clock rate 64000
Router0(config-if)#
```

图 8-33 设置串口时钟速率（DCE）

第 3 步：配置路由器上的静态路由。图 8-34 为 Router0 的静态路由配置的结果，图 8-35 为配置 Router1 的静态路由结果，图 8-36 为配置 Router2 的静态路由结果，图 8-37～图 8-39 分别为查看 Router0、Router1 及 Router2 的路由表的结果。

第 4 步：验证路由器配置。在 PC0 上用 ping 命令测试 PC0 和 PC5 能否通信，验证路由器配置，结果如图 8-40 所示。

```
Router0(config-if)#clock rate 64000
Router0(config-if)#exit
Router0(config)#ip route 192.168.2.0 255.255.255.0 192.168.1.2
Router0(config)#ip route 192.168.3.0 255.255.255.0 192.168.1.2
Router0(config)#ip route 192.168.4.0 255.255.255.0 192.168.1.2
Router0(config)#exit
Router0#
```

图 8-34　配置 Router0 的静态路由

```
Router1(config)#ip route 192.168.3.0 255.255.255.0 192.168.2.2
Router1(config)#ip route 192.168.5.0 255.255.255.0 192.168.1.1
Router1(config)#
```

图 8-35　配置 Router1 的静态路由

```
Router2(config)#ip route 192.168.1.0 255.255.255.0 192.168.2.1
Router2(config)#ip route 192.168.4.0 255.255.255.0 192.168.2.1
Router2(config)#ip route 192.168.5.0 255.255.255.0 192.168.2.1
```

图 8-36　配置 Router2 的静态路由

```
Router0#show ip route
Codes: C - connected, S - static, I - IGRP, R - RIP, M - mobile, B - BGP
       D - EIGRP, EX - EIGRP external, O - OSPF, IA - OSPF inter area
       N1 - OSPF NSSA external type 1, N2 - OSPF NSSA external type 2
       E1 - OSPF external type 1, E2 - OSPF external type 2, E - EGP
       i - IS-IS, L1 - IS-IS level-1, L2 - IS-IS level-2, ia - IS-IS inter area
       * - candidate default, U - per-user static route, o - ODR
       P - periodic downloaded static route

Gateway of last resort is not set

C    192.168.1.0/24 is directly connected, Serial0/0/0
S    192.168.2.0/24 [1/0] via 192.168.1.2
S    192.168.3.0/24 [1/0] via 192.168.1.2
S    192.168.4.0/24 [1/0] via 192.168.1.2
C    192.168.5.0/24 is directly connected, FastEthernet0/0
Router0#
```

图 8-37　查看 Router0 的路由表

```
Router1#show ip route
Codes: C - connected, S - static, I - IGRP, R - RIP, M - mobile, B - BGP
       D - EIGRP, EX - EIGRP external, O - OSPF, IA - OSPF inter area
       N1 - OSPF NSSA external type 1, N2 - OSPF NSSA external type 2
       E1 - OSPF external type 1, E2 - OSPF external type 2, E - EGP
       i - IS-IS, L1 - IS-IS level-1, L2 - IS-IS level-2, ia - IS-IS inter area
       * - candidate default, U - per-user static route, o - ODR
       P - periodic downloaded static route

Gateway of last resort is not set

C    192.168.1.0/24 is directly connected, Serial0/0/0
C    192.168.2.0/24 is directly connected, Serial0/1/0
S    192.168.3.0/24 [1/0] via 192.168.2.2
C    192.168.4.0/24 is directly connected, FastEthernet0/0
S    192.168.5.0/24 [1/0] via 192.168.1.1
Router1#
```

图 8-38　查看 Router1 的路由表

```
Router2#show ip route
Codes: C - connected, S - static, I - IGRP, R - RIP, M - mobile, B - BGP
       D - EIGRP, EX - EIGRP external, O - OSPF, IA - OSPF inter area
       N1 - OSPF NSSA external type 1, N2 - OSPF NSSA external type 2
       E1 - OSPF external type 1, E2 - OSPF external type 2, E - EGP
       i - IS-IS, L1 - IS-IS level-1, L2 - IS-IS level-2, ia - IS-IS inter area
       * - candidate default, U - per-user static route, o - ODR
       P - periodic downloaded static route

Gateway of last resort is not set

S    192.168.1.0/24 [1/0] via 192.168.2.1
C    192.168.2.0/24 is directly connected, Serial0/0/0
C    192.168.3.0/24 is directly connected, FastEthernet0/0
S    192.168.4.0/24 [1/0] via 192.168.2.1
S    192.168.5.0/24 [1/0] via 192.168.2.1
Router2#
```

图 8-39　查看 Router2 的路由表

```
PC>ping 192.168.3.2

Pinging 192.168.3.2 with 32 bytes of data:

Reply from 192.168.3.2: bytes=32 time=20ms TTL=125
Reply from 192.168.3.2: bytes=32 time=26ms TTL=125
Reply from 192.168.3.2: bytes=32 time=20ms TTL=125
Reply from 192.168.3.2: bytes=32 time=27ms TTL=125

Ping statistics for 192.168.3.2:
    Packets: Sent = 4, Received = 4, Lost = 0 (0% loss),
Approximate round trip times in milli-seconds:
    Minimum = 20ms, Maximum = 27ms, Average = 23ms

PC>
```

图 8-40　PC0 ping 连通 PC5

 习题

一、基础知识

1. 判断题（T 表示正确，F 表示错误）

（1）所谓互联网，指的是同种类型的网络及其产品相互连接起来。（　　　）

（2）广域网的覆盖范围比城域网大。（　　　）

（3）IP 地址共有 12 位。（　　　）

（4）一个 C 类网络中最多可以使用 256 个 IP 地址。（　　　）

（5）网络通信协议中的 FTP 称为传输控制协议。（　　　）

（6）WWW 是 World wild Web 的缩写。（　　　）

（7）E-mail 是指利用计算机网络及时地向特定对象传送文字、声音、图像或图形的一种通信方式。（　　　）

（8）双绞线、同轴线和光纤三种介质中，光纤传输数据信号的距离最远。（　　　）

（9）双绞线的传输距离最远可达 185 米。（　　　）

（10）同轴电缆的传输距离比双绞线的传输距离要远，是目前最常见的联网方式。（　　　）

2．单选题

（1）通过局域网连接到 Internet 时，计算机上必须有（　　　）。

    A．MODEM　　　　　B．网络适配器　　　　　C．电话　　　　　　　　D．USB 接口

（2）以下哪一个选项按顺序包括了 OSI 模型的各个层次（　　　）

    A．物理层，数据链路层，网络层，传输层，会话层，表示层和应用层

    B．物理层，数据链路层，网络层，传输层，系统层，表示层和应用层

    C．应用层，数据链路层，网络层，转换层，会话后，表示层和物理层

    D．表示层，数据链路层，网络层，传输层，会话层，物理层和应用层

（3）MAC 地址由多少比特组成？（　　　）

    A．16　　　　　　　　B．8　　　　　　　　　C．64　　　　　　　　D．48

（4）获取计算机主机 MAC 地址的命令有（　　　）。

    A．ping　　　　　　　　　　　　　　　B．ipconfig/all

    C．ipconfig/renew　　　　　　　　　　D．show mac-address-table

（5）TCP/IP 协议是 Internet 的核心协议，下列 IP 地址中合法的是（　　　）。

    A．202.268.104.601　　　　　　　　　B．210.26.107.256

    C．10.104.264.10　　　　　　　　　　D．168.152.246.252

（6）网络接口卡位于 OSI 模型的哪一层？（　　　）

    A．数据链路层　　　　B．物理层　　　　　　C．传输层　　　　　　D．表示层

（7）在 Internet 中用于远程登录的服务是（　　　）。

    A．FTP　　　　　　　B．E-mail　　　　　　C．Telnet　　　　　　D．WWW

（8）交换机可以用（　　　）来创建较小的广播域？

    A．生成树协议　　　　　　　　　　　　B．虚拟中继协议

    C．虚拟局域网　　　　　　　　　　　　D．路由

（9）路由器在转发数据时，可以根据数据包的（　　　）进行路由的选择和转发。

    A．源 IP 地址　　　　B．目的 IP 地址　　　C．源 MAC 地址　　　D．目的 MAC 地址

（10）选择互联网接入方式时可以不用考虑（　　　）。

    A．用户对网络接入速度的要求

    B．用户所能承受的接入费用和代价

    C．接入计算机或计算机网络与互联网之间的距离

    D．互联网上主机运行的操作系统类型

二、操作题

实训 1：虚拟局域网组建

在一台交换机上增加两个 VLAN：VLAN2，名字为 CAIWU；VLAN3，名字为 JISHU。

实训 2：利用路由器实现信息跨网传输

将任务四中的 5 个网段分别改为 172.16.1.0/24、172.16.2.0/24、172.16.3.0/24、172.16.4.0/24、172.16.5.0/24，配置路由器完成计算机能互相通信。

习题答案

第 1 章

1．判断题（T 表示正确，F 表示错误）

（1）T　（2）T　（3）T　（4）T　（5）T　（6）F　（7）T　（8）T　（9）F
（10）T　（11）T　（12）T　（13）F　（14）F　（15）T　（16）F　（17）T

2．单选题

（1）B　（2）C　（3）A　（4）C　（5）D　（6）C　（7）C　（8）A　（9）D
（10）B　（11）D　（12）C　（13）B　（14）B　（15）D　（16）A　（17）D
（18）B　（19）B　（20）B　（21）A　（22）A　（23）B　（24）C　（25）B
（26）D　（27）A

第 2 章

1．判断题（T 表示正确，F 表示错误）

（1）F　（2）T　（3）F　（4）T　（5）F　（6）T　（7）F　（8）F　（9）T
（10）F　（11）T　（12）F　（13）T　（14）F　（15）T　（16）F　（17）F
（18）T　（19）F　（20）T　（21）F　（22）T　（23）T

2．单选题

（1）C　（2）D　（3）B　（4）C　（5）A　（6）A　（7）B　（8）B　（9）D
（10）B　（11）D　（12）D　（13）C　（14）D　（15）C　（16）C　（17）B
（18）C　（19）C　（20）D　（21）C　（22）A　（23）C　（24）D　（25）B
（26）C

第 3 章

1．判断题（T 表示正确，F 表示错误）

（1）T　（2）T　（3）F　（4）T　（5）T　（6）T　（7）T

2．单选题

（1）B　（2）D　（3）C　（4）D　（5）B　（6）D　（7）A　（8）C　（9）D
（10）C

3．多选题

（1）AB　（2）AD　（3）ABCD　（4）BC　（5）ACD

第 4 章

1. 单选题

（1）D （2）C （3）D （4）D （5）D （6）C （7）D （8）B （9）D
（10）A （11）C （12）B （13）B （14）A （15）C （16）B （17）C
（18）D （19）A （20）B

2. 多选题

（1）BCD （2）ABC （3）BD （4）ABCD （5）ABCD

3. 判断题（T 表示正确，F 表示错误）

（1）F （2）T （3）T （4）T （5）F （6）T

第 5 章

1. 单选题

（1）B （2）C （3）A （4）B （5）C

2. 网页实战完整源码

```
<! DOCTYPE html PUBLIC "-//W3C//DTD XHTML 1.0 Transitional//EN"
"http: //www.w3.org/TR/xhtml1/DTD/xhtml1-transitional.dtd">
<html xmlns="http: //www.w3.org/1999/xhtml">
<head>
<meta http-equiv="Content-Type" content="text/html; charset=utf-8" />
<title>纺服新闻网</title>
<style type="text/css">
* {
    margin: 0px;
    padding: 0px;
}
body {
    font-size: 14px;
    line-height: 30px;
}
a {
    color: #000;
    text-decoration: none;
}
#head {
    width: 1000px;
    margin-top: 0px;
    margin-right: auto;
```

```
        margin-bottom: 0px;

        margin-left: auto;

        padding-top: 12px;

        padding-right: 0px;

        padding-bottom: 12px;

        padding-left: 0px;

        background-color: #f9f9f9;

    }
    .clear {

        clear: both;

    }
    #head a {

        background-image: url (images/logo.jpg) ;

        font-family: "微软雅黑";

        font-size: 50px;

        color: #800;

        background-repeat: no-repeat;

        font-weight: bold;

        line-height: 70px;

        display: block;

        height: 70px;

        padding-left: 90px;

    }
    #foot {

        margin-top: 0px;

        margin-right: auto;

        margin-bottom: 0px;

        margin-left: auto;

        width: 1000px;

        font-size: 12px;

        text-align: center;

        background-color: #f9f9f9;

        border-top-width: 2px;

        border-top-style: solid;

        border-top-color: #800;

        border-right-color: #800;

        border-bottom-color: #800;

        border-left-color: #800;

    }
    #nav {
```

```
    width: 1000px;
    margin-top: 0px;
    margin-right: auto;
    margin-bottom: 0px;
    margin-left: auto;
    border-bottom-width: 2px;
    border-bottom-style: solid;
    border-bottom-color: #800;
    height: 30px;
}
#navul li {
    float: left;
    list-style-type: none;
}
#navul li a {
    display: block;
    padding-top: 0px;
    padding-right: 16px;
    padding-bottom: 0px;
    padding-left: 16px;
    color: #777;
}
#navul li a: hover {
    background-color: #099;
    border-bottom-width: 2px;
    border-bottom-style: solid;
    border-bottom-color: #F00;
}
#main {
    width: 1000px;
    margin-top: 0px;
    margin-right: auto;
    margin-bottom: 0px;
    margin-left: auto;
    padding-top: 20px;
    padding-right: 0px;
    padding-bottom: 20px;
    padding-left: 0px;
}
#main_left {
```

```css
        width: 670px;
        border-right-width: 1px;
        border-right-style: dashed;
        border-right-color: #800;
        padding-right: 20px;
        float: left;
    }
#main_right {
        width: 270px;
        float: right;
    }
#main_left a {
        display: block;
        padding: 10px;
        border-bottom-width: 1px;
        border-bottom-style: dashed;
        border-bottom-color: #800;
        min-height: 200px;
    }
#main_right div ul li a {
        display: block;
    }
#main_right div ul li a: hover {
        background-color: #CCC;
    }
#main #main_left a: hover {
        background-color: #CCC;
    }
#main_left a h1 {
        font-family: "微软雅黑";
        font-size: 18px;
        line-height: 20px;
        margin-bottom: 20px;
    }
#main_right h1 {
        font-size: 14px;
        line-height: 20px;
        font-weight: bold;
        border-left-width: 4px;
        border-left-style: solid;
```

```
        border-left-color: #00c;
        padding-left: 10px;
    }
    #main_right div ul li {
        list-style-type: none;
    }
    #main_right div {
        padding: 10px;
        background-color: #f9f9f9;
    }
    #main_left a img {
        width: 200px;
        height: 150px;
        float: left;
        margin-right: 20px;
    }
    #main_left.last {
        border-bottom-style: none;
    }
    #main_left a h2 {
        font-size: 12px;
        color: #777;
    }
    #main_left a p {
        font-size: 14px;
    }
</style>
</head>
<body>
<div id="head"><a href="index.html">纺服新闻网</a></div>
<div id="nav">
<ul>
<li><a href="index.html">首页</a></li>
<li><a href="#">纺织院学</a></li>
<li><a href="#">时装学院</a></li>
<li><a href="#">艺术与设计院学</a></li>
<li><a href="#">雅戈尔商学院</a></li>
<li><a href="#">信息媒体学院</a></li>
<li><a href="#">机电与轨道交通学院</a></li>
<li><a href="#">国际学院</a></li>
```

```
<li><a href="#">纺服大视野</a></li>
</ul>
</div>
<div id="main">
<div id="main_left"><a href="http://www.zjff.edu.cn/bm_651/bmxw/201512/
t20151203_79533.html" target="_new">
<h1>全省高校思政工作会议贯彻落实情况督查组来院督查</h1>
<imgsrc="images/news1.jpg" width="600" height="399" />
<h2>发布时间：2015-12-02 点击率：供稿：宣传部</h2>
<p>12月1日下午，由浙江理工大学原党委副书记金瑾如、浙江省教育厅宣教处处长薛晓飞、浙江万
里学院党委委员宣传部部长王福银三人组成的全省高校思想政治工作会议贯彻落实情况督查组一行来校督
查。</p>
</a><a href="#">
<h1>学院隆重举行校友返校欢迎大会</h1>
<imgsrc="images/news2.jpg" width="600" height="399" />
<h2>发布时间：2015-11-30 点击率：供稿：宣传部传部</h2>
<p>11月28日上午，银杏叶纷飞的季节，校园里到处洋溢着喜庆的气息，我院首届校友返校欢迎大
会在艺术中心剧场隆重举行。</p>
</a><a href="#">
<h1>学院新媒体联盟今成立拉开网络文化节序幕</h1>
<imgsrc="images/news3.jpg" width="600" height="399" />
<h2>发布时间：2015-11-27 点击率：供稿：宣传部</h2>
<p>11月27日9点30分，我院新媒体联盟成立大会暨第五届网络文化节开幕式在修德楼（2号楼）
2楼报告厅举行。我院新媒体联盟是浙江地区首个高校校内新媒体联盟。</p>
<a class="last" href="#">
<h1>宁波市教育局莅临我院进行协同中心的巡视检查</h1>
<imgsrc="images/news4.jpg" width="600" height="399" />
<h2>发布时间：2015-11-25 点击率：供稿：纺织服装研究院</h2>
<p>11月18日下午，以宁波市委教育工委委员、宁波市教育局副局长胡赤弟为组长，由市教育局督
导室主任王勇、浙江大学宁波理工学院副院长郑堤和宁波工程学院交通学院院长杨任法组成的检查组对我
院协同创新中心建设情况进行巡视调研与检查。</p>
</a></div>
<div id="main_right">
<h1>热点新闻</h1>
<div>
<ul>
<li><a href="http://www.zjff.edu.cn/bm_651/bmxw/201512/t20151203_79533. html"
target="_new">全省高校思政工作会议贯彻落实情况</a></li>
<li><a href="#">15 离退休教职工领取养老金资格</a></li>
<li><a href="#">学院隆重举行校友返校欢迎大会</a></li>
```

```
<li><a href="#">学院新媒体联盟今成立拉开网络文化节</a></li>
<li><a href="#">中央音乐学院院长王次炤为其女违规</a></li>
<li><a href="#">宁波市教育局莅临我院进行协同中心</a></li>
<li><a href="#">的哥开车玩特技吓唬醉酒乘客撞倒</a></li>
</ul>
</div>
</div>
<div class="clear"></div>
</div>
<div id="foot">版权所有浙江纺织服装职业技术学院　浙 ICP 备 12014096 号</div>
</body>
</html>
```

第 6 章

1. 判断题（T 表示正确，F 表示错误）

（1）F 　（2）F 　（3）T 　（4）T 　（5）T

2. 单选题

（1）B 　（2）A 　（3）D 　（4）B 　（5）D

第 7 章

1. 判断题（T 表示正确，F 表示错误）

（1）F 　（2）T 　（3）T 　（4）T 　（5）T 　（6）T 　（7）F 　（8）T 　（9）T

（20）F

2. 单选题

（1）B 　（2）C 　（3）A 　（4）D 　（5）C 　（6）A 　（7）C 　（8）A 　（9）B

（10）B 　（11）C 　（12）B 　（13）D 　（14）B 　（15）D

第 8 章

1. 判断题（T 表示正确，F 表示错误）

（1）F 　（2）T 　（3）F 　（4）F 　（5）F 　（6）T 　（7）T 　（8）T 　（9）F

（10）F

2. 单选题

（1）B 　（2）A 　（3）D 　（4）B 　（5）D 　（6）A 　（7）C 　（8）C 　（9）B

（10）D

参考文献

1．陈丹儿，应玉龙.计算机应用基础项目化教程［M］. 北京：清华大学出版社，2010.

2．王俊来，陈长伟.Office 2010 办公应用［M］. 北京：北京希望电子出版社，2011.

3．郑晓霞，方悦，李少勇.PowerPoint 2010 幻灯片实用设计处理完全自学教程［M］. 北京：北京希望电子出版社，2012.

4．龙马工作室.PowerPoint 2010 从新手到高手［M］. 北京：人民邮电出版社，2011.

5．宋翔.PowerPoint 2010 从入门到精通［M］. 北京：北京希望电子出版社，2011.

6．博智书苑.新手学 Windows+Office 高效办公［M］. 北京：航空工业出版社，2011.

7．倪应华.计算机基础实用教程［M］. 杭州：浙江大学出版社，2013.

8．徐敬东，张建忠.计算机网络［M］. 北京：清华大学出版社，2002.